材料腐蚀原理与化工腐蚀防护

李志峰　著

北京工业大学出版社

图书在版编目（CIP）数据

材料腐蚀原理与化工腐蚀防护 / 李志峰著． — 北京 ：
北京工业大学出版社，2020.4（2021.8 重印）
ISBN 978-7-5639-7338-5

Ⅰ．①材… Ⅱ．①李… Ⅲ．①化工设备－腐蚀②化工
设备－防腐 Ⅳ．① TQ050.9

中国版本图书馆 CIP 数据核字（2020）第 061591 号

材料腐蚀原理与化工腐蚀防护

CAILIAO FUSHI YUANLI YU HUAGONG FUSHI FANGHU

著　　者：李志峰
责任编辑：任军锋
封面设计：点墨轩阁
出版发行：北京工业大学出版社
　　　　　（北京市朝阳区平乐园 100 号　邮编：100124）
　　　　　010-67391722（传真）　bgdcbs@sina.com
经销单位：全国各地新华书店
承印单位：三河市明华印务有限公司
开　　本：710 毫米 ×1000 毫米　1/16
印　　张：17.5
字　　数：350 千字
版　　次：2020 年 4 月第 1 版
印　　次：2021 年 8 月第 2 次印刷
标准书号：ISBN 978-7-5639-7338-5
定　　价：60.00 元

作者简介

　　李志峰，男，山西朔州人，中国特种设备检测研究院高级工程师，负责过多次我国大型炼油化工企业大检修过程中的腐蚀调查和压力容器、压力管道检验工作，在国内外期刊发表论文20余篇，参与过国家级课题3项，并获得过国家质检总局（即国家质量监督检验检疫总局）科技兴检二等奖一次。

前　言

　　所有的材料都有一定的使用寿命，在使用过程中将遭受断裂、磨损、腐蚀等损坏。其中，腐蚀失效的危害最为严重，它所造成的经济损失超过了各种自然灾害所造成的损失总和，造成许多灾难性事故，造成了资源浪费和环境污染。因此，研究材料腐蚀原理，解决材料的腐蚀与防护问题，与防治环境污染、保护人们健康息息相关。腐蚀造成的损失并非完全不可避免。通过普及腐蚀与防护知识，推广先进的防腐蚀技术，就可以减少腐蚀造成的损失。

　　全书共十章。第一章为绪论，主要包括材料腐蚀的学科概述、材料腐蚀的危害以及材料腐蚀的防护等内容；第二章为金属腐蚀基本原理，主要包括金属的电化学与化学特性、环境介质对金属腐蚀的影响、金属的全面腐蚀、金属的局部腐蚀、金属腐蚀的钝化等内容；第三章为金属的高温腐蚀，主要包括金属高温腐蚀的热力学原理、金属的高温氧化以及其他类型的金属高温腐蚀等内容；第四章为金属的电化学腐蚀，主要包括腐蚀电池、电极与电极电位、极化与去极化、析氢腐蚀和吸氧腐蚀等内容；第五章为非金属材料的腐蚀，主要包括无机非金属材料的腐蚀、高分子材料的腐蚀以及复合材料的腐蚀等内容；第六章为材料的耐蚀性能，主要包括金属材料的耐蚀性能与耐蚀性能提升、典型的金属耐蚀材料以及典型的非金属耐蚀材料等内容；第七章为材料腐蚀试验，主要包括腐蚀试验目的、分类与条件，腐蚀试验的设计与条件控制，材料腐蚀试验方法，材料腐蚀评定方法等内容；第八章为材料腐蚀的防护技术，主要包括选材与设计中的防腐控制、电化学保护、腐蚀环境处理与缓蚀剂、表面镀层与改性技术等内容；第九章为化工行业中的腐蚀，主要包括化工行业的腐蚀特点与现状、化工行业中的腐蚀类型以及化工介质中的腐蚀等内容；第十章为化工防腐蚀，主要包括化工中的防腐蚀方法与施工技术、化工防腐蚀的可持续发展与全面控制、典型化工装置的腐蚀防护、腐蚀监测技术等内容。

为了确保研究内容的丰富性和多样性，在写作本书过程中笔者参考了大量理论与研究文献，在此向涉及的专家学者们表示衷心的感谢。

最后，限于作者水平，加之时间仓促，书中难免存在一些不足和疏漏之处，在此，恳请广大读者朋友批评指正！

目　录

第一章 绪 论

作为一门科学，材料腐蚀学是在 20 世纪后才逐渐发展并完善起来的。材料腐蚀学主要是对不同材料与不同环境中的各种介质发生化学或电化学过程的有关科学、技术和实践进行研究。本章分为材料腐蚀的学科概述、材料腐蚀的危害、材料腐蚀的防护三部分。其主要内容包括：材料腐蚀学科主要内容、对材料腐蚀的认识过程、材料腐蚀的分类和评定、材料腐蚀学科发展；直接和间接经济损失、社会危害、阻碍科学技术的发展、造成资源和能源的浪费；腐蚀与防护的重要性、材料防护的基本途径、腐蚀与防护学科的内容和任务、材料腐蚀与防护的管理和教育等。

第一节 材料腐蚀的学科概述

一、材料腐蚀学科主要内容

（一）防护技术

腐蚀学科属于一门较为典型的应用科学，对于它的研究，并不仅止步于对其基本规律和腐蚀机理的研究，研究规律和机理只是为了更好地发展防护技术，以便更高效地对材料腐蚀的过程进行控制和干预。

目前的腐蚀防护技术主要有必要的防腐蚀设计、对材料的合理选择、对材料表面的保护、对环境介质的处理、电化学保护和腐蚀检测等方面。这些技术都是建立在对材料腐蚀过程的基本规律和机理认识基础上的，腐蚀规律的认识和防护技术的发展是密不可分、互相促进的。

（二）材料腐蚀学的特点

材料腐蚀学是融合了材料科学、化学、电化学、物理学、表面科学、力学、生物学、环境科学和医学等多种学科的新兴综合性交叉学科，并且对于材料腐蚀学的理论研究也与以上各学科有着较为紧密的联系。

对于材料腐蚀学的研究，所用到的设备和技术也是多种多样的，其中设备主要有电化学测试分析设备、材料微观分析设备以及环境因素测量装备等；涉及的技术主要是现代物理学的物相表征技术。材料腐蚀学的防护技术应用范围包括大气、土壤、水环境、太空环境等不同工业领域的介质环境。

材料腐蚀学这门学科具有很强的实验性质，如果想要使材料腐蚀学科理论取得突破，使腐蚀防护技术获得成功，必须建立与此相关的研究方法和实验技术。其中包括观测、分析、表征、测试与评价等方面。目前，不仅一系列标准化、规范化的材料腐蚀与防护技术的观测、分析、表征、测试与评价研究方法和实验技术已经建立，而且大批相关标准与规范方法及技术正在发展过程中。

二、对材料腐蚀的认识过程

人们对材料腐蚀的认识过程分为经验性阶段、科学研究阶段以及全面发展阶段这三个阶段。

（一）经验性阶段

在 18 世纪中叶之前，人们对于材料腐蚀的认识以及防护还尚处于经验性阶段。

①早在公元前 5000 年，人们就在现在的土耳其附近发现，孔雀石和蓝铜矿当中萃取得到的液态铜和熔融的金属可以制成形状各异的物体，并且在使用铜的过程中，人们还察觉到了铜与空气接触之后会出现腐蚀变色的情况。

②一些埃及人为了进行装饰和礼仪需要，在公元前 3500 年第一次开始尝试熔炼铁，这一举措不仅揭开了成为世界主导冶金材料的第一个制备秘密，同时还引领了对铁的腐蚀现象的观察，并开始了对防护技术的研究。

③公元前 2200 年伊朗西北部人发明了玻璃，使之成为继陶瓷之后第二种重要的非金属工程材料，不久也发现了玻璃的腐蚀现象。

在我国，据不完全统计，已经出土了十几件青铜剑，其中包括五件吴王剑，八件越王剑。在湖北江陵发现了一把全长 55.7 cm 的越王勾践剑，这把剑的正反两面都刻有非常别致的花纹，并且一面镶嵌着蓝色玻璃珠，另一面镶嵌着绿松石，刻有"越王鸠浅自乍用剑"鸟篆铭文。人们借助质子、X 射线以及荧光对这把剑进行了分析，发现这把剑剑刃的成分主要包含 80.3% 的铜、18.8% 的锡以及少量约为 0.4% 的铅。神奇的是，深埋地下 2600 多年后，这柄通体青蓝色的剑依然寒光四射，剑身隐隐泛着蓝色的光泽，剑刃依然锋利无比。这一事实以及大量出土并保存完好的青铜器和真漆产品都说明我们的祖先早就对腐蚀科学与技术做出了卓越贡献。

（二）科学研究阶段

经验性阶段过去之后，人们认识材料腐蚀的过程逐渐变得深入且科学，这一阶段被称为过渡时期，持续时间是从 18 世纪中叶到 20 世纪初期。这一时期获得的材料腐蚀理论研究成果可以说是比较深入的，并且现代防护技术也初见成效，这都归功于西方工业革命的发展。其中，主要的研究成果如下。

1.18 世纪中叶到 19 世纪初

1748 年，罗蒙诺索夫（Lomonosov）从化学角度解释了金属的氧化现象；1788 年，奥斯丁（Austin）注意到当中性水腐蚀铁时溶液有碱化的趋势，但是直到 1930 年才认识到铁在水溶液中的腐蚀是一种电化学过程，并确定溶液中的 pH 酸碱度和氧的作用；到了 1790 年，基尔（Keir）发现，如果将铁放在硝酸中，铁的表面会出现钝化现象，之后，他对这一现象进行了较为完善的解释。

2.19 世纪初到 20 世纪初

1800 年，原电池原理理论由伏打（Volta）建立；1801 年，腐蚀的电化学理论被沃拉斯顿（Wollaston）提出；1824 年，戴夫（Dave）尝试使用铁作为牺牲阳极，成功地对海军铜船底进行了阴极保护，这是现代阴极保护技术的开端；1830 年，德拉瑞伍（De La Rive）提出了金属腐蚀的微电池概念，这其实是近年来才开始逐渐广泛开展的腐蚀微区电化学理论研究的基础；1833 年，法拉第（Faraday）提出了法拉第电解定律，促进了腐蚀理论研究的发展；1840 年，埃尔金顿（Elkington）获得了第一个关于电镀银的专利，促进了电镀工艺的发展；1860 年，鲍德温（Baldwin）申请了世界上的第一个关于缓蚀剂的专利，开创了从环境介质的角度入手发展防护技术的先例；1880 年，休斯（Hughes）发现，如果将金属放入酸中，就会出现析氢的现象，从而导致金属出现氢脆。同样是在这一时期，又发现了金属材料应力腐蚀破裂的现象，这是早期腐蚀研究的重大贡献之一；1887 年，阿累尼乌斯（Arrhenius）提出了离子化理论，用于腐蚀机理的探讨，并取得良好的效果；1890 年，爱迪生（Edison）就通过外加电流是否能对船体进行阴极保护这一问题进行了可行性研究，研究结果表明是可行的，并实际应用到了具体工程当中，进一步拓宽与发展了电化学保护技术。

此外，随着工业化的发展，这一时期在西方发达国家的各工业部门中，为了适应人类历史上从未有过的各种特殊工业环境下材料的需求，耐蚀材料开始得到发展，也导致各种用于腐蚀防护的涂料和表面处理工艺得到发展。这些先驱工作为腐蚀学科的发展奠定了坚实基础，将材料腐蚀的认识过程由经验性阶段推进到深入而系统的学科研究阶段。

（三）全面发展阶段

20 世纪初期以后至今，是材料腐蚀学科体系建立和理论研究迅速发展、防护工程技术应用全面发展的时期。具有代表性的理论研究工作为从 1900 年开始的 50 年内，不锈钢和各种耐蚀合金的迅速发展。

1903 年，惠特尼（Whitney）实验测定指出，铁在水中的腐蚀与电流的流动有关，开始全面从实验角度认识并从化学的理论角度研究腐蚀的电化学本质；1906 年，美国材料试验学会开始建立材料大气腐蚀试验网，并开展了大规模的材料自然环境室外暴露试验和腐蚀数据积累，首次开创了材料在野外环境的腐蚀研究工作；1912 年，美国国家标准局开始了长达 45 年之久的，规模非常大的材料土壤腐蚀试验，并对相关数据进行积累。

塔曼（Tammann）、皮林（Pilling）与贝德沃思（Bedworth）等在 1920 年通过实验对 Ag、Fe、Pb 和 Ni 等金属的氧化规律进行了研究，并根据研究结果，提出了氧化动力学的抛物线定律和氧化膜完整性判据，奠定了金属氧化理论的实验基础；1922 年，库尔（Kuhr）认识到土壤腐蚀中细菌的作用；1923 年，弗农（Vernon）提出大气腐蚀的"临界湿度概念"；1925 年，摩尔（Moore）经过研究发现，黄铜之所以会出现"季裂"现象，主要是因为它如果处在含氨的环境中，就会发生晶间型应力腐蚀；1926 年，麦克亚当（McAdam）开始了对材料腐蚀疲劳的研究；埃文斯（Evans）于 1929 年成功建立了金属腐蚀极化图，这一举措对腐蚀电化学本质的定量化研究起到了非常大的推动作用，可以说，这是腐蚀学科理论重要的奠基工作，是腐蚀学科研究的最重要奠基石之一。

1932 年，埃文斯和霍尔（Hoar）通过实验得出了金属在腐蚀的过程中，表面会产生腐蚀电流的结论，同时，他们还认为，流动在阴极区和阳极区之间的电量与腐蚀失重存在定量关系；瓦格纳（Wagner）于 1933 年根据相关理论，推导出金属高温氧化的膜生长的经典抛物线理论，并在此基础上提出了氧化的半导体理论；1938 年，瓦格纳和特朗（Traud）共同建立了电化学腐蚀的混合电位理论，该理论也成为近代腐蚀科学的动力学基础；同样是在 1938 年，波贝（Pourbaix）经过大量计算，绘制出了电位 -pH 图，该图的成功绘制，为近代腐蚀科学的热力学理论奠定了坚实的基础，这一研究成果同样也成为腐蚀学科研究的最重要奠基石之一。

1947 年，化学镀镍技术被布伦纳（Brenner）和里德尔（Riddell）共同提出，这使得腐蚀防护技术的发展更进一步；1950 年，点蚀的自催化机理模型被乌利格（Uhlig）提出，推动了局部腐蚀理论的发展，同时，他还建立了比较科学的腐蚀普查和经济估计方法，奠定了腐蚀损失科学调查的基础；1957 年，斯蒂恩（Stern）和吉利（Geary）共同提出了线性化技术，推动了腐蚀电化学理论的发展；1968 年，艾弗森（Iverson）观察到了腐蚀的电化学噪声信号图像，并开始系统研究，发展了腐蚀电化学的动力学理论。

20 世纪 60 年代，布朗恩（Brown）成功地在材料腐蚀的研究中引入了断裂力学理论，这一举措开启了力学研究成果应用于材料腐蚀理论研究的先例，推动了材料腐蚀学科的发展；1970 年，埃佩尔布安（Epellboin）首次用电化学阻抗谱研究了腐蚀过程，为腐蚀电化学研究提供了新的方法，加深了对材料腐蚀机理和本质的认识。

近 20 年来，多学科交叉的深入、材料科学的迅猛发展、工业环境进一步高要求的需求、各种物理环境（力、热、声、电、光）与化学环境的复杂作用和现代测试技术的发展，对传统金属"腐蚀"的概念和腐蚀学科体系提出了挑战，并带来了深入发展的机遇。这使得材料腐蚀学和防护技术得以迅速发展，学科体系进一步丰富，防护技术大量涌现。

1949 年以后，我国开始对材料腐蚀理论研究和防护技术给予了更多的关注，这也使得材料腐蚀理论研究和防护技术得到了迅猛的发展。以师昌绪、张文奇、肖纪美、曹楚南和左景伊为代表的一代学者及其研究群体，奠定了我国材料腐蚀学科理论体系、防护技术体系和教育理论体系的基础，他们作为研究宗师和教育大师，为我国培养了大量的材料腐蚀与防护学科的各类人才。

近年来，我国的经济得到了迅猛增长，工业体系也逐渐完善，带动了腐蚀学科理论和各种防护技术的发展。目前，我国对于腐蚀学科理论的相关研究以及各类防护技术工程学科的发展，除了能够轻松应对我国各种材料腐蚀的问题以外，同时还在世界各地的材料腐蚀学科上占据着至关重要的地位，这也就意味着，我国正在从之前的材料腐蚀研究与防护技术大国转变成材料腐蚀研究与防护技术强国。

三、材料腐蚀的分类和评定

（一）材料腐蚀的分类

1.根据材料所处的介质和环境分类

根据材料所处的介质和环境不同进行材料的腐蚀分类。随着新材料和新的腐蚀环境的大量出现，这种分类方法开始复杂化。但还是可以将材料腐蚀分为以下主要的几类。

（1）干燥气体的腐蚀

具体来讲，干燥腐蚀主要包括以下两种：①露点以上的常温干燥气体腐蚀，这一类腐蚀属于化学腐蚀；②高温气体中的氧化。这种类型的腐蚀在之前被视为纯化学腐蚀，但是现在这类腐蚀一般都会被看作化学与电化学共同作用的结果。

（2）电解液中的腐蚀

诸如大气腐蚀、土壤腐蚀、海水腐蚀、微生物腐蚀等材料在自然环境中的腐蚀其实都属于电解液中的腐蚀。材料在工业介质中的腐蚀，如在酸、碱、盐溶液中的腐蚀，高温高压水中的腐蚀，熔融盐中的腐蚀也都是电解液中的腐蚀。电解液中的腐蚀被归为电化学腐蚀的范畴，也被称为湿腐蚀。

（3）非电解液中的腐蚀

所谓非电解液，指的就是 CCl_4、$CHCl_3$ 等卤代烃溶液以及苯、甲醇、乙醇等有机液体物质，材料在这些溶液中的腐蚀就称为非电解液腐蚀。但是这种腐蚀非常容易受水的影响，哪怕只是少量的水。例如，在含有少量水的汽油或者煤油中，材料发生了腐蚀，这类腐蚀其实是由水造成的，实为电化学腐蚀。

（4）物理因素协同环境下的腐蚀

该腐蚀为在力、热、声、电、光等物理环境因素或其交互作用下材料的腐蚀。如应力腐蚀、熔融金属的腐蚀和高日照辐射环境老化等。

（5）其他严酷和极端条件环境下的腐蚀

例如，低温高辐射真空的太空环境、沙漠环境、深海火山口附近环境、生物体内环境和生物群落环境等。将来人类还必须关注材料在其他星球上的环境腐蚀，如月球环境。

2.根据腐蚀机理分类

可以根据腐蚀的机理，将材料腐蚀分为以下几类。

（1）化学腐蚀

所谓化学腐蚀，指的就是因为材料和其周围的非电解质发生了纯化学反应之后造成的腐蚀。这类腐蚀有一个非常明显的特征，就是材料表面的原子直接与非电解质中的氧化剂发生氧化还原反应，并且会在发生腐蚀的表面留有腐蚀后的产物，如果产物紧紧覆盖在材料表面，那么也就意味着接下来的腐蚀会相对较为缓慢，并且在腐蚀反应期间不会产生电流。

（2）电化学腐蚀

所谓电化学腐蚀，指的就是金属在接触到电解质以后，会因为电池腐蚀而导致金属表面出现腐蚀的现象。这类腐蚀的特点是，它的腐蚀过程可以被分为两个相对独立的部分，即阳极反应和阴极反应，也就是氧化反应和还原反应，并且这两个过程是同时进行的。这类腐蚀会使金属表面的阳极遭到腐蚀，并在阴阳两极的中间位置产生腐蚀产物，这就使得腐蚀产物无法覆盖住受蚀区域，所以，一般情况下是没办法起到保护作用的。

这类腐蚀与化学腐蚀的显著区别在于，电流是在电化学腐蚀过程中产生的。对于大多工业部门来说，电化学腐蚀发生的可能性远大于化学腐蚀发生的可能性。金属在高温下被氧化，并且在表面形成具有一定厚度的半导体氧化膜，其可以传导电子以及离子。这个时候，腐蚀就同时包括了化学腐蚀和电化学腐蚀。

3. 根据腐蚀形态分类

根据腐蚀形态，可将材料腐蚀分为以下几类。

①全面腐蚀。这类腐蚀也被称为均匀腐蚀，它主要是指在整个材料和介质接触的表面都会发生腐蚀。

②局部腐蚀。这类腐蚀也被称为不均匀腐蚀，也就是即使材料的所有表面都与介质发生了接触，但是只有局部或者仅仅一小部分出现了腐蚀的情况。点蚀、缝隙腐蚀、丝状腐蚀、电偶腐蚀、晶间腐蚀、成分选择性腐蚀等都属于这类腐蚀，一般我们将其归为电化学腐蚀。

③受应力作用出现的腐蚀断裂。当材料同时受到应力和腐蚀性环境介质共同作用之后产生的腐蚀开裂，即为应力作用下的腐蚀断裂。这类腐蚀主要包括应力腐蚀、腐蚀疲劳、氢腐蚀、冲刷腐蚀等。

4. 根据材料的类型分类

根据材料的类型，可将材料腐蚀分为以下几类。

①金属材料的腐蚀。传统的材料腐蚀理论大多都是依据金属材料提出的，这些理论提出的首要任务也是为了对金属材料的腐蚀进行研究。

②非金属材料的腐蚀。诸如无机非金属材料、有机材料和复合材料都属于非金属材料，其腐蚀机理与金属材料有很大的不同。最大的不同之处是，非金属材料腐蚀除了由于化学腐蚀和电化学腐蚀之外，还可能是纯化学作用或者物理作用。例如，塑料发生氧化或者水解腐蚀都属于化学变化；高分子材料在经过长时间的紫外线照射之后就会产生光老化，这是因为辐射使高分子材料的大分子分解，属于光氧化过程，是物理作用（光学与化学的协同作用）；硅酸盐材料的腐蚀破坏通常也是由于化学的或物理的因素所致，并非电化学过程引起的。

③功能材料的腐蚀。近年来，各类功能材料大量出现，产生了很多功能材料的腐蚀问题，有关对功能材料腐蚀的研究与认识，应该在传统的腐蚀理论与实验方法的基础上，结合新型功能材料的具体特性来认识。例如，对电子信息功能材料既要结合传统腐蚀理论，也要从结构完整性的角度来研究（物理因素与腐蚀的协同作用）；对生物医用材料，既要研究其在人体环境中的腐蚀失效规律，也要认识其生物相容性（生命过程与腐蚀的协同作用）。

金属材料的腐蚀和非金属材料的腐蚀还是属于结构材料腐蚀的范畴。

（二）材料腐蚀速度与程度的评定方法

从理论上来看，热力学稳定性决定了材料的腐蚀倾向，腐蚀造成的破坏速度取决于腐蚀的动力学。但是，由于腐蚀热力学和动力学理论正处于发展与完善的过程中，目前被理论研究、工程应用、数据积累和实验方法普遍接受的、简单明了的腐蚀速度评价方法，还是失重、增重或腐蚀深度测量等传统方法。

1.均匀腐蚀速度的评定方法

对于均匀腐蚀速度的评定，通常采用重量法、深度法和电流密度法来表征腐蚀的平均速率。

（1）重量法

重量法是对材料腐蚀的最基本的定量评估方法之一。材料腐蚀的平均速率通常都是用腐蚀前后的重量变化（增加或减少）来表示的。如果所有腐蚀产物都牢固地附着在样品表面或可以完全收集，则通常用增重法来表示。相反，如果腐蚀产物完全脱落或易于完全去除，则通常采用失重法来表示。平均速率表示材料与介质接触一定时间后每单位时间和每单位面积的重量变化。

（2）深度法

选择精度可以满足要求的工具和仪器来测量材料腐蚀之前和腐蚀以后的试样厚度或局部区域的腐蚀深度，然后将测得的数据直接用于腐蚀速度和程度的评定。也可以选取腐蚀过程中的其中两个时刻的试样厚度或局部区域的腐蚀深度，然后将测得的数据直接用于腐蚀速度和程度的评定。深度法表征的腐蚀速率与重量法计算出的腐蚀速率可以相互换算。

利用深度法表征的腐蚀速率，材料的耐蚀性可分为 10 个不同等级。这种分类方法对于某些工程应用来说分得过于精细，所以，在等级 10 以下还有其他分类。无论分类为多少个等级，它们都是相对的和具有参考性的，在实际情况中，还必须根据具体的应用背景来科学评估腐蚀等级。

（3）电流密度法

金属的电化学腐蚀是由阳极溶解引起的，因此，电化学腐蚀的速率可以用阳极反应的电流密度来表征。法拉第定律指出，当电流流过电解质溶液时，在电极上发生电化学变化的物质的量与通过的电量成正比，与在电极反应中转移的电荷量成反比。

2. 局部腐蚀程度的评定方法

材料局部腐蚀情况差别很大，并没有一个普遍接受的统一方法来表征所有局部腐蚀的破坏程度。一般来讲，深度法基本适用于评价大部分局部腐蚀速度。另外，强度法也基本适合所有的局部腐蚀速度评价，即测定腐蚀前后材料强度或延伸率的变化来评定各类局部腐蚀。

研究表明，以上方法不仅是评价局部腐蚀行之有效的方法，而且可以用于评价无机非金属材料、高分子材料和一些功能材料的腐蚀失效程度。但是，对待具体的局部腐蚀类型应该结合具体实际采用特殊的评价方法。近年来发现电阻率的改变适用于评价多数局部腐蚀的腐蚀速度。

3. 功能材料腐蚀程度的评定方法

近年来，各种新兴功能材料，如功能陶瓷材料、电子信息功能材料和生物医用材料等相继大量涌现，成为当今材料科学研究前沿最活跃、最具活力的领域。其结构形态表现为单晶、多晶、非晶态和无定型等；形貌包括零维粉末，一维晶须、纤维，二维薄膜到三维块体材料；尺度从微米、亚微米发展到纳米等层次；各种特殊性能日益复杂；服役环境也发展成为各种物理环境（力、热、声、电、光）与化学环境的复杂作用。这给功能材料腐蚀程度的评定方法带来了新的要求。

对于某种功能材料腐蚀程度的评定，到目前为止，尚未建立比较完整统一的方法。除了采用上述的评定方法外，还可以用单位时间内其主要性能的丧失程度来评价其腐蚀程度。

四、材料腐蚀学科发展

腐蚀科学、防腐蚀技术与腐蚀工程学发展迄今，已经成为一个完整的科学体系。它不仅随人类社会文明进化所经历的传统工业的发展过程逐渐被确认、建立、丰富和完善，也随人类的继续发展不断渗透到新的领域，它是科学家和工程师在人类发展过程中对相关科学体系的客观世界与事物的不断发现、认知、理解、归纳、总结和延伸。腐蚀科学、防腐蚀技术与腐蚀工程学的发展经历了人类社会对世界与发展所认知的四个重要里程——认识、建立、发展、延伸。

（一）认识

在 1900 年之前，人类对腐蚀属于认识时期。最早人类对腐蚀现象的描述始于公元前希腊的哲学家柏拉图（Plato），他在《对话集》中写道："世界上，所有包围我们的地方，包括石头都在被腐蚀变质，就像大海中所有的事物被盐水腐蚀……。"

据记载，约在公元前 412 年人类已经发现莎草纸附着生物而导致腐蚀的现象，并涂覆混合砷与硫的植物油来延缓腐蚀；公元 23—27 年，普林尼（Pliny）记录了铁腐蚀产生铁锈的现象。

1625 年，威廉·比尔（William Beale）申报了第一个能够抗生物腐蚀的专利；1675 年，罗伯特·博伊尔（Robert Boyle）发表了第一篇关于腐蚀的文章。

英国皇家舰队于 1763 年的报告中公布了两种金属之间导致的腐蚀；1788 年，奥斯丁（Austin）发现铁在中性水溶液中可以导致水成碱性；1791 年，伽伐尼（Galvani）在电解质水溶液中发现铜与铁会发生电偶耦合。

1801 年，沃拉斯顿（Wollaston）发表了历史上最早用理论分析腐蚀的电化学属性的文章；德纳德（Thenard）于 1819 年进一步指出腐蚀过程是一个电化学行为；1824 年，戴维提出了一种采用牺牲锌保护铁的防护方法；1829 年，哈尔（Hall）通过实验表明，没有氧气的情况下铁不会生锈；1830 年，德拉瑞伍做出在锌的表面存在微电池的论断；在早期对腐蚀现象的研究中，法拉第做出了最重要的贡献，他在 1834—1840 年建立了化学反应与产生电流之间的定量关系，法拉第第一定律和第二定律就是计算金属腐蚀速率的依据；1836 年，法拉第和舍恩贝因（Schocnbein）又发现了铁的钝化现象。

之后，在 1840—1910 年，出现了大量研究金属腐蚀过程与防护方法的文章，其中主要的金属为铁、钢、铜合金。这一时期，人类不仅在生活中发现和认识了腐蚀现象，并从不断认识的积累中，逐渐确认了这种客观行为，并开始通过实验手段研究其中的规律与本质。因此，1900 年前是认识腐蚀科学的启蒙时期。1900—1960 年是腐蚀科学体系的发展奠定和建立时期。从 17 世纪初到 19 世纪末，对腐蚀的启蒙认知与研究主要集中在欧洲，至 1904 年，在美国研究腐蚀的人不超过 6 个。

（二）建立

进入 20 世纪后，在初期研究与发现的不断积累中，科学家开始关注腐蚀的本质及其规律，进入了实质性研究阶段。1902 年，国际电化学学会诞生，其成员由当时一些著名的化学家和电化学家组成。1903 年，惠特尼撰写了一篇论文以说服其他人。论文指出腐蚀是一个电化学过程，该篇论文成了经典著作，标志着现代腐蚀科学与电化学具有共同的起点并相互交织在一起。1904 年，特菲尔（Tafel）发现了氢的过电位与电流的函数关系。1905 年，邓斯坦（Dunstan）等发现铁在碳酸和其他酸中的腐蚀不明显。1907 年，沃克（Walker）和斯德霍姆（Cederholm）发现氧气是阴极反应的促进剂。1908—1910 年，赫恩（Heyn）和鲍尔（Bauer）整理编辑了金属材料在不同介质中的腐蚀速率。同时于 1910 年，苏曼（Cushrman）和歌德（Garder）发明了缓蚀涂料。朗缪尔（Langmuir）于 1913 年研究了钨的高温氧化动力学。

摩尔（Moore）和贝金赛尔（Beckinsale）于 1920—1923 年发现了黄铜的季节开裂是晶间腐蚀的结果。1921 年，国际电化学学会成立了腐蚀技术委员会，极大地推动了腐蚀科学的发展。1923 年，皮林和贝德沃思研究了金属在高温下氧化物的形成，提出了皮林－贝德沃思比概念。1924 年，怀特曼（Whiteman）和罗素（Russell）发现了电偶腐蚀。同年，腐蚀的第一本教材，乌里克·理查森·埃文斯（Ulick Richardson Evans）教授撰写的《金属腐蚀》出版。1929 年，埃文斯建立了金属腐蚀极化图，推动了定量研究腐蚀电化学规律的发展，随后在 1937 年和 1948 年，他分别撰写出版了《金属的腐蚀、钝化与防护》和《金属腐蚀概论》。

在 20 世纪 20 年代，人们已经建立了金属氧化的对数和抛物线定律。瓦格纳于 1933 年从理论上推导出了金属高温氧化膜生长抛物线规律，提出了金属的干氧化反映的本质是电化学过程，并于 1938 年与特朗共同建立了电化学腐蚀的混合电位理论，奠定了现代腐蚀科学的动力学基础；同年，马塞尔·波贝（Marcel Pourbaix）研究绘制了电位 –pH 图，从而建立了电化学腐蚀的热力学理论基础。

1942 年，腐蚀学部在国际电化学学会内正式组建；1943 年，美国腐蚀工程师协会成立；鉴于卡尔·瓦格纳和乌里克·理查森·埃文斯对腐蚀科学的建立做出的杰出贡献，国际电化学学会于 1951 和 1953 年将首届和第三届铂金奖章分别授予两位科学家；1950 年，乌利格与其他两位科学家拉奎（LaQue）和梅（May）提出局部腐蚀的本质是自催化过程的论断；1956 年，斯蒂恩（Stern）和吉利提出通过线性极化测量极化阻力的理论，进一步发展了腐蚀电化学基础理论；1957 年，马斯·丰塔纳（Mars G. Fontana）进一步明确了腐蚀的本质和范畴。

在这一时期，出现了大量著名的腐蚀领域的科学家，包括上面列举的如弗朗西斯·劳伦斯·拉奎、托马斯·珀西·霍尔。与此同时，在国际高等学府和研究机构建立起著名的腐蚀研究中心，如英国的剑桥大学、美国的麻省理工学院和俄亥俄州立大学等。

（三）发展

自此以后，腐蚀科学、防蚀技术和腐蚀工程学进入了快速发展和成熟时期。在 20 世纪 50 ～ 60 年代，有关材料腐蚀的文献、会议、数据数量激增，涉及腐蚀的各个领域与方方面面，腐蚀科学对经济、安全和资源产生了重要的影响。在 20 世纪 60 年代，对金属材料钝化膜的生长、性能和破裂的理解有了显著的进展。

与此同时，出现了大量新型电化学与非电化学技术用于研究腐蚀反应与产物等，如 1968 年，艾弗森（Iverson）奠定了采用电化学噪声技术检测腐蚀的特征；1970 年，埃佩尔布安完善了电化学交流阻抗技术用于对腐蚀科学的研究和测量。

这种繁荣的势头在 20 世纪 70 年代又有了突飞猛进的发展，到 20 世纪 80 年代达到顶峰，进入腐蚀科学发展的全盛时期，涌现出大批世界著名腐蚀科学家，如麻省理工学院的拉坦尼西（Latanision）教授、俄亥俄州立大学的斯泰勒（Staehle）与拉普（Rapp）教授、宾夕法尼亚州立大学的麦克唐纳（MacDonald）和皮克林（Pickcring）教授、南加州大学的曼斯菲尔德（Mansfeld）教授、日本的佐藤（Sato）和村田（Murata）教授、苏联的托马晓夫（Tomashov）教授、英国剑桥大学的科特雷尔（Cottrell）和梅恩（Mayne）教授、曼彻斯特理工学院的伍德（Wood）教授等。

我国在张文奇、师昌绪、肖纪美、石声泰、曹楚南和左景伊、柯伟等老一辈腐蚀科学家的带领下，腐蚀科学的研究取得了飞速发展，不仅奠定了我国腐蚀科学、防蚀技术与腐蚀工程学体系，同时培养出大批的腐蚀科学家。到今天为止，腐蚀科学的发展已经从传统的工业随科技产业发展渗透到各个新的领域，已经面临新的挑战并进入新的发展时期。

（四）延伸

面向未来，腐蚀科学已经在新型科技产业领域产生了非常重要的影响。太空的极端环境与地球的自然环境对人类航天的使命构成新的挑战，宇宙飞船、卫星正常工作及安全使用寿命与人类对腐蚀科学新的认识和发展密不可分，航空事业的进步要求飞行器具有更高的推重比以提升航行速度、燃油效率、机动性和安全可靠性。新型热端部件在高温燃气环境与应力交织的作用下，以及新型高强重比机体结构组件在自然环境影响下，其机械与化学稳定性将面临新的腐蚀问题挑战。

核电能源共生系统使材料直接面临各种苛刻的环境考验，如高能辐射、熔融金属、超临界水；新型高端纳米微型电子器械与超大集成度大型仪器的正常服役与寿命安全更来自器械内部组构自身工作机制与外界环境条件的影响；生命体征与生理环境对生物材料提出更为苛刻的要求；新型能源如光伏电池、二次电池、燃料电池等新型产品在环境中的稳定性直接维系其工作状态……所有这些新型科技产业领域的发展都为腐蚀科学体系的继续延伸提出了新的课题。腐蚀科学新的发展正在迎候每一位具有充满好奇、执着追求的年轻的心去探索。

第二节 材料腐蚀的危害

一、概述

从系统工程上控制腐蚀，不仅要考虑技术的可行性，而且要注意技术的经济性和防护方案实施的社会效益，如图 1-1 所示。

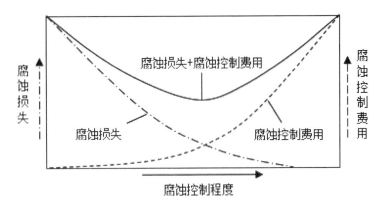

图 1-1　腐蚀控制策略图

从图 1-1 我们不难发现，如果仅仅盲目地去追求腐蚀控制的有效性，那么很有可能会有损经济。由此可见，由于腐蚀是一个自发的过程，如果要求在所有情况下都不允许有腐蚀的情况发生，那根本是不可能实现的，而且即使能够做到，也没有任何的必要。因此，我们要做的并不是根除腐蚀，而是应该科学合理地去控制腐蚀。当然也有特例，那就是如果腐蚀可能会导致人员的伤亡或者会带来非常大的社会影响，这时就必须抛开经济，完全遵从社会效益。

二、直接经济损失

直接经济损失是指由于腐蚀而不断增加总成本。由于腐蚀而导致的直接经济损失主要有以下几种。①资金成本，包括设备更换和建造成本、富裕容量成本，以及额外的备用设备成本。②控制费用，包括维护费用和腐蚀控制费用。③设计费用，包括建筑材料、腐蚀容差、特殊工艺的费用。④相关费用，包括损失、技术支持、保险、零件及设备存货的费用。例如，对于已经腐蚀的设备的个别部件进行更换所用到的金属材料和非金属材料，这些材料必然会涉及成本以及制造费；为预防腐蚀所花费的材料费和施工维修费；涂漆、阴极保护、添加缓蚀剂、用耐蚀合金代替普通合金、仓库干燥脱湿等防腐费用。

三、间接经济损失

间接经济损失是难以计算和估计的。间接经济损失主要包括以下几方面：突然停工、材料损失、产品污染、效率降低、过度设计等。间接损失要远大于直接损失。例如，锅炉厂的换热管仅值几百元，但是如果因为腐蚀出现穿孔的情况而引起爆炸，将导致大规模停电和停产，那么损失就无法估量了。

四、社会危害

由于腐蚀增加了排放和处理工业废水、废渣的难度，并使有害物质直接进入大气、土壤、河流和海洋的机会增加，所以严重污染了自然环境，生态平衡也遭到了严重的破坏，危害了人们的健康，并阻碍了国民经济的可持续发展。此外，腐蚀造成的设备损坏可能严重危害人身安全。例如，由于关键部件的突然腐蚀和断裂，导致飞机、火车、轮船和化学设备被损坏，从而引发火灾甚至爆炸。

五、阻碍科学技术的发展

腐蚀不仅会给国民经济带来很大的损失，甚至还会给国民经济带来非常大的危害，所以，社会各界都对腐蚀给予了相当高的重视。腐蚀会对实现新技术、新材料和新工艺产生直接的影响。特别是在现代高温、高压和复杂介质的条件下，腐蚀问题如果不能得到很好的解决，那么必然会阻碍正常生产。所以，做好防腐工作，对促进新技术的发展、节约钢材、延长设备使用寿命、节约资金、减少环境污染具有重要意义。

六、造成资源和能源的浪费

从本质上来看，腐蚀是在很大程度上的资源浪费。统计数据表明，世界上每年因腐蚀而消耗的金属达数亿吨，而我国报废的钢铁量相当于宝钢集团有限公司的年产量。腐蚀不仅浪费材料资源，而且消耗了生产材料所需的能量和水。

第三节 材料腐蚀的防护

一、腐蚀与防护的重要性

可以说，腐蚀就是悄悄自发的一种冶金的逆过程，它时时刻刻都在我们生活、生产的每个环节发生着，材料的腐蚀遍及国民经济各个部门。

日常生活中，人们常看到这样的现象：早晨打开水龙头时，水管里流出黄色的锈水；经加工后灰白色的钢铁放置在大气中生锈变为褐色的氧化铁等。这些就是我们通常所说的生锈，生锈是人们最常见的一种腐蚀现象，它专指铁或铁合金的腐蚀。其他材料也会腐蚀，如铜质奖牌久放以后产生的绿色斑点，称为铜绿；银首饰放置时间久了发黑等。不仅金属材料会有腐蚀，非金属材料也一样会产生腐蚀，如涂料、塑料等在自然条件下的老化失效等。

腐蚀是现代工业中极重要的破坏因素，不仅给国民经济造成严重损失，有的还造成重大事故，危及人身安全，因而随着我国经济的不断发展和我国安全环保要求的提高，腐蚀与防护的研究越来越受到人们的重视。一些工业发达国家统计，每年因腐蚀造成的损失占国内生产总值（GDP）的 3% ~ 4%。所以，我们应如同对待医疗和环保一样重视腐蚀问题。有专家对腐蚀损失统计后认为，腐蚀损失总是占 GDP 的 3% ~ 4%，如果想要有效地将这一腐蚀损失占 GDP 的比例降低，那么就必须加强对现有工艺改进的研究，也就是必须加强对现有工艺的腐蚀与防护的研究。

在腐蚀造成的损失中，有直接和间接两种：直接损失是指金属材料的消耗（据统计冶炼出来的金属中约有 1/10 被腐蚀而无法回收）、金属加工设备的成本、防腐材料的成本和防腐施工技术的成本等；间接损失包括原材料损失、产品损失、停产和减产甚至火灾和爆炸所造成的损失。

材料腐蚀，还给化工生产带来多方面的影响，如因腐蚀而在设计时就要增加原材料的设计裕量，多消耗材料；腐蚀可使金属表面粗糙，加大摩擦系数，为维持管道内流体的流速，就要增加能耗，以维持原定流量。

设备及机械的腐蚀常导致化工厂连续生产的中断，生产能力受到影响。以一个大型合成氨厂为例，停工一天就要少产 1000 t 氨。腐蚀使部件损坏，管道泄漏，造成介质或产品的"跑、冒、滴、漏"，污染环境，影响人身健康，危害农作物。而当高温高压的生产装置因腐蚀而引起爆炸或火灾时，将导致严重的伤亡事故。

因此，为保证正常和均衡生产，节约更多的材料，延长设备的使用寿命；节约能源，提高企业的经济效益；减少污染给人们身体带来的危害等，采用新技术、新工艺，解决材料的腐蚀已是当前企业发展不容忽视的问题。

（一）腐蚀对国民经济的影响

不管是发达国家还是发展中国家，都不可避免地会遭受到腐蚀的侵害，只是在程度上会有些区别。据统计，世界上每年都会有占据当年钢铁产量 1/3 的钢铁遭受到腐蚀，在这 1/3 的钢铁中，又有 2/3 的钢铁可以回炉再生，但是剩下的 1/3 由于遭受到的腐蚀比较严重，所以无法再继续使用。也就是说，每年会有当年钢产量的约 10% 的钢铁被完全腐蚀。

（二）严重阻碍科学技术的发展

对于大部分企业来说，它们往往愿意接受一些新工艺，因为这些新工艺能够有效降低能耗、减少污染，从而提升产品质量，大大提高劳动生产力。但许多新工艺研制出来后，因为设备腐蚀问题得不到解决而迟迟不能大规模工业化生产。

（三）对生命、设备及环境的危害

腐蚀往往都是悄然发生的，它不会停止片刻。即使灾难即将来临，通常也不会发出警告。大多数石化设备都是在高温和高压下运行，内部介质易燃、易爆且有毒。一旦腐蚀导致穿孔和裂纹，就会引起火灾、爆炸、人员伤亡和环境污染，这些损失通常远大于设备的价值，有时甚至无法清楚地统计出来。例如，火力发电厂因锅炉管腐蚀而爆裂，更换管道的价格不会太高，但是，如果由于停电导致大型工厂停工，则损失将会非常严重。

（四）腐蚀与防护理论对重要基础设施建设的指导意义

腐蚀与防护的研究对重要基础设施的建设有着重要的指导意义。如在我国的三峡水利工程和西气东输工程中，腐蚀与防护的问题是工程能否顺利进行的重要因素。经过我国腐蚀与防护工程技术人员的多年研究，结合国外先进的防腐蚀技术应用才使这些重要的基础设施建设得以顺利完成。由上可见，腐蚀与防护工作对国民经济及人民生活有着十分重要的意义。

二、材料防护的基本途径

①可以从材料的热力学稳定性和控制腐蚀动力学的角度出发，进一步提高材料本身的耐蚀性。

②可以通过去除空气中的二氧化硫、水中的氧气，调节溶液的 pH 值以及添加缓蚀剂等方式来改变环境，从而达到降低环境的腐蚀性的目的。

③可以通过涂层和表面改性的方式，如在金属表面涂镀层，在非金属表面涂层，也可以改变材料的表面结构，从而使材料的表面具有耐腐蚀性。

④可以使用衬里、防锈油、防锈纸等方式来将材料与腐蚀性介质分开。

⑤通过电化学保护对金属进行电化学腐蚀，也就是说，可以通过阴极极化减缓氧化反应速度，或者通过阳极钝化达到防止腐蚀的目的。

⑥所选材料必须确保正确，设计不需要合理。不管是选材还是设计都应给

予足够的重视，做到材料匹配、结构合理，在相互连接的两个结构之间应尽量避免缝隙的产生。

三、腐蚀与防护学科的内容和任务

由于当前实际应用的结构材料仍以金属为主，而且使用最多的仍为普通碳钢及铸铁，所以，当前腐蚀与防护这门学科的对象仍是以金属为主的。它的内容着重于研究结构材料的腐蚀机理及其在各种使用条件下的防腐方法。

人类在使用材料的同时，就开始了腐蚀与防护的研究。1965年，湖北省考古学家发掘楚墓时出土了两柄越王勾践时期的宝剑，在地下埋藏两千多年，至今光彩夺目，经检验发现，剑身有抗氧化防蚀的经硫化处理的无机涂层。1974年，在陕西临潼发现了秦始皇时代的青铜剑和大量箭头。经过确认之后，发现该表面具有致密的氧化铬涂层。这表明，早在2000年前，我国就创造了一种类似于现代铬酸盐的钝化保护技术，这是中华文明史上的一大奇迹。此外，举世闻名的中国清漆在商代已被广泛使用。

深入而系统地开展腐蚀研究，并使之由经验阶段发展成为一门独立的学科，是从20世纪30年代开始的。第二次世界大战后，从20世纪50年代开始，尤其是从20世纪70年代开始，腐蚀研究和腐蚀控制技术方面出现了一系列新的成就，以便更好地满足工业生产快速发展的需要，进而促进工业的发展。例如，1915年合成尿素工艺中试成功，38年后，由于解决了设备材料的耐蚀性，尿素于1953年才得以大规模生产。许多类似的案例还有很多，这些案例都表明，腐蚀和防护与现代科学技术的发展密切相关，对国民经济的发展具有重要意义。

腐蚀与防护这门学科基本上基于金属科学和物理化学这两门学科。同时，它也与冶金、工程力学、机械工程和生物学密切相关。因此，腐蚀和防护实际上是一门非常全面的前沿科学，因为它涉及国民经济的各个部门，因而也是一门实用性很强的技术科学。研究腐蚀理论的目的最终要为腐蚀技术服务，而在腐蚀研究过程中，由于大量应用了现代实验技术，更加深刻地揭示出腐蚀的本质，又促进了防腐技术的较快发展，如新型耐蚀合金、缓蚀剂、电化学保护、表面处理技术、涂料及非金属材料等方面的研制生产及使用。

四、材料腐蚀与防护的管理和教育

为了加强对腐蚀与防护的管理，国家需要立法。例如，美国政府已经制定了有关保护地下管道的法律规定，即必须对所有地下管道进行定期保护和检查，德国和俄罗斯也有相应的规定。为了引起所有人员特别是管理人员对腐蚀和防护的重视，必须建立相应的教育体系，对腐蚀和防护进行广泛的教育，提高保护意识，做到防护工作的自觉性与科学性相结合，提高防护水平，以减少经济损失和突发事故的发生。

第二章　金属腐蚀基本原理

金属在环境介质作用下，由于电化学变化、化学变化和物理溶解而产生的破坏称为金属腐蚀。本章分为金属的电化学与化学特性、环境介质对金属腐蚀的影响、金属的全面腐蚀、金属的局部腐蚀、金属腐蚀的钝化五部分，主要内容包括金属的电极电位、全面腐蚀的特征、全面腐蚀的生成、电偶腐蚀、缝隙腐蚀等。

第一节　金属的电化学与化学特性

一、金属的电极电位

金属腐蚀的阳极和阴极反应会根据金属的不同种类发生变化。从热力学稳定性角度来看，金属的电位越正，其稳定性越高，耐蚀性越好；金属的电位越负，其稳定性越低，耐蚀性越差。

在电偶腐蚀过程中，电位比较正的金属充当阴极会受到保护，电位比较负的金属充当阳极会受到腐蚀。电偶效应让电偶电池处于阳极的金属材料腐蚀速率增加。金属的电位高低决定了它在电化学过程中的地位。

除了电偶腐蚀外，自然界中发生的绝大多数电化学腐蚀都是析氢腐蚀和吸氧腐蚀，即氢电极或氧电极充当阴极，让金属发生腐蚀，其驱动力主要是金属电位与氢电极或氧电极的电位差。

$$E_{H_2} = -0.059\mathrm{pH}$$

$$E_{O_2} = 1.228 - 0.059\mathrm{pH}$$

由上式可以看出，在酸性（pH=0）的介质溶液中，氢电极的平衡电位是 0 V，氧电极的平衡电位为 +1.228 V；在中性（pH=7）的介质溶液中，氢电极的平衡电位是 -0.414 V，氧电极的平衡电位是 +0.815 V；在碱性（pH=14）溶液中，氢电极的平衡电位为 -0.826 V，氧电极的平衡电位为 +0.402 V。这些电位数据是判断金属在具体介质中热力学稳定性的基准和依据。

电极电位比 -0.414 V 还负的金属稳定性差，可以在任何 pH 值范围内发生腐蚀。由于碱性溶液介质容易使金属产生钝化，所以电极电位比 -0.414 V 小的金属（如碱金属、碱土金属及过渡族金属钛、锰、铁、铬等）在中性介质中能自发地进行析氢或吸氧腐蚀，这类金属称为不稳定金属或活性金属。

电极电位小于 -0.414 V 的金属（如镍、钴和钼等），在中性介质中，可以发生析氢腐蚀，也可以发生吸氧腐蚀，这类金属称为次稳定金属。

电极电位为 -0.414 ～ +0.815 V 的金属（如铜、汞和锑等），在中性介质中，较难发生析氢腐蚀，只能发生吸氧腐蚀，这类金属称为较稳定金属。

电极电位大于 +0.815 V 的金属（如铂、金和钯等），在中性介质中，较难发生析氢腐蚀，也较难发生吸氧腐蚀，这类金属称为贵金属。贵金属不是绝对不腐蚀，在强氧化剂中也会发生腐蚀。

二、超电压

金属腐蚀的快慢主要由动力学因素——超电压决定。氢的标准电极电位为 -0.327 V，其极化曲线用铜表示。铜的标准电极电位比氢标准电极电位正，不会发生铜的析氢腐蚀；锌的标准电极电位比铁的标准电位的电位负，锌离子化倾向性本应比铁大，然而由于氢在铁上的超电压比其在锌上的超电压小，说明在锌上氢离子与电子交换较铁上的交换难（即锌极上交换电流密度小），故铁比锌的腐蚀速率大。这就是利用锌作为钢铁材料保护层的原因。所以，可以利用动力学因素——超电压来判断金属腐蚀速率的大小。

三、金属钝性

从钝性角度划分，可以将金属分为两类，即钝性金属和无钝性活性金属。从钝性系数划分，可以将钝性金属排列如表 2-1 所示。钝性金属处于稳定钝化状态下，具有良好的耐蚀性，这是实际腐蚀工作中非常重要的问题。

表2-1　几种金属的钝性系数（0.5 N 氯化钠水溶液）

金属	Ti	Al	Cr	Be	Mo	Mg	Ni	Co	Fe	Mn	Cu
钝性系数	2.44	0.82	0.74	0.73	0.49	0.47	0.37	0.20	0.18	0.13	0

四、合金元素

合金元素即对某种性能起到改善作用的元素，其他元素则叫作杂质。一些合金元素或杂质，随着条件的不同，或加速腐蚀或抑制腐蚀。

（一）合金元素对合金混合电位的影响

不管合金元素是以单相固溶体状态存在，还是以共晶或多相状态存在，都将因其电化学的不均匀性构成微电池，如析出第二相、存在杂质等，且为短路电池，呈完全极化状态。合金电极电位会处于阴极组分电位 E_c 与阳极组分电位 E_a 之间，称为腐蚀电位 E_{corr} 或混合电位 E_k。可以通过添加贵金属来提高合金的混合电位，以提高合金的耐蚀性。

（二）合金成分与耐蚀性的 *n*/8 定律

很多合金会随着合金化组元含量的变化，即原子百分数的变化，合金的腐蚀速度呈台阶形有规律的变化，具体如图2-1所示。合金稳定性的台阶变化出现在 *n*/8 原子百分比处，*n* 为有效整数，这一规律即为塔曼规律。表2-2列举了各合金的实验结果，证实了此规律。

　　　1/8　　2/8　　3/8　　4/8　　5/8　　6/8　　溶度与溶剂的原子数比

图2-1　塔曼规律示意图

只有二元合金中才会出现 *n*/8 规律。当固溶体开始溶解时，合金表面不稳定组分的原子被溶解，在表面包覆聚集成一层稳定组元的原子，形成屏蔽层，不稳定原子与介质之间的接触受阻，从而提高了其耐蚀性。

表 2-2　各种合金中存在的 $n/8$ 规律实例

合金系	耐蚀组分的原子分类					
	$n=1$	$n=2$	$n=3$	$n=4$	$n=5$	$n=6$
Cu–Au	1/8	2/8		4/8		
Ag–Au		2/8		4/8		
Zn–Au				4/8		
Mn–Ag						
Zn–Ag		2/8				
Ag–Pb				4/8		6/8
Cu–Pb				4/8		
Ni–Pb		2/8				
Mg–Cd		2/8				
Cu–Pd		2/8				
Ag–Pd				4/8		
Fe–Si		2/8		4/8		
Fe–Cr		2/8		4/8		
Cu–Ni	1/8	2/8				

（三）合金成分与固溶体的选择性溶解

一般情况下，单相固溶体不存在化学性质不稳定的组织组成物，也不存在异相电位差，仿佛不能发生优先溶解。实际上，固溶体内组分的电化学稳定性不同，成分中电位比较负的组分会优先溶解，电位比较正的组元溶解后会再沉淀回去。负电位的优先溶解被称为选择性溶解。

以单相固溶体状态存在的黄铜（α - 黄铜）有脱锌现象为例。在海水等介质中，黄铜中的锌会优先溶解，或铜、锌溶解，而铜又沉淀回去，脱锌后的铜呈现出红色，其外表多孔、疏松，强度低，密度小。

此外，还有一些金属会发生类似的现象。例如，Cu-Mn 合金脱锰、Cu-Ni 合金脱镍和 Cu-Al 合金脱铝等。选择性溶解不仅发生在单相固溶体中，也会发生于复相合金中。例如，灰口铁在盐水或酸性介质中，铁从铸铁中优先溶解而引起腐蚀，当铁腐蚀以后，便剩下多孔的碳，称为石墨腐蚀。

五、复相组织

绝大多数实际使用的金属材料都是复相组织。在复相合金中，相与相之间存在电位差异，形成腐蚀微电池，通常认为单相固溶体的耐蚀性要好于复相组织。

合金中的石墨、碳化物、金属间化合物、杂质等第二相大多数以阴极形式存在于合金中，而基体一般充当阳极。例如，碳钢中的 Fe、C 相电位比基体电位高，以阴极形式存在，起到加速阳极基体溶解腐蚀的作用。第二相可以作为阳极致钝相，由于阴极相增多，去极化效率提高，推动阳极相加速钝化，提高了其耐蚀性。

需要注意的是，在第二相周围，由于析出相与基体的热胀系数存在差异，第二相的体积效应推动形成应力场，在相界面引起电化学的不均匀性。例如，在铁素体基体上析出球状 Fe_3C 相时，可形成最高达 28.1 kg/mm^2 的应力场，使该处电位更负，相周围易溶解腐蚀，这在腐蚀工程上应引起注意。

六、热处理工艺

合金通过热处理工艺可以改善其晶粒大小、应力状态，控制第二相的大小、形状和分布，让相中的组元发生再分配等。这些都会影响合金的电化学行为。一般情况下，以消除内应力、让成分均匀化为目的的热处理工艺都有利于提高合金的耐蚀性，特别是有利于抑制发生局部腐蚀。不恰当的热处理工艺或焊接工艺，会让奥氏体不锈钢在敏感温度区间反复或停留，提高对晶间腐蚀的敏感性。

在焊接合金时，由于焊缝附近区域各部位因加热和冷却的条件不同，焊后其组织也不同，造成电位差异，常导致焊缝腐蚀。经过退火处理后，电位差消除，增加焊缝的耐蚀性。

合金晶粒的尺寸和均匀程度也会对耐蚀性产生影响。均匀的细晶粒能够将杂质弥散分布，也能够将点缺陷和线缺陷分散分布，避免发生不均匀腐蚀。理想的合金状态应该是无晶界的非晶态，其电化学均匀性一致，具有很高的耐蚀性。

七、变形与应力

机械加工、冷变形、铸造或焊接后的热应力、热处理过程中形成的热应力和组织应力等，将在金属内部产生晶格扭曲和位错等缺陷，引起电化学性质的变化，通常会增加局部腐蚀（如应力腐蚀）的敏感性。塑性变形的应变会显著引起阳极溶解加速，同时也会破坏保护膜的保护作用。经冷加工后的软钢（0.11%碳）和纯铁（0.0001%碳）的腐蚀速率随热处理温度的变化特点如下。

①冷加工后，钢的腐蚀电位约比退火状态低 45 mV。

②冷加工后，软钢的腐蚀速率比纯铁快。

③热处理工艺能够改善冷加工后软钢的耐蚀性，较难改善纯铁的耐蚀性。

④冷加工塑性变形导致的晶格缺陷。晶格缺陷和缺陷处杂质的富集，会导致合金微观尺度上的电化学不均匀性，加剧合金的腐蚀。

八、材料的表面状态

金属的表面光滑程度与腐蚀速率有直接关系。金属表面越均匀、光滑，其耐蚀性越好，而金属表面越粗糙，耐蚀性越差，其原因主要包括以下几方面。

①表面粗糙的金属比光滑的表面积大，也就与腐蚀介质的接触面积大。

②表面粗糙的金属表面积大，极化性小，氧与凸起部分的接触较多，与坑洼部分的接触较少，会形成浓差电池。

③表面粗糙的金属在形成保护膜时容易发生内应力不一致的情况。保护膜不致密，容易发生腐蚀现象。

④金属表面的粗糙程度会对尘粒、水分的吸附产生影响。尘粒、水分的吸附会促进金属腐蚀。

第二节　环境介质对金属腐蚀的影响

一、介质的 pH 值

在腐蚀反应中，酸度的重要性反映在 E-pH 图中，介质的 pH 值发生变化对腐蚀速率的影响是多方面的。在腐蚀系统中，阴极过程为氢离子的还原过程，氢离子浓度增加时（pH 值降低），促进还原，加速金属腐蚀。pH 值的变化也会影响金属表面膜的溶解度以及保护膜的生成，从而影响金属的腐蚀速率。

金属在酸性溶液中的腐蚀速率通常随 pH 值的增加而减小。在中性溶液中，以氧去极化反应为主，腐蚀速率不受 pH 值的影响。在碱性溶液中，金属常发生钝化现象，腐蚀速率下降；对于两性金属，在强碱性溶液中，腐蚀速率再次增加。对钝化金属来说，一般有随着 pH 值的增加更易钝化的趋势。介质的 pH 值对金属的腐蚀速率的影响大致分为以下三类。

第一类：化学稳定性较高、电极电位较正的金属，如 Pt、Au 等，不会受pH 值的影响，腐蚀速率基本恒定。

第二类：Zn、Al 等两性金属，其表面上的氧化物或腐蚀产物在碱性溶液或酸性溶液中都可以溶解，因此不能产生保护膜，腐蚀速率也较大。在中性溶液中，腐蚀速率较小。

第三类：Ni、Fe、Mg、Cd 等具有钝性的金属，这类金属在表面形成碱性保护膜，因此不溶于碱而溶于酸。

二、介质的成分与浓度

大多数金属在盐酸等非氧化性酸中，会随着浓度的增加，提高腐蚀速率；而在浓硫酸、硝酸等氧化性酸中，随着溶液浓度的增加，腐蚀速率会有最大值。当浓度增加到一定数值以后，再增加溶液的浓度，金属表面就会形成保护膜，使腐蚀速率下降。在稀碱溶液中，金属铁的腐蚀产物为氢氧化物，对金属有保护作用，能够降低腐蚀速率。如果增加碱的浓度，则氢氧化物就会溶解，提高腐蚀速率。

对于中性的盐溶液（如氯化钠），随着浓度的增加，腐蚀速率也存在极大值。由于在中性盐溶液中，大多数金属腐蚀的阴极过程是氧分子的还原过程，因此，腐蚀速率与溶解的氧有关。开始时，由于盐浓度增加，溶液导电性增加，加速了电极过程，腐蚀速率增大；但当盐浓度增大到一定值后，随着盐浓度增加，氧在其中的溶解度减小，又使腐蚀速率减小。

氯化镁等非氧化性酸性盐类在水解时能够生成无机酸，引起金属的强烈腐蚀。碱性和中性盐类的腐蚀性比酸性盐类小，这类盐对金属的腐蚀主要是通过氧的去极化产生的，具有钝化作用，被称为缓蚀剂。在实际腐蚀中，大多数情况是吸氧腐蚀。氧的存在既能显著增加金属在酸中的腐蚀，也能增加金属在碱中的腐蚀。在没有发生钝化时，除去氧有利于防止腐蚀。

三、介质的温度

介质的温度升高能够加快腐蚀速率。因此，介质温度升高能够加快电化学反应的速度，加快溶液对有氧去极化腐蚀的过程。腐蚀速率与温度的关系比较复杂，随着扩散、对流，减少电解质溶液的电阻，加速阴极过程和阳极过程，提高腐蚀速率。此外，温度升高会使钝化变得困难甚至不能钝化，温度分布不均匀常对腐蚀反应有极大的影响。有氧去极化腐蚀参与的腐蚀过程，随着温度的升高，氧分子的扩散速度加快，溶解度下降，这样对应的腐蚀速率也出现极大值。锌在水中的腐蚀与温度的关系：开始时，温度增加，促使了电极过程，腐蚀速率增加，70 ℃时达到最大值，进一步增加温度，因氧浓度下降使腐蚀速率下降。

四、介质的压力

介质压力的增加，会提高腐蚀速率。这是因为，介质压力增加，让参与反应的气体溶解度增加，进而加速了阴极过程。在高压锅炉中，水中只需要存在少量的氧，就能够引起强烈腐蚀。

五、介质流速

介质流速也与腐蚀速率相关，但这种关系比较复杂，主要取决于介质和金属的特性。对于受活化极化控制的腐蚀过程，介质流速不会对腐蚀速率产生影响，如铁在稀盐酸中就属于这种情况。当阴极过程受扩散控制时，流速使腐蚀速率增加，一般常发生于含有少量氧化剂（如酸或水中含有溶解氧）时，铁在水中加氧、铜在水中加氧就属于这种情况。如果过程受扩散控制而金属又容易钝化，流速增加时，则金属将从活性转变为钝性。

由于一些金属在一定的介质中生成了保护膜，具有较好的耐蚀性，但当介质流速较高时，保护膜就会受到破坏，加速腐蚀速率。钢在浓硫酸中、铅在稀盐酸中的腐蚀就属于此类。

六、细菌微生物

细菌参与金属腐蚀，最初是从地下管道中发现的，后来逐渐发现矿井、油井、水坝及循环冷却水系统的金属构件及设备的腐蚀过程与细菌活动有关。细菌腐蚀并不是其本身对金属发生腐蚀作用，而是细菌的生命活动结果间接地影响金属腐蚀的电化学过程。细菌腐蚀主要通过以下几种方式影响腐蚀过程。

①细菌通过新陈代谢，会产生一些具有腐蚀性的代谢产物，如有机酸、硫酸以及硫化物等，影响金属腐蚀环境。

②细菌的生命活动影响电极反应的动力学过程。例如，硫酸盐还原菌的生命活动过程会促进腐蚀的阴极去极化过程。

③改变金属所处的环境状况，如 pH 值、氧浓度和盐浓度等，让金属表面形成局部腐蚀电池。

④破坏金属表面有保护性的非金属覆盖层或缓蚀剂的稳定性。

自然环境中参与金属腐蚀过程的菌类不多，一般分为喜氧性菌和厌氧性菌两大类。常见的腐蚀性细菌有喜氧性的铁细菌、硫氧化菌和厌氧性的硫酸盐还原菌。前者可将一些硫化物或硫代硫酸盐氧化成硫酸，即产生腐蚀性的强酸。后者能把无机硫酸盐还原成硫化物，并且进一步使硫化物转化成 FeS、Fe(OH)$_2$，从而腐蚀钢铁设备。当通气条件非常差的时候（如在黏土中或潮湿环境下），硫酸盐还原菌可能比较活跃，会发生腐蚀反应。由于氢原子不断被消耗，需要更多的电子产生氢原子，因此，腐蚀会更严重。这种腐蚀的特点是金属表面光亮，但有臭鸡蛋味。

七、其他因素

除了以上几种因素外，还有很多其他因素会对金属腐蚀产生影响，如微量氯离子、微量氧离子、微量高价金属离子、接触电偶效应等。如果忽视这些因素，也会导致严重的后果。另外，生产实际过程中，环境是不断变化的，因此，在考虑腐蚀影响因素时，应特别注意和掌握各种变化。总之，金属腐蚀是一个非常复杂的问题，一定要具体问题具体分析，正确处理具体腐蚀问题。

第三节　金属的全面腐蚀

一、全面腐蚀的特征

金属表面均匀而有规律的腐蚀是最常见的腐蚀形式。就全面腐蚀而言，腐蚀环境必须接触到金属表面的所有部位，而金属自身要具有冶金与成分的均一性。然而，实际情况下所认定的全面腐蚀是允许有一定程度的不均匀性的。

大气腐蚀以感觉到的速度腐蚀金属，是最为普遍的全面腐蚀例证，其他全面腐蚀例证如钢在酸性溶液中的腐蚀。当金属表面存在水膜（如大气腐蚀）或金属材料处于水溶液中，金属作为阳极，而溶解的氧气和氢离子构成阴极，两者自发组成电池对，从而驱动金属材料发生吸氧和析氢腐蚀。从微观上看，金属表面上每个有微阳极和微阴极组成的电池的面积非常小、能量随时间与地点有起伏，而且微阳极和微阴极区发生变化。但从宏观上看，整个金属表面遭到近似相同程度的腐蚀而导致其腐蚀的深度近似一致。

全面腐蚀最基本的特征是腐蚀遍及金属材料的所有表面，腐蚀的电化学反应机制、腐蚀速度与腐蚀深度在金属材料表面的所有部位具有一致性。虽然由于金属材料的微观冶金组织有不均匀性，又由于环境影响因素随材料构件位置与几何结构的不同导致分布有异，而造成微观或局部区域上腐蚀的速度与厚度不同，但其不同于局部腐蚀的特点就在于材料整体的腐蚀是宏观可测、一目了然的。

局部腐蚀存在极大的特殊腐蚀隐蔽性和潜在危害性，尽管均匀腐蚀导致巨大的金属损失，但其危害性很低，因而通过测量均匀腐蚀的机制、动力学规律和速率，就会为材料的设计、使用的安全性和使用寿命提供很好的工程指导与预计。

化学反应或电化学反应在整个或绝大部分材料表面均匀地进行，腐蚀的结果使构件材料的表面变化，直至最后发生破坏。全面腐蚀与摩擦学的腐蚀磨损有一定的相似性，其不同之处在于，全面腐蚀基本上没有考虑机械作用的影响，而在摩擦学的腐蚀磨损中对机械作用加以了特别的注意。

二、全面腐蚀的生成

（一）无膜腐蚀

在金属全面腐蚀的过程中，如果无腐蚀膜生成，则会让腐蚀以一定的速度连续进行下去，生成腐蚀化合物，这是十分危险的。这种金属－环境的组合是没有实用价值的，如铁或锌在盐酸中短期就会全部变成氯化铁或氯化锌就是一个众所周知的例子。除非选材上发生严重错误，否则，这种情况很少发生。

（二）成膜腐蚀

在金属全面腐蚀的过程中，如果生成腐蚀膜，这种腐蚀就称为成膜腐蚀。如果生成的腐蚀膜非常薄，而且是钝化膜，如铝、钛和不锈钢等在氧化环境中生成的氧化膜，则具有很好的保护性。

三、全面腐蚀速度的表示方法

（一）失重量表示法

采用失重量表示的条件是，腐蚀产物能较容易地从材料腐蚀表面清除下来，其计算公式如下。

$$K^- = \frac{G_1 - G_2}{S \cdot t}$$

式中：K^-——腐蚀的失重速度，$g/(m^2 \cdot h)$；

G_1——试样腐蚀前的重量，g；

G_2——试样腐蚀后的重量，g；

S——试样的表面积，m^2；

t——腐蚀时间，h。

（二）增重量表示法

在腐蚀产物能较好地附着于材料表面时，或者即使部分脱落也能够全部收集起来，就可用该方法。

$$K^+ = \frac{G_2 - G_1}{S \cdot t}$$

式中：K^+——腐蚀的增重速度，g/（$m^2 \cdot h$）。

其余参数同失重量表示法。

（三）腐蚀深度表示法

用重量法表示的缺点是没有考虑材料的密度影响。在两种材料的重量变化一样时，一般来说密度较大的材料其重量的变化相对较小。因而用单位时间内的腐蚀深度来表示材料的腐蚀速度就更具有实用价值，而且由它还可以直接估算出设备的使用寿命。

$$V = \frac{8.76K^-}{d}$$

式中：V——用腐蚀深度表示的腐蚀速度，mm/a；

d——材料的密度，g/cm^3。

表 2-3 列出了金属耐蚀性的十级标准。

表 2-3　金属的耐蚀性标准

耐蚀性分类		耐蚀性等级	腐蚀速度 /（mm/a）
Ⅰ	完全腐蚀	1	<0.001
Ⅱ	极耐蚀	2	0.001 ～ 0.005
		3	0.005 ～ 0.01
Ⅲ	耐蚀	4	0.01 ～ 0.05
		5	0.05 ～ 0.1
Ⅳ	尚耐蚀	6	0.1 ～ 0.5
		7	0.5 ～ 1.0
Ⅴ	稍耐蚀	8	1.0 ～ 5.0
		9	5.0 ～ 10.1
Ⅵ	不耐蚀	10	>10.1

四、全面腐蚀速率的测量

全面腐蚀是最为普通的一种腐蚀形式，其损害的表现行为，即金属材料厚度均匀的减薄直到材料失效报废。但是，全面腐蚀常常很易测量、预计和掌控，因而便于工程设计。全面腐蚀的测量可分为实验室试验与实际环境现场试验。其中实验室试验又包含实验室长期试验、加速试验和电化学试验。测量全面腐蚀具有以下几个目的。

①为特定的环境与应用筛选、评估和确定最合适的材料。

②评估材料在新环境中应用的实效性。

③常规实验考察材料的质量、安全性与使用寿命。

④科学研究腐蚀机制、确定最佳降低腐蚀的办法、开发新材料。

（一）实验室挂片失重测量

挂片实验失重测量可以在实验室内进行，如实验室长期试验（浸泡试验）、实验室环境模拟试验（模拟大气腐蚀试验、模拟土壤腐蚀试验）和实验室加速试验（盐雾腐蚀试验）等。挂片实验测量包含如下几个重要方面。

1. 试样准备

试验的第一步就是准备试样。试验所用的各种金属材料其试样处理的标准方法可参考《金属材料实验室均匀腐蚀全浸试验方法》（JB/T 7901—2001）。

首先要清楚记录试验材料的化学成分、冶金处理工艺过程。每个试样都要明确污物清除标记，具有永久可识别性。对均匀腐蚀试验测量，通常最便利的是使用小型实验试样，选择试样的大小形状主要是便于处理。在实验室中推荐使用的尺寸为 50 mm × 25 mm，厚 2 ～ 3 mm 的条状试样。圆形试样也很常见，尺寸为直径 38 mm，厚 5 mm。特别应该注意的是要妥善保护试样的边角与标识，以防引入局部腐蚀而为均匀腐蚀的测量带来误差干扰。

其次试样在试验前必须妥善清理并称重。试样的表面细度无论如何都要具有重现性、具有统一标准性。试样表面用砂纸进行打磨清理，如以 120 号的金刚石或碳化物砂纸起始，然后逐渐提高精细度，依次在一定湿度条件下进行打磨，以避免材料摩擦生热，并避免外界物质进入试样。挂片试样打磨干净后，应该进行丙酮脱脂、干燥。试样称量精确到 0.1 mg，并立即放入环境介质中进行试验。

2. 试样装载方法

试样安放分悬挂式和搁置式两种。悬挂式是将试样用玻璃勾、玻璃线（适用于酸、碱介质）或塑料线、丝线、麻线（适用于中性介质）等悬挂在试验容器中，试样必须钻孔。搁置式是把试样放在玻璃塑料或木质支架上，试样与支架之间的保持点接触，试样不用钻孔。试验要遵从以下原则。

①妥善保管试验试样，与试验体系中作用金属隔离绝缘。

②将试样全部浸入介质中，浸入深度一般要求大于 20 mm，并使各种试样的浸泡深度保持一致。

③试验试样应便于取放。

要注意试验试样的载体与容器不得与腐蚀介质产生化学作用而互相污染。装载试样的方法因选用的设备不同而不同，但是关键在于在从几何物理与电学角度上使试样之间相互绝缘，并与任何金属容器或装载构件相互绝缘。装载试样的物件形状与装载方式应确保试样与溶液自由接触。

在一个大气压的空气或氧气下的水溶液中，所有试样要保证具有相似的供氧量，尤其对于腐蚀速率高的体系，如钢和铁在中性盐水溶液中的全面腐蚀测量，氧含量对腐蚀速率影响非常大。在全浸试样中，水面下不超过 2 cm 的位置内腐蚀速率非常高，但是随浸入深度增加，腐蚀速率变低，且随水深度变化其腐蚀速率变化不大。

3. 计划试验时间

试验时间与试验材料能否在容器中形成钝化膜，与腐蚀速率相关。计划恰当的试验持续时间、试验测量间隔时间，对合理提取试样和减少试验误差非常重要。

mils/a 是指短期试验所测定的金属腐蚀速率。例如，某种金属短期测定的年腐蚀速率为 10 mils/a（相当于 0.25 mm/a）的试样，应该设计 200 h 的试验持续时间来准确测定腐蚀速率。因此，对于低腐蚀速率的金属材料，必须进行足够的试验持续时间以获得准确的腐蚀速率。最常用的一个周期试验时间如 24 ～ 168 h，具体选择时可参阅表 2-4。

表 2-4　试验时间的选择

估算或预测的腐蚀速率 / (mm/a)	试验时间 /h	更换溶液情况
>1.0	24～72	不更换
1.0～0.1	75～168	不更换
0.1～0.01	168～336	约 7 天更换一次
<0.01	336～720	约 7 天更换一次

4. 试验变量控制

全面腐蚀试验中一些重要的实验参量必须加以强调。这些参量包括水溶液氧含量、稳定性、溶液体检和流速、试样暴露方式等。溶液中的溶氧量对材料的腐蚀速率有重要作用，影响很大。如果试验需要提高氧含量，则最常见和简单的办法是在溶液中通氧气；如果需要除氧，则在溶液中采用通氮气或氩气排除空气的方式。温度的影响非常复杂，它直接影响氧的溶解度 pH 值、腐蚀产物的形成及其他问题。因此，在试验过程中一定要合理控制温度并始终监控温度的变化。

溶液体积量是一个实际的难题。如果溶液量太少，则腐蚀溶解的金属离子会增高，同时溶液的腐蚀性物质会消耗。一般而言，至少要保证每平方厘米的试样面积要有 50 mL 的溶液。如果试验溶液消耗非常快，则对该溶液应进行周期性补充。

溶液的流速对腐蚀速率具有重要影响。流速的增加有可能提高也有可能降低腐蚀速率。因为实际工作环境中，流体条件对腐蚀速率的影响非常复杂，经常采用旋转圆盘电极和旋转圆柱电极控制流体的方式研究腐蚀速率。试样的暴露形式在试验设计中也是一个重要的指标，全浸、半浸和间断性浸泡都会影响腐蚀的模式与速率。如果材料采用全浸，则所有材料必须保证浸泡在腐蚀溶液的同一深度。采用半浸方式可用于研究水线腐蚀。

5. 腐蚀试样清理方法

当试样从试验容器中卸载取出后、在称量最终重量前，这个试样必须清理，去除所有腐蚀产物。切记在去除腐蚀产物时不可引起材料产生额外腐蚀，造成测量上的误差。同时，因为材料重量的变化用于计算材料损失的厚度，金属上任何残留腐蚀产物都会给称重带来误差。

清除腐蚀产物可以采用机械法，也可以采用化学法和电化学法。理想情况是清理操作能去除掉所有附着的腐蚀产物而留下的基体金属材料不受影响，这几乎难以达到。在经历了一开始腐蚀产物快速去除和失重的过程后，继续的清理会导致基体金属逐渐失重，把基体金属失重期外延到清理过程的起始位置。

机械法清除试验试样腐蚀产物的方法是，在水流清理的情况下采用刷子或橡胶刮板清理试样上的腐蚀产物。还有许多情形下通过初步的化学或电化学清理后再采用机械清理法。

6. 试验计算与数据处理

在大多数情况下，全面腐蚀速率被表示为金属材料厚度随时间的损失。这个数值直接由实验数据测得，也可以由失重计算得出。失重是指材料进行试验之前的质量与经历试验和清除腐蚀产物后的质量之差。全面腐蚀速率通常表示为单位表面在单位时间内腐蚀损失的质量（$g/(m^2 \cdot h)$）或每年损失毫米厚（mm/a）或年损失密耳数（mils/a），或年损失英寸数（in/a）。腐蚀速率单位的相互换算见表 2-5。

表 2-5　腐蚀速率单位的相互换算

换算值 单位	$g/(m^2 \cdot h)$	$mg/(dm^2 \cdot d)$	mm/a	in/a	mils/a
$g/(m^2 \cdot h)$	/	240	8.76/g	0.3449/g	344.9/g
$mg/(dm^2 \cdot d)$	0.004167	/	0.0365/g	0.001437/g	1.437/g
mm/a	0.1142 g	27.49	/	0.0394	39.4
in/a	2.899 g	705 g	24.5	/	1000
mils/a	0.002899 g	0.705 g	0.0254	0.001	/

7. 试验报告

在试验报告中应提供下列数据和信息：①腐蚀介质、浓度、容积及其在实验过程中的任何变化；②温度（最大值、最小值及其平均值）；③溶氧量（实验通氧条件与技术）；④搅拌状况（条件与技术）；⑤试验用仪器及其种类；⑥每个实验的持续时间；⑦试验金属材料的化学成分或商品名称；⑧试验试样的冶金状态、尺寸、形状、面积与处理过程；⑨每类试验材料用于实验的数量及其各自处理过程；⑩腐蚀暴露试验后试样的清理方法及此类清理方法造成的误差估计；⑪每个试样起始、最终及实际损失的重量；⑫除全面腐蚀之外其他可能类型腐蚀量的评估，如支架同试样间的缝隙腐蚀、点蚀的深度与密度等；⑬每个试样的腐蚀速度；⑭试验误差。

（二）电化学极化测量

腐蚀是一个电化学过程，是一个相互接触进行电子传输的阳极和阴极经过溶液电解质进行离子传输的过程。绝大多数类型的腐蚀都可以采用电化学技术进行研究与测量，包括全面腐蚀、局部腐蚀、电偶腐蚀、选择性腐蚀、应力腐蚀及氢致失效等形式。

采用电化学技术进行腐蚀过程的研究与测定的基础依据是混合电位理论。概括而言就是，任何净电化学反应都可以分为两组（或更多组）氧化和还原反应，不会产生多余的任何一种电荷。在腐蚀电位处，金属半电池电极的氧化还原反应同环境因素半电池电极的氧化还原反应发生耦合，导致金属半电池电极的还原反应相对自身氧化反应可忽略不计，而产生金属净氧化反应(阳极溶解)。同时，环境因素半电池的氧化反应相对其自身还原反应可忽略不计而产生环境因素的净还原反应（成为阴极，如吸氧或析氢反应）。

金属的净氧化反应速度与环境因素的净还原反应速度相等，因而虽然外电路电流为零，但金属与环境耦合已形成金属的氧化与环境因素的还原。金属材料的失重与腐蚀电流的关系可用法拉第定律表示。

$$W = (ItM) / (nF)$$

式中：W——失重，g；

I——Ai_{corr}，A 是面积，cm^2；

t——时间，s；

M——金属材料的分子量；

n——电化学反应所包含的电子数。

对于全面腐蚀而言，金属材料的减薄（腐蚀厚度的）速度 K 直接表示如下。

$$K = (3.27 \times 10^{-3} i_{corr} EW) / d$$

式中：K——腐蚀速率，mm/a；

d——金属的比重，g/cm^3；

i_{corr}——腐蚀电流密度，mA/cm^2；

EW——金属的等价重量，g。

金属的等价重量由以下方程计算。

$$EW = \sum f_i M_i / n_i$$

式中：f_i——金属材料 M 中第 i 个合金元素的原子比率；

M_i——金属材料 M 中第 i 个合金元素的原子重量；

n_i——金属材料 M 中第 i 个合金元素在腐蚀过程中氧化达到的价态或失去的电荷数。

该方程假设了金属材料中所有元素参与了腐蚀过程并且均等地被氧化。实际情况下，每个元素的腐蚀速率可能不同，因此利用该方程进行计算可能会带来误差。

（三）现场实际环境测量

实际环境下材料腐蚀行为的测量是依据自然和地理位置而进行的，包括大气曝晒腐蚀试验、海水腐蚀试验、自然水腐蚀和土壤腐蚀试验等。这类试验更接近于生产使用实际，试验结果比较可靠，试验本身也比较简单。但是现场实验中的环境因素难以控制，腐蚀条件变化较大，结果的重现性往往较差，而且试验周期较长。

五、全面腐蚀的危害

一般来说，均匀腐蚀的危害较其他腐蚀小得多。但在某些场合，如对装饰性镀层、反光镜用的功能性镀层或发生全面腐蚀会污染产品的情况下，仍然不希望出现均匀腐蚀现象。为此可采取的一些控制措施，如合理选材、选择合适的保护性镀层、使用缓蚀剂或采用阴极保护措施等。有时还需要采用联合措施才能获得满意的效果。

第四节　金属的局部腐蚀

一、电偶腐蚀

（一）电偶腐蚀的定义

电偶腐蚀又叫不同金属的接触腐蚀。在同一介质中，不同金属接触所产生的腐蚀电位存在一定差异，造成两金属界面附近发生电偶电流，其中电位比较高的金属溶解速度减小，电位比较低的金属溶解速度增大，导致接触部位出现局部腐蚀。因此，有时也可以将电偶腐蚀称为接触腐蚀或双金属腐蚀。在工矿企业中，机器设备的零部件往往由于某些功能要求或经济上的考虑，采用不同的材料组合，这是较普遍的，有时甚至是不可避免的，因而电偶腐蚀的现象广泛存在。

（二）电偶腐蚀的影响因素

1. 交换电流密度

正如半电池电极可逆氧化还原反应的交换电流密度相比平衡电极电位对材料的腐蚀速率具有更大的影响一样，在电偶腐蚀中，交换电流密度的影响甚至颠倒了阴阳极与平衡电极电位的顺序。例如，依据平衡电位顺序，Au 电极的平衡电位高于 Pt 电极，即相比平衡电极电位，Pt 比 Au 更活跃。但是，由于 H_2 在 Pt 电极上比 H_2 在 Au 电极上具有更高的交换电流密度，结果 Pt 在与 Au 和 Zn 接触发生耦合后导致 Au 与 Zn 的耦合电位比 Pt 与 Zn 的耦合电位更活泼，使得 Pt 电极成为阴极而得到保护，而 Au 电极成为阳极而溶解。

此例说明，交换电流密度对电偶腐蚀起到非常重要的影响，有时可以逆转所接触的金属的活泼性，使更稳定的金属（平衡电极电位更正）在耦合后转变为活泼的金属而受到腐蚀，使活泼的金属在耦合后转变为阴极而受到保护。

2. 表面面积

当发生电偶腐蚀时，被加速腐蚀的是电偶对中成为阳极的金属电极。因此，如果作为阴极的金属材料面积很大，则必须增大阳极金属电极的面积以缓解其腐蚀电流密度。同时要特别防止小面积阳极与大面积阴极的电偶对组合，其耦合结果会导致阳极的快速腐蚀，甚至引发事故。

在含氧的中性介质（如海水）中，金属材料的腐蚀常常由氧的扩散过程控制，金属阳极的腐蚀速率等于氧的极限电流密度。当两种金属 a 和 b 在海水中发生偶接，在电偶电位下，两种金属表面的阳极溶解电流应等于总的阴极还原电流（即氧的极限扩散电流）。如果金属 b 比金属 a 的电极电位更正，耦合后其阳极溶解电流相对金属 a 可以忽略不计。

3. 溶液介质

环境介质对电偶腐蚀具有重要的影响，其因素包括组成、pH 值、电导率和温度。一般而言，介质的腐蚀性越强则电偶腐蚀越严重。溶液电导率的提高会加速金属的腐蚀速率，对电偶腐蚀而言会加速均匀腐蚀或造成局部腐蚀。当处在高电导率溶液（如海水）中时，溶液的欧姆压降小，因而电偶腐蚀电流会分散到与阳极金属接触点位置较远的阳极金属材料上，产生均匀性腐蚀；在低电导率溶液中，溶液的欧姆压降增高，腐蚀电流不易分散，使得电偶对接触部位的阳极金属腐蚀的电流密度更加集中在相接触的位置上，导致局部腐蚀。

环境介质的温度对电偶对的极性有时会造成逆转，如在常温下中性的水溶液或大气中，Zn 与 Fe 接触，Zn 作为电偶对的阳极发生氧化反应，而 Fe 作为阴极受到保护。此时阳极 Zn 表面溶解后生成一层疏松的 $Zn(OH)_2$，该层 $Zn(OH)_2$ 不具有保护性，使得 Zn 继续在接触 Fe 的电偶对作用下优先溶解。当环境介质的温度超过 80 ℃时，Zn 表面的 $Zn(OH)_2$ 会脱水转化为一层具有良好保护性的 ZnO 膜，从而使 Zn 得到保护，而使原阴极 Fe 被逆转为阳极。

（三）电偶腐蚀的控制

1. 选择相容性材料

在选材方面设计部件或设备时，应该尽可能地避免有异种金属或合金相互接触。如果不能避免，则应该尽可能地选择相容性的金属材料，即在电偶序中位置比较接近的金属和合金。

2. 合理的结构设计

①尽量避免形成小阳极－大阴极的结构。

②在采用不同腐蚀电位的金属材料相接触时，必须尽可能地将不同金属部件绝缘，同时还应仔细检查是否已真正绝缘。例如，在采用螺杆连接的装配中，容易忽略螺孔和螺杆的绝缘，这样仍然存在电偶腐蚀的效应。

③插入第三种金属。当绝缘设计存在困难时，可在其中插入能降低两者电位差的另一种金属（或其他材料）。

④采用表面处理的方法。对于不允许接触的小零件，必须装配在一起。例如，对铝合金表面进行阳极氧化，这些表面膜在大气中的电阻较大，可以减轻电偶腐蚀。

⑤在设计时，尽可能地将阳极部分设计成易于更换的部件，或适当增加其壁厚以延长它的使用寿命。

二、小孔腐蚀

（一）小孔腐蚀的定义

金属的局部位置出现腐蚀小孔，并深入发展，其他部位不腐蚀或腐蚀很轻微的现象称为小孔腐蚀，有时称为孔蚀或点腐蚀。在大多数情况下，孔蚀的蚀孔都很小，孔蚀的表面直径约等于其深度，有时也有蝶形浅孔形成。金属发生小孔腐蚀时会表现出以下几方面的特征。

①蚀孔小，通常直径仅为数十微米；蚀孔深，通常深度大于或等于孔径。蚀孔在金属表面上可能分散分布，也可能密集分布。大多数情况下，蚀孔都有腐蚀产物覆盖，少数无腐蚀产物覆盖。

②小孔腐蚀从开始到暴露会经历一个诱导期。诱导期的时间不一，可能需要几个月，也可能需要 1～2 年。

③一般情况下，蚀孔会沿着重力方向或横向发展。一块平放在介质中的金属，其蚀孔大多都出现在上表面。在腐蚀过程中，由于外界环境改变，一些蚀孔可能会在某一阶段后停止发展。

（二）孔蚀的机理分析

一般情况下，小孔腐蚀会发生在有保护膜或钝化膜的金属表面。发生小孔腐蚀所存在的诱导期和孔蚀核的形成和生长过程关系密切。由于金属表面存在的缺陷以及溶液内存在的能破坏钝化膜的活性离子，具有钝化膜的金属在局部被腐蚀处就作为阳极，未被腐蚀处就作为阴极，形成钝化活化电池，在金属表面形成小蚀坑，这些小蚀坑是生成蚀孔的活性中心。

由于是小阳极大阴极，因而阳极电流密度较大，短时间就会形成腐蚀小孔。而当腐蚀电流流向小孔周围的阴极时，又使这一部分金属受到阴极保护，维持钝态。在溶液中，阴离子随电流流动，向小孔中迁移，由于蚀孔内的氧会很快耗尽，所以蚀孔内只进行阳极反应，积累带正电的金属离子，为了保持液体的电中性，带负电的离子从溶液外部向孔内扩散，金属离子氯化物会水解生成盐酸。

由于盐酸的形成，孔内溶液的 pH 值下降，呈酸性，促使金属参加反应，促进更多的氯离子进入蚀孔内，形成自催化加速的腐蚀。在靠近蚀孔的表面，受阴极保护而避免腐蚀。

蚀孔外的金属表面电位较正，处于钝化状态；蚀孔内的金属表面电位较负，处于活化状态，由此在蚀孔内外形成一个活化-钝化微电偶腐蚀电池。该电池具有大阴极-小阳极的结构，阳极的电流密度较大，蚀孔会很快向深处发展。蚀孔外金属表面受阴极保护，可维持钝化状态。

阴、阳极彼此分离，二次腐蚀产物将在孔口形成，这些产物一般不具有保护作用。此时孔内介质基本上处于滞留状态，溶解的金属阳离子不易向外扩散，溶解的氧也难以向孔内扩散。如前所述，随着带负电的氯离子不断迁入，使孔内形成金属氯化物（如 $FeCl_2$ 等）的浓溶液，氯化物继续水解生成盐酸，孔内 pH 值降低，促使阳极溶解速度加快，在介质重力的影响下，蚀孔进一步向深处发展。

在腐蚀进行的过程中，孔口介质的 pH 值逐渐升高，水中的可溶性盐如 $Ca(HCO_3)_2$ 转化为 $CaCO_3$ 沉淀物，沉积在孔口使蚀孔形成一个闭塞电池，造成孔内外物质交换更为困难，孔内氯化物浓缩、水解，让酸度进一步上升，甚至让 pH 值接近于零。酸度的快速增加，提高了阳极的溶解速度。这种由闭塞电池引起的加快腐蚀作用，称为自催化作用。自催化作用可使腐蚀电池的电位差高达几百毫伏至 1 V，加上重力对腐蚀方向的控制就使孔蚀具有向深处自动加速进行的作用。由此可见，一台不锈钢设备一旦出现孔蚀，在短期内就有可能穿孔。应该指出，生产实践表明，只有少数蚀孔可能使金属截面腐蚀穿孔，而大量蚀孔发展至一定深度后就不再发展，其原因应与一定厚度腐蚀产物对腐蚀所起的阻碍作用有关。

（三）孔蚀的影响因素

孔蚀的影响因素主要包括金属或合金的性质、表面状态，介质的性质、温度、pH 值、流速等。具有钝化特性的金属和合金，对孔蚀的敏感性较高。钝化能力越强，敏感性越高。

此外，孔蚀的发生和介质中含有氧化性阳离子或活性阴离子关系密切。相关实验表明，在阳极极化条件下，介质中只要含有氯离子就可能发生孔蚀。在碱性介质中，随着 pH 值的增加，金属的电位将向正方向发展；在酸性介质中，对 pH 值的影响目前还无定论，有时可能略有增加，有时也可能没有影响。

一般来说，随介质温度的升高可以加速孔蚀的进程。在介质处于静止时对孔蚀速度的影响较流动状态（层流）大；但当流速增加到出现湍流时，由于介质的高速流动存在对钝化膜的机械冲刷破坏作用，此时就可能发生腐蚀类型的转化，金属表面将发生磨损腐蚀。

（四）预防孔蚀发生的措施

根据孔蚀发生的内因，可以选择耐孔蚀的合金作为设备或部件的材料。例如，在不锈钢中添加硅、氮或钼等元素，或在加入这些元素的同时提高其铬含量，这些方法都能够获得耐孔蚀性较好的合金材料。利用精炼方法去除钢中的硫、碳杂质，会进一步提高不锈钢的耐孔蚀性。

根据孔蚀发生的外因，可以降低介质中卤素的含量。例如，降低氯离子、溴离子的浓度。对于循环体系，可以加入缓蚀剂。对缓蚀剂的要求是，有利于提高钝化膜的稳定性，有利于让受损的钝化膜再钝化。此外，设备加工后，进行必要的钝化处理可以缓解孔蚀的发生。外加阴极电流保护也可以预防发生孔蚀，此时应该将金属的极化电位控制在保护电位以下。

三、缝隙腐蚀

（一）缝隙腐蚀的定义

缝隙腐蚀是在狭小独立的空间内沿金属材料厚度纵深方向产生快速穿透的一种独特的局部腐蚀形式。这种腐蚀常常发生在金属部件之间或金属与其他材料连接造成的缝隙的内部或沉淀物的下面，因此具有很高的隐蔽性而难以被发现，直到金属材料被腐蚀穿透造成泄漏。另外，一些缝隙腐蚀发生在由管件接头造成的能够容留腐蚀性水溶液的死角处。所以，缝隙腐蚀可以发生在容留腐蚀性水溶液的金属表面，也可发生在能够形成酸性介质浓差电池的缝隙内部。

（二）缝隙腐蚀的机理

1.缝隙腐蚀发生条件

缝隙腐蚀的发生与金属材料表面钝化膜的破裂密切相关。金属材料在氧化性环境介质中达到钝化态，环境介质中 Cl⁻ 离子的存在，是击穿钝化膜产生缝隙腐蚀关键的因素。溶液温度的升高、酸性的增强与 Cl⁻ 离子浓度的增加都是提高金属材料缝隙腐蚀敏感性的关键影响因素。

2.缝隙腐蚀初始阶段

由于缝隙封闭隔离了一部分金属的表面，因而可以强化缝隙内外形成氧浓差与 Cl⁻ 离子浓差电池，该电池的建立触发了缝隙腐蚀的发生。在缝隙的内部，溶解的氧被消耗而生成钝化膜。同时，由于钝化膜腐蚀溶解所形成的金属正电离子浓度在缝隙内部的浓缩和提高，吸引了溶液中大量的负电离子进入缝隙内部，为缝隙内部发生局部腐蚀提供了条件。

3. 缝隙腐蚀发展阶段

一旦缝隙腐蚀被触发，在缝隙内部的缺氧环境相对缝隙外大面积金属的富氧环境（阴极）而成为阳极，Fe 的缝隙腐蚀的发展依方程而自催化进行反应，并随 Cl⁻ 离子由缝隙外面不断涌入缝隙内部，推动水解反应造成缝隙内部酸性增高，使缝隙腐蚀加速发展。

（三）缝隙腐蚀的影响因素

1. 材料因素

不含 Mo 的不锈钢对缝隙腐蚀特别敏感。高合金不锈钢与镍基合金在中性和酸性含卤素化合物的环境中也遭受缝隙腐蚀的危害。其他金属材料如铝合金、铜合金与钛合金在某些情况下也会发生缝隙腐蚀。金属材料中提高 Cr、Mo、Ni 和 N 的含量将提高抗缝隙腐蚀的能力。含 20%Cr 的不锈钢成功应用于化工领域，而高 Mo 镍基合金由于其优越的抗缝隙性能，能在非常苛刻的环境中使用。

2. 环境因素

环境溶液中 Cl⁻ 的浓度、pH 值和温度是影响材料缝隙腐蚀的关键因素，含氧量与 H_2S 含量同样对缝隙腐蚀具有重要影响。一些不锈钢抗缝隙腐蚀能力会随环境溶液中 Cl⁻ 离子浓度变化而变化。其中的抗缝隙腐蚀能力就是利用腐蚀过程模拟计算得出的。优异级的抵抗能力指没有缝隙腐蚀发生；良好级的抵抗能力指缝隙腐蚀只在极端恶劣苛刻的缝隙环境条件下发生；一般级的抵抗能力是指在一般性实际环境条件下缝隙腐蚀就可能发生。

缝隙内部钝化状态的破坏就是缝隙腐蚀的开始。缝隙内部当 pH 值降低到一定程度时，钝化状态被破坏而呈活化状态，对应的 pH 值为去钝化 pH 值。而溶液 pH 值下降与温度升高均会提高缝隙内部活化的能力，其中对应发生缝隙腐蚀的温度称作临界缝隙腐蚀温度。因此缝隙腐蚀随溶液介质温度升高与 pH 值下降而加重。

（四）控制缝隙腐蚀的措施

在特定环境介质中防止缝隙腐蚀的关键是合理选材。在有缝隙条件下应选用耐缝隙腐蚀的金属材料。一般而言，含有高 Cr、Mo 的合金具有优异的耐缝隙腐蚀性能。在材料结构的设计与安装时，避免产生缝隙是防止缝隙腐蚀的另一个重要手段，如采用焊接代替机械连接、对接焊替代搭接焊，连接部件采用非吸收性材料避免溶液介质的吸收与容留等。

在可行的情况下，对环境介质的调节控制是降低缝隙腐蚀的必要手段，如通过流动、过滤固态物质、调节 pH 值、控制氧的含量与定期清理结构材料表面可以防止或避免产生在结构材料上形成沉淀结垢、繁殖菌类，并控制缝隙腐蚀的速度。此外，采用电化学保护也是防止缝隙腐蚀的技术手段。

四、晶间腐蚀

（一）晶间腐蚀的定义

所谓晶间腐蚀，是指由于冶金结构的原因，在材料的晶界或其相邻区域导致耐蚀性下降，从而在某些介质环境中优先沿晶界部位发生腐蚀。冶金结构常常影响到腐蚀性能，如不锈钢中的 MnS 夹杂相是诱发点蚀的敏感物质；钢中马氏体会增加钢材对氢致开裂的敏感性；碳钢晶界上 C、N、P 的偏聚能够诱导应力腐蚀破裂等。

（二）晶间腐蚀的机理

晶间腐蚀由于材料冶金结构，在晶界和晶粒之间存在电化学不均匀性，在一定的环境介质中造成晶粒和晶界耦合形成电偶对，进而造成晶界部位作为阳极而优先被溶解。因此，从本质上来说晶间腐蚀是一种选择性腐蚀，也是一种电偶腐蚀。一般情况下，晶间腐蚀出现在合金材料中，如奥氏体不锈钢、铁素体不锈钢、铁素体-奥氏体双相不锈钢、镍铬合金、铝合金等。

每一种合金材料都有其各自的冶金结构，其热处理工艺也存在差异。从本质上来说，都是沿晶界产生的腐蚀，但其腐蚀的机理相互之间各有差异。例如，不锈钢（包括奥氏体不锈钢、铁素体不锈钢和双相不锈钢）的晶间腐蚀以贫铬机制为主，镍铬合金的晶间腐蚀机理可用沉淀理论来解释，而含铜的铝合金其晶间腐蚀有贫铜机制。非敏化态钢，由于杂质元素如 P、Si 在其晶界吸附，导致在强氧化性介质中沿晶界产生的选择性腐蚀，称作晶界吸附机制。

（三）晶间腐蚀的影响因素

由于在材料的晶界或相邻区域耐腐蚀能力差的冶金结构在特定环境下引起沿晶界产生的腐蚀，因此晶间腐蚀与材料的组成、热处理工艺过程与使用的环境密切相关。

1. 材料的组成

在不锈钢与镍基合金中发生晶间腐蚀的原因是碳化物在晶界沉淀析出导致敏化所致。所以 Cr、C、Mo 是引起敏化的最基本原因。其中，Cr 是材料增强抗腐蚀能力的主要元素，Mo 作为抗腐蚀元素与 Cr 的作用相似，但由于在合金中含量低，相对作用较小。Ni 增加 C 在固溶体中的活度，因而帮助碳化物的沉淀，具有增强敏化的作用。

2. 热处理工艺过程

在焊接或热处理过程中，不锈钢在临界温度范围会产生敏化而造成对晶间腐蚀的敏感性。因此，对敏化的合金在 815 ℃以上进行固溶退火处理后，使晶界沉淀的所有碳化铬被溶解，继而通过快速冷却（如水淬）把碳化物留存在晶粒内部的固溶体中，消除敏化。

稳定化的不锈钢 347 和 321 分别含有 Nb 和 Ti，在 815 ～ 1230 ℃进行热处理使之分别与固溶体中的 C 反应沉淀出碳化铌和碳化钛（而碳化铬在此温度被溶解），弥散分布在晶粒内部，因而随后在临界温度（425 ～ 815 ℃）下热处理将不再有多余的 C 在晶界同 Cr 形成碳化铬沉淀物。然而直接从液态（1230 ℃以上，未形成碳化钛或碳化铌）冷却的 347 和 321 不锈钢（如焊肉边），当再在临界温度范围（425 ～ 815 ℃）经历热处理时（如后续焊接或消除应力退火处理）会在原焊肉边上沉淀出碳化铬而产生形状如刀刃的腐蚀，称作刀线腐蚀。此时，需要把该材料再加热到 815 ～ 1230 ℃进行热处理以消除碳化铬而沉淀形成碳化钛或碳化铌，从而避免刀线腐蚀。

3. 使用的环境

总体而言，晶间腐蚀在强氧化性介质中发生。在腐蚀性不强的环境下，即使是敏化的合金同样不会发生晶间腐蚀。在弱酸和弱氧化性介质中一般也不会发生晶间腐蚀。化工介质的腐蚀性一般都很苛刻，因此晶间腐蚀常常出现。在核电蒸气冷却管道内，降低介质中的氧含量会抑制晶间腐蚀的发生。

（四）避免晶间腐蚀与防护

避免或防止晶间腐蚀可以通过以下几种方法：①降低合金中 C 的含量，以降低或消除晶界碳化铬的沉淀；②加入比形成碳化铬和碳化钼结合力与稳定性更强的合金元素，如 Ti 或 Nb——称为稳定化处理，达到避免或消除晶界沉淀碳化铬和碳化钼；③对敏化合金进行固溶退火热处理使之溶解晶界上沉淀的碳化铬；④对稳定化合金出现的再敏化刀刃腐蚀，通过固溶退火处理消除晶界沉淀碳化铬。

降低合金中的 C 含量需在材料焊接或临界温度范围（425 ～ 815 ℃）内，服役或热处理时不能在晶界形成碳化物，避免敏化而产生晶间腐蚀。304L 不锈钢把 C 含量降低到 0.03% 以下，成功地用于核电和其他工业。

五、应力腐蚀

（一）应力腐蚀破裂

1. 应力腐蚀破裂的定义

应力腐蚀破裂是金属或合金在拉应力与特定的腐蚀环境同时作用下产生的破裂。一般可将应力腐蚀破裂裂纹的发生与发展划分为三个阶段：金属表面生成钝化膜或保护膜；膜局部破裂，形成蚀孔或微裂纹源；裂纹扩展成宏观裂纹并向深部发展。这类裂纹的主要模式可分为三种：沿晶界发展，称为晶间裂纹；穿过晶粒，称为穿晶裂纹；混合型裂纹。

2. 应力腐蚀破裂的机理

由应力腐蚀的定义可知，引起应力腐蚀的条件是应力与腐蚀介质的共同作用，其结果则是材料的破裂。应力的机械破坏与电化学腐蚀作用不是简单的代数和关系，而是起到互相配合与促进的作用。

由于影响应力腐蚀破裂的因素多而复杂，因而解释应力腐蚀破裂机理的学说也很多，如电化学阳极溶解理论、氢脆理论、膜破裂理论、化学脆化-机械破裂分阶段理论等。尽管这些理论都侧重于某一学科的观点，但其共同点是，和化学因素与力学因素密切相关。

电化学阳极溶解理论认为，在应力腐蚀的前两个阶段，其发生发展过程与孔蚀或缝隙腐蚀相同，腐蚀是在对流不畅、闭塞的微小区域内进行的，通常称为闭塞电池腐蚀。在第三个阶段，由于金属内存在一条阳极溶解的狭窄的"活性通路"，因而腐蚀沿着与拉应力垂直的方向前进，在拉应力作用下形成狭小的微裂纹或蚀坑。

腐蚀介质在应力腐蚀中的作用可分为三种：促进全面钝化；破坏局部钝化；进入裂缝（主要是阴离子）促进腐蚀或释放出氢。以"奥氏体不锈钢-氯离子"系统为例，溶液中氧的作用是促进全面钝化，氯离子破坏了局部钝化，同时进入裂缝尖端，生成盐酸，加速腐蚀。

所谓的"活性通路"是指晶界、塑变引起的滑移带及金属间的化合物、沉淀相或由应变引起的表面膜的局部破裂所形成的"通路"，当有较大的应力集中时，这些"活性通路"就会进一步变形，形成新的活性阳极。

应力腐蚀破裂断口发生脆性断裂的原因可能是裂纹内部溶液被酸化后形成H^+离子，然后因为阴极反应产生一部分氢原子扩散到裂纹尖端的金属内部，造成该区域脆化。在拉应力的作用下发生脆性断裂，裂纹在腐蚀和脆断的反复作用下迅速扩展。目前，这一理论已被生产实践验证。采用阴极保护措施能够有效抑制应力腐蚀裂纹的产生和发展，一旦脱离阴极保护，裂纹又会继续发展。

3. 防止或减轻应力腐蚀破裂的途径

防止或减轻应力腐蚀破裂的途径主要有：采用合理的热处理方法以消除或减少残余内应力；降低设计应力，使零部件的最大有效应力低于临界破裂强度；合理地设计及制定正确的加工工艺，以减少局部应力集中；改善合金的组织结构以降低对应力腐蚀破裂的敏感性；采用一定的工艺措施，使材料表面存在残余压应力；合理选材；采用电化学保护措施，使表面涂层或介质中加入缓蚀剂；在条件许可的场合，还可采用去除材料中的杂质成分等措施。

（二）腐蚀疲劳

1. 腐蚀疲劳的定义

腐蚀疲劳是在交变应力（应力方向发生周期性变化）和腐蚀介质的联合作用下发生的疲劳断裂。从力学的疲劳理论可知，当铁基合金承受的交变应力尚未达到疲劳极限时，不会发生疲劳断裂。而其他材料的疲劳极限可能是在某一周期数下不断裂的最大交变应力。

2. 腐蚀疲劳的主要特征

腐蚀疲劳的主要特征是，存在多量较深的蚀孔，通过蚀孔的裂纹可有若干条，其方向和应力方向垂直，是典型的穿晶型（在低周疲劳情况下，也可能存在晶间型）。这些裂纹没有分支，裂纹边缘呈锯齿状。

在发生振动的部件中容易产生腐蚀疲劳，如各种与腐蚀介质接触的泵的轴、杆、油气井管壁、钢索及由于温度变化产生周期热应力的换热管和锅炉管等。腐蚀疲劳最容易发生在能引起孔蚀的环境中。

3. 腐蚀疲劳的机理

发生腐蚀疲劳的过程比较复杂，至今关于腐蚀疲劳的机理还尚未有统一的认识。其中一个比较受到认可的观点是："腐蚀疲劳是一个力学-电化学过程。"当构件受交变应力作用时，金属内部将发生位错，处于滑移带上的金属原子具有更高的自由能，相对未发生应变的部分作为阳极，在应力和电化学的联合作用下产生微裂纹，并沿滑移面不断扩展。如果金属处于发生孔蚀的腐蚀介质中，则蚀孔将增加应力作用，并诱发产生裂纹。腐蚀疲劳最后的断裂与普通疲劳一样，都是纯力学性质的，因此可能有些部分的断口呈脆性断裂。

4. 防止腐蚀疲劳的措施

常用防止腐蚀疲劳的措施主要包括：进行热处理以减少或消除应力、改进设计、表面氮化、表面喷丸使之存在部分压应力、用缓蚀剂或采用表面处理技术，如镀锌、铬以及镍等方法都可以达到缓解或防止腐蚀疲劳的目的。此外，还可以采用阴极保护等方法。但是在用电镀的方法时，应注意镀层中不能产生拉应力，也不允许有氢扩散到金属内部。

六、腐蚀磨损

所谓腐蚀磨损，即流体对金属表面同时产生腐蚀和磨损的破坏形态。与摩擦学中的腐蚀磨损有关定义相似，具体内容则在一定程度上可归类于摩擦学中的冲蚀磨损范畴。

在高速流体的冲击下，金属表面的保护膜受到破坏，加剧了金属的腐蚀磨损。若流体的流速高，或有湍流存在，同时流体中含有气泡和固相粒子，则其腐蚀磨损将会相当严重。凡是暴露在运动流体中的设备，如管件、阀门和机械等，都易产生腐蚀磨损。较软的金属，更易受腐蚀磨损的侵蚀。

预防发生腐蚀磨损的方法主要包括：改进设计、选择耐腐蚀磨损性较好的材料、改善环境、采用涂层、采用阴极保护等。

七、选择性腐蚀

（一）选择性腐蚀的定义

所谓选择性腐蚀，是指一种合金中的某一或某几个组成元素在环境介质中比其他元素优先被溶解的一种局部腐蚀方式。因此，选择性腐蚀发生在由两种（或更多种的）元素并且两者之间具有明显电位差所组成的合金上。最有代表性的例证如黄铜脱锌和灰口铸铁石墨化。

（二）选择性腐蚀的原理

实际上，选择性腐蚀是一种特殊形式的电偶腐蚀。黄铜脱锌是选择性腐蚀最为典型的例子。所谓黄铜脱锌，是指含30%锌和70%铜的黄铜在腐蚀过程中，表面的锌逐渐被溶解，最后剩下的几乎全是铜，同时黄铜的表面也由黄色变成红紫的纯铜色，极易分辨。

黄铜脱锌的类型一般有两种：一种是均匀型或层状脱锌，黄铜表面的锌像被一条条地抽走似的；另一种是局部型或塞状脱锌，黄铜的局部表面，由于锌的溶解形成蚀孔，蚀孔有时被腐蚀产物覆盖。

影响黄铜脱锌的因素主要有：介质中溶解氧有促进脱锌的作用，但在缺氧的介质中，也会发生脱锌现象；处于滞流状态的溶液、含氯离子和黄铜表面上有疏松的垢层或沉积物（有利于形成缝隙腐蚀的条件）等。

防止黄铜脱锌的办法主要有：选用抗脱锌的合金，如红黄铜就几乎不脱锌；黄铜中加入少量砷可使脱锌敏感性下降，如含70%铜、20%锌、1%锡和0.04%砷的海军黄铜是抗脱锌腐蚀的优质合金，主要原因是砷起缓蚀剂作用，在合金表面形成保护性膜，阻止铜的回镀；此外，在黄铜中加1%的锡或少量砷、锑和磷等都可以提高其抗脱锌能力。

（三）选择性腐蚀体系

选择性腐蚀发生在许多的合金体系中。例如，贱金属与较贵金属元素铜形成的合金Cu-Al、Cu-Zn、Cu-Si等在腐蚀环境中发生活泼金属元素的选择性溶解。不同合金在特定环境中发生选择性腐蚀的体系如表2-6所示。

表2-6 不同合金在特定环境中发生选择性腐蚀的体系

合金	环境	选择溶解的元素
黄铜	在多种静态水溶液中	Zn
灰铸铁	土壤、多种水溶液中	Fe
锡青铜	热盐水或蒸气中	Sn
硅青铜	高温蒸气、酸性介质	Si
铝青铜	HF酸、含Cl酸性溶液	Al
Au-Cu、Au-Ag合金	硫酸盐、人体唾液	Cu、Ag
中碳钢、高碳钢	高温氧化气氛或氢气	C

合金	环境	选择溶解的元素
铁铬合金	高温氧化气氛	Cr
镍钼合金	高温氧气	Mo
镍合金	熔盐	Cr、Fe、Mo、W
Cu-Ni 合金	高热流和低水流（精炼冷凝管）	Ni
Cu-Ni 合金	HF 酸或其他酸	一些酸中 Cu，另一些酸中 Ni

（四）选择性腐蚀的影响因素

选择性腐蚀是在特定环境下某种多元合金中电化学活性较高的元素相对该合金中较稳定元素发生的电偶腐蚀，因此，选择性腐蚀的产生由材料与环境所决定。

1. 材料因素

产生选择性腐蚀的首要条件必须是由多元素所组成的合金，并且合金中所组成的元素之间必须存在足够大的电化学活性或电极电位的差别，从而能够耦合形成具有足够驱动力的电池对。因此，由平衡电极电位差距大的元素组成的合金构成了选择性腐蚀的先决条件。

2. 环境因素

选择性腐蚀是合金内部的电偶腐蚀，因此只有在能够显示出多元元素或组成成分之间具有足够驱动力的电偶对的环境中，才具备产生选择性腐蚀的条件。所以，特殊环境，即能够造成合金中组成成分形成电偶对，是选择性腐蚀的关键性因素；而在其他介质中由于合金中成分之间不能造成强烈的电偶对，所以合金对选择性腐蚀不敏感。合金在发生选择性腐蚀的环境中，能够增强影响选择性腐蚀的环境因素的强度。例如，提高介质的酸性、提高 Cl⁻ 浓度和升高介质温度等都会增强选择性腐蚀。

（五）选择性腐蚀的防护

选择性腐蚀的产生与发展是由于合金内部的组成元素或成分之间在特定环境介质中形成电偶对所造成的。因此，提高合金抗选择性腐蚀的能力就要调整和改善合金中的组成元素和组织，使合金内部的元素之间或组织之间减小相互耦合为电偶对的电位差，并提高所有组成元素和组织在特定环境介质中的热力学稳定性。

合金的选择性腐蚀离不开特定的环境介质条件，因此通过控制环境介质中促进选择性腐蚀的关键因素是避免发生选择性腐蚀的重要手段。调节介质的pH值、降低溶液中关键腐蚀离子的浓度、使用缓蚀剂等都是从环境介质改善方面控制或避免选择性腐蚀的重要手段。

八、微生物腐蚀

（一）微生物腐蚀的定义

微生物腐蚀是指与腐蚀体系中存在的微生物作用有关的金属腐蚀。微生物广泛存在于地下水、海水、生活用水、工业用水与土壤等环境中，对金属材料的腐蚀有影响作用已经深为人们所知。当接近中性（pH=4～9）、温度在10～50 ℃的水体，尤其是静置不动的水长期与金属材料，如碳钢、不锈钢、铝合金或铜合金保持接触，微生物腐蚀的发生就难以避免了。

（二）微生物腐蚀的种类

引起微生物腐蚀的细菌按照对腐蚀的作用可以分为两类：一类为厌氧型细菌，如脱硫弧菌、脱硫单胞菌等；另一类为嗜氧型细菌，如氧化硫硫杆菌、加氏铁柄杆菌和绿脓杆菌等。

无论是厌氧条件还是富氧条件，微生物都会使铁和钢的腐蚀加剧。在海水或淡水中，微生物产生的黏液对不锈钢发生点蚀提供了场地。在富氧条件下，黏液膜下溶解的氧进一步被还原，从而黏膜下钢的腐蚀电位升高到点蚀临界电位以上，Cl^-的存在使点蚀或缝隙腐蚀的发生不可避免。对于焊接的钢结构材料，焊肉与热影响区相对其他部位耦合成为电偶对的阳极，是微生物腐蚀最易侵害的部位。

在中性水溶液中铝合金的腐蚀会被微生物的作用加剧。在飞机燃料中细菌消耗一定量的碳氢化合物形成的酸侵蚀铝燃料箱。铜合金虽然对微生物具有毒性而具有一定的抵抗微生物腐蚀能力，但是仍受到一些能够在Cu^{2+}中生存的微生物如氧化硫硫杆菌（可容忍2%的Cu^{2+}浓度）的腐蚀。

（三）微生物腐蚀的预防

微生物的出现是难以预料的，但是导致的腐蚀是非常严重的。一般而言，水不应存放几天以上。经常机械清理表面与施放灭微生物药剂来控制微生物数量，可以有效避免微生物腐蚀。在施放灭微生物药剂时，要清理金属表面的沉淀物，因为微生物由于沉淀物的隔离庇护，使灭微生物药剂不能达到金属表面，有效发挥作用。把水溶液完全排净并用拖把拖干可有效避免微生物腐蚀。采用对微生物具有毒性的材料，如铜合金可以控制微生物腐蚀程度。合理设计和使用阴极保护也可以避免或抑制微生物腐蚀，特别是在有沉淀物的金属部位，应加强清洗处理并提高阴极保护电流密度。

第五节　金属腐蚀的钝化

一、钝化现象

人们早在 18 世纪就发现，铁在稀硝酸中析氢反应随酸浓度增大而加剧，但是，当硝酸浓度超过 40% 后，铁的溶解速度突然下降到微不足道的程度。更令人吃惊的是，这种从浓硝酸取出的铁，即使再放回稀硝酸中，也不会再溶解，也就是说，这种耐腐蚀能力还能暂时保持。

1836 年，舒贝因（Schonbein）将这种暂时保持耐腐蚀能力的铁称为钝化的铁。后来发现许多因素可以引起金属钝化，历史上起了各种不同的名称。例如，钢铁在热碱溶液（化学钝化）、铝在大电流阳极极化（阳极钝化）、镀锌层在重铬酸钾溶液（电化学钝化）、钢铁在摩擦过程（机械钝化）、不锈钢在含氧环境（自动钝化）等。现代研究表明，这些不同名称得到的钝化状态大同小异，本质是一样的。多年来，对何种现象称为钝化一直存在许多说法。近代的美国科学家乌利格将钝化定义归纳成习惯上流行的两种说法。

定义 1：假如金属由于显著阳极极化而获得对给定环境的抗腐蚀能力，称其为钝化金属。

定义 2：假如金属在给定环境虽反应倾向显著，但仍具有抗腐蚀能力，称其为钝化金属。

两种钝化金属的共同特征是都具有很低的腐蚀速度，但两者本质不同。第一类钝化金属，如铬、镍和不锈钢等，不但有低腐蚀速度，而且电位相当正，阳极极化率大，它们和金属铂构成腐蚀电池时只产生极小电流。第二类钝化金属，如硫酸溶液中金属铅、水溶液中金属镁或酸洗缓蚀液中钢铁等，它们的腐蚀速度也很低，但电位仍相当负，阳极极化率也不大，和金属铂构成腐蚀电池时会产生很大电流。显然，第一类钝化是真正意义上的钝化，它们同时具备以下三个特征。

①钝化时，电极电位向正值方向明显移动。

②钝化时，金属表面状态有明显突变。

③钝化时，金属腐蚀速度大幅度（几个数量级）下降。

第二类钝化往往不同时具备上述特征，但习惯上还称其为钝化现象。

钝化现象可以看作对电化学腐蚀理论基本规律的反常现象。例如，腐蚀动力学认为，金属发生阳极极化，其极化量（电位偏移）越大，腐蚀越加速，而钝化定义 1 的现象恰好与此基本规律相反。

此外，腐蚀热力学认为，电极电位越负的材料腐蚀倾向越大，而钝化定义 2 也违背了这种基本规律。这些反常现象的原因都和材料表面结构、表面出现特殊结构膜层有关，所以有人主张将钝化看作"腐蚀结构学"，与腐蚀热力学、腐蚀动力学一起，构成现代腐蚀理论的三大支柱。只是目前对材料表面结构膜与材料腐蚀的研究还很不充分，还没有形成可以和腐蚀热力学、腐蚀动力学相提并论的腐蚀结构学。

钝化现象的研究主要讨论钝化膜结构，了解其产生或破坏的条件、性能和特性等。钝化研究具有极大的实用价值。腐蚀有普遍性、自发性和隐蔽性等特点。腐蚀现象无处不在、防不胜防，如果没有钝化现象，人类能使用的材料不会像现在那样丰富，克服材料腐蚀所付出的代价也要比现在大得多。

二、钝化理论

（一）成相膜理论

这种理论认为，金属钝化时表面形成致密、覆盖性好的保护膜（厚度为 $10 \sim 100$ Å）。这种膜把金属和环境隔开，使金属腐蚀速度大大降低。

最直接的证据是观察到在硫酸中铅表面生成的硫酸铅膜和在氟化氢水溶液中钢表面的氟化铁膜，它们是肉眼可见的，明显地阻隔了金属和环境的接触。材料表面形成成相膜的先决条件是在电极反应中有可能生成固态产物。但不是所有固态产物都能依附在材料表面形成钝化膜，腐蚀过程中许多二次过程的腐蚀产物往往是疏松的。例如，金属铁腐蚀时，形成铁离子进入溶液，这些铁离子又和溶液中氢氧根离子发生二次反应，生成氢氧化铁沉淀，这种沉淀很艰难地附着在电极表面，所以形成成相膜的条件是需要直接在金属表面生成固相产物。形成成相膜后，金属仍有微小溶解速度，这是因为膜层一般存在微孔，或者离子能够扩散穿透膜层。金属表面形成成相膜后，对其电极电位值影响不大。

成相膜理论认为，当钝化金属阳极溶解时，会在其表面形成一层覆盖性较好、致密的固体产物薄膜。这层保护膜构成独立的固相，可以将金属表面和介质隔开，阻碍阳极过程的进行，降低金属溶解速度。现在已能用光学方法和电化学方法测出不少金属钝化膜的厚度。钝化膜的厚度一般在 $25 \sim 30$ Å，碳钢为 $90 \sim 100$ Å，不锈钢为 $9 \sim 10$ Å。其中不锈钢的钝化膜最致密、最薄，而且保护作用最佳。金属铝在空气中氧化生成的钝化膜厚度为 $20 \sim 30$ Å，也具有很好的保护作用。

有学者曾经做过这样的试验，将已钝化的铁、锰、钴、镁、铬、镍等金属放在碱性溶液中，用机械方法除膜，并测量除膜前后金属腐蚀稳定电位的变化，试验结果如表2-7所示。从表中数据可以看出，从钝化状态到活化状态，金属的稳定电位变化很大。由此可见，钝化膜具有较高的稳定性。

表 2-7　一些钝化膜金属除膜前后稳定电位的变化

金属	除膜前电位 /V	除膜后电位 /V
Fe	−0.1	−0.57
Co	−0.08	−0.53
Ni	−0.03	−0.45
Cr	−0.05	−0.86
Mn	−0.35	−0.12
Mg	−0.9	−1.5

（二）吸附理论

某些钝化现象并不能观察到表面成相膜。像不锈钢或铬表面的钝化膜薄到连用高能电子衍射法都无法测定其厚度，其物质量估计不足形成一层氧分子层。显然这样厚度的膜不可能起阻隔作用，成相膜理论无法解释为什么材料依然会钝化和腐蚀速度大幅度下降。因此，有学者提出了吸附理论来进行解释。吸附理论认为，引起钝化不一定要形成成相膜，只需在金属全部或局部表面上生成氧或含氧离子吸附层就足够了。吸附离子可以是 O^{2-}、OH^-。吸附层至多为一个单分子层，当氧原子化学吸附在金属表面时，金属表面的化学结合力饱和，进而改变金属和溶液界面结构，提高阳极反应活化能，降低腐蚀反应速度。

曾有实验表明，只要在金属表面最活泼部分（如晶格顶角及边缘）吸附一个单分子层，便能明显抑制阳极反应。例如，铂在盐酸中，当它表面的6%被吸附氧覆盖，阳极反应速度减少75%；当12%表面被吸附氧覆盖，反应速度减少 94%。

吸附理论可以解释为什么多数过渡金属都具有钝化现象。因为，过渡金属（如 Fe、Co 以及 Ni 等）和氧的亲和力大，而且其金属留在晶格中的倾向更大。所以，这些金属离子往往不是离开晶格和氧生成氧化膜，而是更倾向于在其表面生成化学吸附形式的氧原子层。但在吸附含氧粒子种类、作用机理等方面至今仍不十分清楚，需要更多的研究。

三、金属钝化与钝化膜

在腐蚀介质中，一些金属或合金会在表面形成一层很薄的氧化保护膜，这种现象称为钝化。绝大多数商业用耐蚀合金产品都是以钝化为目的作为抵抗腐蚀的手段。一些金属或合金在活化电位处或者在弱阳极极化情况下出现一层简单阻碍层，从而降低了腐蚀速率，根据钝化的定义这种情况不属于钝化。

大多数金属在氧化状态和高电位下都会显示出一种或几种氧化物的稳定性。例如，Fe 在很大的电位和 pH 范围内，其氧化物 Fe_2O_3 和 Fe_3O_4 具有稳定性。一层钝化保护膜可以直接通过一个简单的电化学反应而形成。

$$Fe+2H_2O \rightarrow Fe(OH)_2+2H^++2e^-$$

Cr 在 pH=5 ～ 12 范围内进行高电位阳极极化，产生 Cr_2O_3 钝化膜。

$$2Cr+3H_2O \rightarrow Cr_2O_3+6H^++6e^-$$

再如，Al 在弱酸性和中性水溶液中（pH=4 ～ 8）通过电化学反应形成 Al_2O_3 钝化膜。

$$2Al+3H_2O \rightarrow Al_2O_3+6H^++6e^-$$

当钝化膜开始形成时，尽管肉眼在金属表面上看不到任何迹象，但腐蚀速率会急剧下降。

法拉第发现 Fe 在浓硝酸中不反应，而当硝酸稀释后，Fe 非常剧烈地进行化学反应。因此，他认为 Fe 在浓硝酸中生成了一层肉眼看不到的氧化膜，保护了 Fe 不被腐蚀，但在稀硝酸中该氧化膜不稳定，机械作用下该氧化膜极易脱落。

铁在稀硝酸中发生剧烈溶解，随着硝酸浓度的增加，其腐蚀速率也迅速增大。当硝酸的浓度在 30% ～ 40% 时，铁的溶解速率达到最大值。如果进一步增加硝酸浓度（40%），则铁的溶解速率会出现突然急剧下降的现象，原来剧烈的溶解反应接近停止。这时，铁的表面处于一种特殊的状态，即使把它再转移到稀硝酸中去，也不会再受到酸的侵蚀，因为铁在浓硝酸中其表面已经发生了钝化。钝化了的铁在水、水蒸气及其他介质中都能保持一段时间的稳定性，在干燥的空气中可保持相当长的时间。铁经过浓硝酸处理失去了原来的化学活性，这一异常现象是金属钝化的一个典型例子。

钝化膜结构非常薄，厚度一般为 1 ～ 10 nm。在钝化膜中检测到氢，说明钝化膜可能是氢氧化物或水合物。在通常的腐蚀条件下，Fe 较难形成钝化膜，只有在高氧化环境中，并且阳极极化至高电位处才会产生钝化。

相比而言，Cr 即使在氧化性不强的环境中也能形成一层非常稳定、致密、保护性强的钝化薄膜。含 Cr 的铁基合金中，当 Cr 含量超过 12% 时，称作不锈钢，在绝大多数含稀薄空气的水溶液中都能保持钝化状态。Ni 相对 Fe，不仅具有更好的机械性能（包括高温强度），在非氧化性和氧化性环境中也具有很好的抗腐蚀能力。当 Fe 中的 Ni 含量超过 8% 时，会稳定面心立方结构的奥氏体相，进一步加强钝化能力提高抗腐蚀保护作用。因此，Cr 和 Ni 在钢铁中是非常重要的合金元素。

除了 Fe、Ni、Cr 外，其他一些金属元素同样能提供钝化保护层，代表性元素如 Al、Si、Ti、Ta、Nb。其中，Al 和 Si 在去氧的水溶液中其钝化膜依然非常稳定。Ti、Ta、Nb 能够形成非常稳定的绝缘性表面氧化膜，并且能够抵抗非常高的氧化电位，因此常被用作阴极保护系统的阳极材料。

四、影响钝化的因素

（一）合金成分

恒电位阳极极化法常常用来考察与评价各种候选合金在特定环境中的耐腐蚀性。腐蚀速率不单在于合金自身的阳极极化行为或者是否具有钝化特征，关键在于环境条件的阴极极化特征与合金阳极极化相互的耦合结果；环境（阴极极化曲线）与合金（阳极极化曲线）共同的作用结果决定了合金在该环境中的耐蚀性。因此，在考虑合金耐蚀性的时候，绝对不能脱离环境因素的特点；具体环境要考虑具体的合金（成分）。一般而言，通过阳极极化曲线材料抗腐蚀性具有以下的评判规律。

①在活化区，腐蚀速率正比于阳极电流密度。

②阴极电流密度必须超过阳极临界电流密度，以确保达到钝化状态，并保持低腐蚀速率。

③要避开活化–钝化转变区从而确保活化或者钝化的任一种稳定状态。

④避免氧化环境下由过钝化或局部腐蚀引发的钝化层破裂。

⑤氧化环境下钝化有利于抵抗腐蚀，钝化电流密度的细小变化不会对耐腐蚀能力产生影响。

Pourbaix 图对于元素在水溶液环境中活化、钝化、酸性和碱性化学溶解的行为以及合金成分抗蚀的行为提供了重要的指导。此外，以下的合金元素有各自重要的作用。

Fe 是钢材的基本元素，也是 Ni 基合金中降低成本的主要元素，Fe 可以提高在 >50% 浓硫酸中的抗蚀性，并增强抗高温碳化能力。

Ni 在一般大气、自然新鲜水、脱氧非氧化性酸与苛性碱中具有良好的抗蚀性。

Cu 能够提高在非氧化性环境中的抗蚀性，含有 30%～40% 铜的合金在脱氧的硫酸与所有浓度的脱氧氟化氢酸中具有优良的抗蚀性，含 2%～3% 铜的 Ni-Cr-Mo-Fe 合金提高了在盐酸、硫酸与磷酸中的抗蚀性。

Cr 在氧化性酸（如硝酸、铬酸和热磷酸）中具有优越的抗蚀性，同时对抗高温氧化和抗高温硫化具有重要作用。

Mo 改善了在非氧化性酸中的抗蚀性，尤其是抗局部腐蚀如点蚀和缝隙腐蚀的能力；W 的作用与 Mo 相似，能提高抗非氧化性酸与局部腐蚀的能力。

Si 只能以微量元素出现在 Fe 基和 Ni 基合金中，然而在 Ni 基合金中作为主要元素加入后可显著提高 Ni 的抗高温性能和抗浓硫酸性能，含 9%～11% 硅的合金用于铸件。

Nb 和 Ta 主要作为 C 的稳定剂防止碳化物沿晶界沉淀而用于抵抗晶间腐蚀；Al 和 Ti 是提高抗高温氧化、碳化和氯化的元素。

（二）溶液

特定溶液的腐蚀性可以用阳极极化曲线来判断。溶液（环境）是合金腐蚀行为非常重要的因素，溶液的阴极极化行为与合金阳极极化行为的耦合决定了合金在环境中的腐蚀行为。除溶液还原性（低电位）、中等氧化性（中电位）和强氧化性（高电位）等阴极极化对合金腐蚀的影响之外，溶液的 pH 值对合金（元素）的腐蚀具有重要影响。一般在强酸或强碱条件下，除个别元素能够稳定钝化之外，钝化膜会发生酸性或碱性化学溶解，合金暴露在溶液中将导致迅速腐蚀。溶液温度的提高一般会增大整体阳极极化电流，并且缩短钝化区域，提高腐蚀速率。

溶液中的特殊卤素离子如 Cl⁻，不仅降低了钝化膜的保护能力（包括提高整体阳极极化电流、缩短钝化区域），而且会引发局部腐蚀。自钝化金属 Cr、

Al 和不锈钢等放在含 Cl⁻ 的介质中，在远未达到钝化电位前，已出现了显著的阳极溶解电流。卤素元素离子尤其是 Cl⁻ 对钝化膜的破坏产生局部腐蚀的作用非常显著。氯离子对钝化的破坏作用并不是发生在整个金属表面上的，而是带有局部腐蚀的性质。在钝化膜的结构缺陷或薄弱的地方优先发生破坏。因此，这些活性的微阳极处于钝化金属的很大的阴极区包围之中。这两个区域的电位差可达到 0.5 V 或更大，从而构成了钝化-活化电池。这种电池具有大阴极小阳极的特点，使阳极上产生过高的电流密度，造成局部腐蚀破坏向金属内部侵入。

成相膜理论和吸附理论对氯离子破坏钝化膜的原因有不同的解释。成相膜理论认为，氯离子体积小，具有很强的穿透力，比其他离子更容易在扩散或电场作用下透过薄膜中原有的缺陷，与金属作用生成可溶性化合物。同时，Cl⁻ 容易分散在氧化膜中形成胶态，这种掺杂作用能够改善氧化膜的电子和离子导电性，影响钝化膜的保护作用。

吸附理论认为，Cl⁻ 具有很强的可被金属吸附的能力，这是其破坏钝化膜的根本原因。从化学吸附具有选择性这一特点出发，对于过渡金属 Fe、Ni、Cr、Co 等，Cl⁻ 比氧更易吸附在金属表面，并从金属表面把氧排挤掉。氧决定着金属的钝化状态。尤列格在研究铁的钝化时指出，Cl⁻ 和氧竞争金属表面上的吸附点，甚至可取代已吸附的 O^{2-} 或 OH^-。因此，在含有 Cl⁻ 的溶液中，Cl⁻ 和氧竞争吸附作用的结果会对金属的钝化状态造成局部破坏。由于氯化物和金属反应的速度大，吸附的 Cl⁻ 并不稳定，会促进金属离子的水化作用。

此外，氧化剂浓度也会对钝化产生影响。依据能斯特方程，氧化剂浓度的增加会提高半电池电极的氧化还原电位。

第三章　金属的高温腐蚀

金属的高温腐蚀即金属在高温下与环境中的氧、硫、氮、碳等发生反应导致金属变质或破坏的过程。由于金属的腐蚀是一个金属失去电子的氧化过程，因此，金属的高温腐蚀也常常广义地被称为高温氧化。但人们在习惯上，将金属的高温氧化仅指为金属与环境中的氧反应形成氧化物的过程。本章分为金属高温腐蚀的热力学原理、金属的高温氧化，以及其他类型的金属高温腐蚀三部分。其主要包括高温腐蚀热力学、高温氧化以及金属的热腐蚀等内容。

第一节　金属高温腐蚀的热力学原理

一、金属高温腐蚀概述

随着现代科学技术和工程的发展，在高温金属材料领域所面临的问题之中，金属的高温腐蚀无疑是其中占有重要地位的关键问题。这一关键问题的解决，对高科技和工业领域的发展而言有着极为重要的意义，能够促进航空、航天、能源的进一步发展。举例来进行简述，在汽轮机发展的初期，汽轮机的工作温度在 300 ℃左右，随着科学技术的进步，当前的工作温度已达 630 ～ 650 ℃。同样地，现代超音速飞机发动机，就其工作温度而言，已达到 1150 ℃。

众多领域工作参数的升高，都有赖于对材料高温腐蚀问题，以及高温力学性能问题的解决。当代基础工业的发展，如石油天然气、冶金以及石油化工等，与高温、高压、高质流工程材料有着紧密的联系，更别说是以尖端科学技术的航天、核能为代表的工程技术的发展了，都与高温腐蚀材料的发展息息相关。可见，不管是现代高科技的发展，还是基础工业的发展，都离不开耐高温腐蚀的材料。金属的高温腐蚀，因其所具有的特殊性，已发展成为在腐蚀领域之中的相对独立的重要组成部分。

二、金属高温腐蚀热力学

金属在高温环境中是否腐蚀以及可能生成何种腐蚀产物，是研究高温腐蚀必须首要解决的问题。由于金属高温腐蚀的动力学过程往往是比较缓慢的，体系多近似处于热力学平衡状态，因此热力学是研究金属高温腐蚀的重要工具。近代科学技术和工业的发展使金属在高温下工作的环境日趋复杂化，除单一气体的氧化外，还受到多元气体的作用（如 O_2-S_2、H_2-H_2O、CO-CO_2 等二元气体的腐蚀）以及多相环境的腐蚀（如发生热腐蚀时金属表面存在固相腐蚀产物和液相熔盐，以及熔盐外面的气相）。腐蚀环境的复杂化以及新型高温材料的不断发展为高温腐蚀热力学带来了许多新的问题。

（一）关于金属在单一气体中高温腐蚀的热力学

以金属在氧气中的氧化为例进行热力学分析。当一金属 M 置于氧气中，其反应如下式。

$$M+O_2=MO_2 \tag{3-1}$$

根据范托霍夫（Vant Hoff）等温方程式（式 3-2），标准吉布斯（Gibbs）自由能变化的定义（式 3-3），金属的氧化反应式（3-1）如式（3-4）所示。

$$\Delta G = -RT \ln Kp + RT \ln Qp \tag{3-2}$$

$$\Delta G^0 = -RT \ln Kp \tag{3-3}$$

$$\Delta G = -RT \ln \frac{\alpha_{MO_2}}{\alpha_M P_{O_2}} + RT \ln \frac{\alpha'_{MO_2}}{\alpha'_M P'_{O_2}} \tag{3-4}$$

由于 MO_2 和 M 均为固态物质，活度均为 1，故有下式。

$$\Delta G = -RT \ln \frac{1}{P_{O_2}} + RT \ln \frac{1}{P'_{O_2}} \tag{3-5}$$

式中：P_{O_2}——给定温度下 MO_2 的分解压；

P'_{O_2}——气相中的氧分压。

显然，根据给定温度下金属氧化物的分解压和环境中氧分压的相对大小，即可判定金属氧化的可能性。给定环境氧分压时，求解金属氧化物的分解压，或者求解平衡常数，就可以看出金属氧化物的稳定性。由式（3-2）～式（3-5）可有以下算式。

$$\Delta G^0 = -RT \ln \frac{1}{P'_{O_2}} \qquad （3-6）$$

由此式可见，只要已知温度 T 时的标准吉布斯自由能变化值，就可以得到该温度下金属氧化物的分解压，将其与环境中的氧分压做比较，即可判断反应式（3-6）的方向。反应式（3-6）的 ΔG^0 又称为金属氧化物的标准生成自由能，即金属与 1 mol 氧气反应生成氧化物的自由能的变化。1948 年埃林厄姆（Ellingham）编制了一些氧化物的 ΔG^0-T 图。1948 年理查森（Richardson）和杰夫斯（Jeffes）在埃林厄姆图上添加了 P_{O_2}、P_{CO}/P_{CO_2} 和 P_{H_2}/P_{H_2O} 三个辅助坐标，组成所谓的埃林厄姆–理查森图，该图可以直接读出在任何给定温度下，金属氧化反应的 ΔG^0 值。ΔG^0 值越负，则该金属的氧化物越稳定，从而可以判断金属氧化物在标准状态下的稳定性。也可以预示一种金属还原另一种金属氧化物的可能性，其规律是位于图中下方的金属（或元素）均可以还原上方金属（或元素）的氧化物。如碳可以还原铁的氧化物但不能还原铝的氧化物，这是钢铁冶金的基础。这种规律会影响到合金表面氧化物的组成，从而影响合金的抗氧化性能。合金的氧化膜将主要由合金元素的氧化物所组成，此即所谓的"选择性氧化"。当环境为 CO 和 CO_2，或者 H_2 和 H_2O 时，环境的氧分压由如下反应平衡来决定。

$$2CO+O_2=2CO_2 \qquad （3-7）$$

$$2H_2+O_2=2H_2O \qquad （3-8）$$

CO_2 和水蒸气都是常见的氧化性介质，与氧一样都可使金属生成同样的金属氧化物，其反应如下。

$$M + CO_2 \rightarrow MO + CO \qquad （3-9）$$

$$M + H_2O \rightarrow MO + H_2 \qquad （3-10）$$

CO 或 H_2 的生成，意味着金属被氧化了。因此，P_{CO}/P_{CO_2} 或 P_{H_2}/P_{H_2O} 值很重要，它们在一定程度上决定了腐蚀气体的氧化性的强弱。在煤的液化、气化工程中和火力发电的高温高压水蒸气管路中，金属材料的高温氧化就是按式（3-9）和式（3-10）进行的。按照同样的原理，绘制出的金属的硫化物、碳化物、氮化物、氯化物的标准生成自由能 ΔG^0-T 图，可用于金属硫化、碳化、氮化、氯化的热力学分析。

（二）关于氧化物固相的稳定性

金属氧化物的高温化学稳定性可以通过 ΔG^0 来判断，还可以根据氧化物的熔点、挥发性来估计其固相的高温稳定性。低熔点易挥发氧化物的产生往往是造成灾难性高温腐蚀的重要原因之一。

1. 氧化物的熔点

利用熔点来估计氧化物相的高温稳定性是很重要的。金属表面一旦生成液态氧化物，金属将失去氧化物保护的可能性，如硼、钨、钼、钒等的氧化物就属于这种情况。不仅纯金属如此，合金氧化时更易产生液态氧化物。两种以上氧化物共存时会形成复杂的低熔点共晶氧化物。

2. 氧化物的挥发性

在一定的温度下，物质均具有一定的蒸气分压。氧化物蒸气分压的大小能够衡量氧化物在该温度下固相的稳定性。氧化物挥发时的自由能变化为式（3-11）。

$$\Delta G^0 = -RT \ln p_{蒸气} \qquad (3\text{-}11)$$

蒸气压与温度的关系，可由加贝隆（Chaperlon）关系式（3-12）得出。

$$\frac{\mathrm{d}p}{\mathrm{d}T} = \frac{\Delta S^0}{\Delta V} = \frac{\Delta H^0}{T(V_{气} - V_{固})} \qquad (3\text{-}12)$$

式中：S^0——标准摩尔熵；

H^0——标准摩尔焓；

V——氧化物的摩尔体积。

若固体的体积可以忽略不计，并将蒸气看成理想气体，则有式（3-13）。

$$\ln p = \frac{\Delta H^0}{RT} + C \qquad (3\text{-}13)$$

可以看出，氧化物的蒸发热越大则蒸气压越小，氧化物越稳定；还可以看到，蒸气压随温度升高而增大，即氧化物固相的稳定性随温度升高而下降。

在高温腐蚀中形成的挥发性物质会加速腐蚀过程。大量的研究结果表明，挥发性氧化物对铬、硅、钼和钨等的高温氧化动力学有着重要的影响。

现以 Cr-O 体系在 1250 K 的挥发性物质的热力学平衡图为例，分析其构成原理。在这一体系中，高温氧化时只生成 Cr_2O_3 的一种致密氧化物，还涉及 Cr（气）、CrO_2（气）、CrO_3（气）3 种挥发物质。在 Cr-O 体系中，凝聚相 - 气相平衡有以下两种类型。

①在 Cr（固）上的平衡反应。

$$Cr(固)=Cr(气) \tag{3-14}$$

$$Cr(固)+\frac{1}{2}O_2(气)=CrO(气) \tag{3-15}$$

$$Cr(固)+O_2(气)=CrO_2(气) \tag{3-16}$$

$$Cr(固)+\frac{3}{2}O_2(气)=CrO_3(气) \tag{3-17}$$

$$2Cr(固)+\frac{3}{2}O_2(气)=Cr_2O_3(气) \tag{3-18}$$

②在 Cr_2O_3（固）上的平衡反应。

$$2Cr(气)+\frac{3}{2}O_2(气)=CrO_3(固) \tag{3-19}$$

$$2CrO(气)+O_2(气)=2CrO_2(固) \tag{3-20}$$

$$2CrO_2(气)=Cr_2O_3(固)+1/2O_2(气) \tag{3-21}$$

$$2CrO_3(气)=Cr_2O_3(固)+3/2O_2(气) \tag{3-22}$$

根据式（3-3）和各种物质的标准生成自由能 ΔG^0，可以得到在 1250 K 各物质的 $\lg K_P$ 如下。

物质	$\lg K_P$
Cr_2O_3	33.95
Cr（气）	-8.96
CrO（气）	-2.26
CrO_2（气）	4.96
CrO_3（气）	8.64

由这些数据可以确定 Cr-O 体系的平衡关系式。与 Cr（固）相平衡的反应处于低氧分压条件下，而与 Cr_2O_3（固）相平衡的反应处于高氧分压条件下，其分界线是 Cr（固）与 Cr_2O_3（固）的平衡氧分压，即式（3-23）。

$$2Cr(固)+3/2O_2(气)=Cr_2O_3(固) \tag{3-23}$$

则有式（3-24）。

$$\lg P_{O_2} = -\frac{2}{3}\lg K_p^{Cr_2O_3} = -22.6 \tag{3-24}$$

在低氧分压区，Cr（气）的分压与P_{O_2}无关，由式（3-24）的平衡关系，则有式（3-25）。

$$\lg P_{Cr} = \lg K_p^{Cr(气)} = -8.96 \tag{3-25}$$

在高氧分压区，Cr（气）的分压由反应式（3-19）决定，则有式（3-26）。

$$\lg K = -\lg K_p^{Cr_2O_3} + 2\lg K_p^{Cr(气)} = 51.9 \tag{3-26}$$

所以有式（3-26）。

$$2\lg P_{Cr} + \frac{3}{2}\lg P_{O_2} = -51.9 \tag{3-27}$$

或式（3-28）。

$$\lg P_{Cr} = -\frac{3}{4}\lg P_{O_2} - 25.95 \tag{3-28}$$

即在高氧压区 Cr（气）的蒸气压随P_{O_2}的上升而下降。对于高氧压区的平衡反应式（3-22），可以求出式（3-29）。

$$\lg P_{Cr_2O_3}(气) = \frac{3}{4}\lg P_{O_2} - 8.64 \tag{3-29}$$

即CrO_3（气）的蒸气压随P_{O_2}的增大而上升。对于 Cr（固）或 Cr_2O_3（固）上的其他平衡反应，采用上述算法均可以得出相应的平衡关系式。当P_{O_2}较低时，产生 Cr（气）的蒸气压最大；而在高P_{O_2}下，CrO_3（气）的蒸气压最大。Cr-O 体系的这种固有的性质对铬及含铬合金的氧化产生极大的影响。在 Cr_2O_3 膜与基体之间将产生很大的 Cr（气）的蒸气压，使 Cr_2O_3 膜与基体分离；在 Cr_2O_3 膜与气相界面形成很大的 CrO_3（气）蒸气压，特别是在高气体流速下，Cr_2O_3 膜将蒸发减薄，加速 Cr 的氧化。因此，形成 Cr_2O_3 膜的合金一般不宜在高于 900 ℃的环境下长期工作。

同样的原理可以计算出各种体系的挥发性物质平衡图。当氧分压接近于 SiO_2 的平衡分解压时，SiO_2 蒸气压最大。这一特性对硅在低氧压下的抗氧化行为产生很大的影响,导致 SiO_2 从 Si 表面离开,然后氧化成 SiO_2 烟雾,失去保护性。因此,在低氧分压下硅或高硅合金不可能具有良好的抗氧化性能。Mo-O 体系可形成多种挥发性的氧化物,其蒸气压在高氧分压下都非常高,所以钼的高温氧化过程中,氧化物的蒸发控制氧化过程。W-O 体系与 Mo-O 体系类似,W 与 Mo 在高温的氧化下都是灾难性的。

3. 金属在混合气氛中的优势区相图

工程中,金属和合金往往处在复杂的多元混合气体环境中,如煤的气化液化转化工程、石油化工、燃气轮机等,其高温腐蚀机理与在纯氧中大不相同。因此,研究金属在混合气体中的氧化行为具有实际意义。本节仅讨论两种氧化性气体与金属相互作用产生的相平衡。

当一种纯金属 M 在高温下与 O_2 和另一种氧化性气体 X_2 同时作用时,金属表面将可能发生下列反应。

$$M + 1/2O_2 = MO \tag{3-30}$$

$$M + 1/2X_2 = MX \tag{3-31}$$

达到平衡时发生下列反应。

$$\left(P_{O_2}^{1/2}\right)_{平衡} = \exp\left(\frac{\Delta G_{MO}^0}{RT}\right) \tag{3-32}$$

$$\left(P_{X_2}^{1/2}\right)_{平衡} = \exp\left(\frac{\Delta G_{MX}^0}{RT}\right) \tag{3-33}$$

式中:ΔG_{MO}^0——MO 的标准生成吉布斯自由能;

ΔG_{MO}^0——MX 的标准生成吉布斯自由能。

从式(3-32)和式(3-33)来看,当 $P_{O_2} > \left(P_{O_2}\right)_{平衡}$、$P_{X_2} > \left(P_{X_2}\right)_{平衡}$ 时,MO 和 MX 可能在金属表面形成。然而,这只是形成这些相的必要条件而不是充分条件。MO 和 MX 相的稳定性由下面的反应决定。

$$MX + 1/2O_2 = MO + 1/2X_2 \tag{3-34}$$

若 MO 和 MX 的活度均为 1,则其平衡条件为式(3-35)。

$$\left(\frac{P_{X_2}^{1/2}}{P_{O_2}^{1/2}}\right)_{平衡} = \exp\left(\frac{\Delta G_{MX}^0 - \Delta G_{MO}^0}{RT}\right) \quad （3-35）$$

由式（3-32）、式（3-33）和式（3-35）和相关的热力学数据，可以得到金属在二元气体 O_2-S_2 中的基本优势区相图。实际上金属在二元气体中是一个复杂的化学体系，会发生许多不同类型的反应。以 Ni-O-S 体系在 1250 K 下为例，它涉及如下反应平衡。

$$Ni(固)+1/2O_2(气)=NiO(固) \quad （3-36）$$

$$Ni(固)+y/2S_2(气)=NiS_y(液) \quad （3-37）$$

$$NiO(固)+1/2S_2(气)+3/2O_2(气)=NiSO_4 \quad （3-38）$$

$$NiS_y(固)+1/2O_2(气)=NiO(固)+y/2S_2(气) \quad （3-39）$$

由这些反应平衡和相关热力学数据，可以得到 Ni-O-S 体系的相平衡图。其中，SO_2 的等压线由 S_2 和 O_2 分压决定，它们之间存在平衡关系，如式（3-40）所示。

$$1/2S_2(气)+O_2(气)=SO_2(气) \quad （3-40）$$

由 1250 K 的热力学数据，可以得到式（3-41）。

$$\lg P_{S_2} = -22.626 + 2\lg P_{SO_2} \quad （3-41）$$

SO_2 等压线的斜率为 -2。在不同的应用条件下，优势区相图采用不同的坐标轴则更方便。例如，Ni-O-S 体系的相平衡可以等价地表示为 $\lg P_{O_2} - \lg P_{SO_2}$ 坐标的相平衡图。这是由于存在平衡反应式（3-40），所以选择这种坐标系对于分析金属的热腐蚀机理特别有用。热腐蚀发生时，金属或合金上沉积一层液态硫酸钠，而硫酸钠可以看成由 Na_2O 和 SO_3 组成。因此用这种坐标分析热腐蚀，其好处是显而易见的。

涉及金属热腐蚀的 Na-M-O-S 四元体系的相平衡图，不是 Na-O-S 与 M-O-S 体系两个相图的简单叠加，必须将 Na-M-O-S 体系中新的化学反应考虑进去。Na-M-O-S 相平衡图对热腐蚀的研究有着重要的理论指导作用。

第二节　金属的高温氧化

一、金属的高温氧化概述

金属与合金的氧化及热腐蚀都可归于高温腐蚀的范畴。关于金属的高温腐蚀，其概念述说起来是指金属在高温下与气体中的元素发生化学或电化学反应，从而导致金属发生变质或破坏的过程。这里所指的其他元素包括氧、硫、氯、碳等。

首先，狭义的氧化述说起来是指金属与氧气及氧化介质，反应生成氧化物的过程。其次，广义的氧化泛指金属失去电子而使其正原子价增高的反应，所以广义的氧化包括金属在高温下与气氛中的氧、硫、氯、碳等元素发生化学反应生成氧化物、硫化物、氯化物、碳化物及其他化合物的过程。其包括氧化、硫化、氯化、碳化等反应。金属热腐蚀是指金属在高温下与环境介质反应时在其表面沉积的盐在氧、硫和其他腐蚀性气体的共同作用下而引起的加速腐蚀的高温腐蚀形态。金属的氧化、硫化、碳化等属于化学腐蚀，而金属的热腐蚀包含了酸碱熔腐蚀机制与电化学腐蚀机制。

金属的高温腐蚀往往会导致金属材料的变质、破坏或材料性能的下降，因此高温腐蚀的研究和抗高温腐蚀金属合金及涂层的发展在现代科学技术和工程的发展中占有重要地位，它是能源、石化、动力、化工等工业和航空航天、核能等高技术产业发展必须解决的关键科学技术与工程问题，具有重要的科学意义和应用价值。

二、金属的高温氧化详述

狭义的氧化是指金属与氧气或氧化性介质反应生成氧化物的过程。反应中，金属原子 M 失去电子变为金属离子，使其正原子价升高。而氧原子获得电子成为氧离子，金属离子和氧离子结合成金属氧化物。它是最简单最基本的化学腐蚀反应，高温氧化将导致金属材料性能的损害和组织的破坏。对于在机械工程、化学工程、动力、航空航天等工业中使用的金属，抗高温氧化性能是和高温力学性能具有同样重要意义的关键性能。

（一）关于金属氧化反应热力学

可以通过化学热力学的基础知识，来对高温下金属材料是否能自发地进行氧化反应，以及氧化物的具体稳定性进行分析和判断，在实践中，通常采用自由能的变化，来对其进行判断。ΔG^0 为标准状态下（即气态反应物及生成物是以其分压为一个大气压时的状态，而对于液态和固态，则以其在一个大气压下的纯态作为标准状态）所有参加反应的物质的自由能变化，即参与化学反应物质的标准生成自由能与反应产物标准生成自由能之差。通过计算 ΔG^0 值，或将气体中的氧分压 P_{O_2} 和该温度下氧化物分解压比较，可判定氧化反应的可能性和氧化反应的方向。

（二）关于氧化物标准生成自由能——温度图的绘制与应用

氧化物标准生成自由能的热力学计算是比较烦琐的，为了便于应用，1944年埃林厄姆绘制了氧化物标准生成自由能 ΔG^0 与温度 T 的 ΔG^0-T 图，用图解法即可读出在 T 温度下氧化物标准生成自由能并可据此判断氧化反应的可能性和反应方向。1948 年，理查森和杰夫斯在 ΔG^0-T 图上附加了平衡氧压（P）和 CO/CO_2、H_2/H_2O 的分压辅助坐标，构成了理查森 - 杰夫斯图，使 ΔG^0-T 图内容更丰富，用途更广泛。

从 ΔG^0-T 图可以直接读出任意温度下金属氧化反应标准生成自由能的变化值 ΔG^0。图解法读出金属氧化物标准生成自由能变化值 ΔG^0 的方法是，在图中找出该金属氧化反应线，在温度横坐标通过设定温度作垂线与反应线相交，由焦点所对应的纵坐标即可读出该金属氧化物在设定温度下的标准生长自由能变化值 ΔG^0, ΔG^0 越负,该金属氧化物越稳定,这一金属还原夺取氧的能力越强，从而可以判断金属氧化物在标准状态下的稳定性，也可预测一种金属还原另一种金属氧化物的可能性。凡是处于 ΔG^0-T 图下部的金属都比上部的金属对氧的亲和力更大。因此，下部的金属均可还原上部金属的氧化物。

利用 ΔG^0-T 图的 P_{O_2} 坐标系可以求得金属氧化物在给定温度下的平衡氧分压（氧化物分解压），也可以判断在实际氧压下氧化反应的方向和可能性。

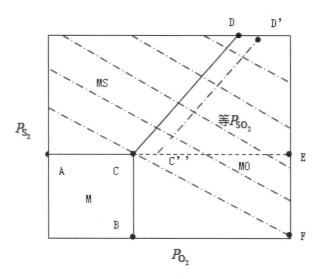

图 3-1　氧化物标准生成自由能 - 温度图

以 Al_2O_3 为例，作图可得到其在 1600 ℃下的平衡分压等于 4×10^{-16} atm，根据 $\Delta G^0\text{-}T$ 图和 $\Delta G^0\text{-}P_{O_2}$ 坐标系还可以方便地判断在给定温度与氧分压时，金属氧化物的稳定性。其判断方法是，先在 $\Delta G^0\text{-}T$ 坐标系中通过原点 O 和坐标上已知的氧分压的点作直线（恒压线），然后在 $\Delta G^0\text{-}T$ 坐标系通过给定温度作垂线，由垂线与氧化反应线和恒压线分别相交，从这两个焦点的相对位置即可判断氧化物的稳定性。若与氧化反应线的交点在与恒压线的交点之上，则氧化物分解，反之则氧化物稳定。

金属与水蒸气或 CO_2 反应生成金属氧化物也是常见的氧化反应。如果反应涉及 C 和 CO_2 生成 H_2 和 H_2O，也可利用 $\Delta G^0\text{-}T$ 图及 P_{CO}/P_{CO_2} 与 P_{H_2}/P_{H_2O}。坐标系分别求得平衡的 P_{CO}/P_{CO_2} 和 P_{H_2}/P_{H_2O} 的比值。具体方法是，可以分别从左竖线上的 C 点和 H 点与反应线上的 S 点相连并延长至与 P_{CO}/P_{CO_2} 或 P_{H_2}/P_{H_2O} 或坐标相交，求得 P_{CO}/P_{CO_2} 和 P_{H_2}/P_{H_2O} 这两种混合气体中平衡气相组分的比值，也可以通过与前述 $\Delta G^0\text{-}P_{O_2}$ 坐标系同样的方法求得给定温度和给定 P_{CO}/P_{CO_2} 或 P_{H_2}/P_{H_2O} 下金属氧化物的稳定性。

（三）关于金属氧化动力学与机理

1. 金属氧化动力学

其氧化规律通常是将氧化增重或氧化膜厚度随时间的变化用数学式来表达，而氧化过程的相温动力学曲线是研究氧化过程动力学的基本方法。金属的氧化速度常可以用单位面积的增重来表示，有时也用氧化厚度、金属试样的减薄、系统内氧的分压或单位面积上氧的吸收量来表示。

金属氧化动力学规律通常通过金属的恒温氧化动力学曲线来表示（即 $\Delta m\text{-}t$ 曲线）。它不仅可以提供有关氧化机理的信息，如氧化过程的速度控制因素、膜的保护性、反应速度常数、反应激活能等，而且常常被用作工程设计的依据。

金属的氧化动力学规律与金属元素、氧化温度和时间有关。不同的金属其遵循的氧化规律不同，同一种金属在不同的温度下会有不同的规律，甚至在同一温度下，随氧化时间的延长，氧化膜的增厚，其动力学规律也可以从一种类型转换为另一种类型。总结这些氧化规律，可以把金属氧化恒温动力学曲线大体上分为直线规律、抛物线规律、立方规律、对数规律和反对数规律五类。

（1）直线规律

金属氧化时，如果不生成保护性氧化或反应使气或液相产物挥发离开表面，则氧化速度直接取决于反应速度，因此，氧化增重或氧化厚度与氧化时间成正比，符合直线规律的金属氧化，其氧化速度恒定，这些金属不具备抗氧化性，镁和碱土金属以及钨氧化时都符合直线规律。

（2）抛物线规律

金属氧化时，其氧化增重或氧化厚度的平方与时间成正比，则为抛物线规律。氧化速度与增重或膜厚成反比。氧化反应的抛物线规律表明氧化膜有保护性，随膜厚的增加，氧化速度减小。很多金属在较宽的温度范围内氧化都遵循抛物线规律，常见的铁、镍、铜等金属在多数温度下的氧化规律都是如此。

（3）立方规律

氧化增重或氧化膜厚度的立方与时间成正比规律，也就是氧化速度与氧化增重或膜厚的平方成反比。与抛物线规律相比，金属立方规律氧化时其氧化速度以更快的速度下降，也就是说这类金属具有更好的抗氧化性。例如，铁在 $600 \sim 900\ ℃$，铜在 $800 \sim 1000\ ℃$ 空气中氧化时遵循立方规律，一些金属在低温薄氧化膜时，其氧化也符合立方规律。

（4）对数规律和反对数规律

当金属在低温（如 300 ～ 400 ℃）氧化时或在氧化的初始阶段，氧化膜极薄（如 <5 nm）时，氧化动力学可能遵循对数规律或反对数规律。铜、铁、锌、镍、铝、钛等金属初始氧化遵循对数规律。

室温下铜、铁、铝、银的氧化符合反对数规律。金属的氧化动力学规律，不但金属不同，其氧化动力学规律也不同，而且同一种金属在不同的氧化温度和时间也可能是不同的，同一种金属的氧化动力学规律常常随氧化温度或时间的变化而变化。

金属在不同温度下遵循的氧化动力学规律是不同的。通常在低温下和氧化膜较薄时，以对数规律和反对数规律为主，而在中温和高温下往往呈现抛物线或线性规律。

2. 金属氧化机理

金属氧化形成致密氧化膜是一个十分复杂的过程，它既包括多相界面反应，又包括氧化膜内离子、电子的移动或扩散的输送过程。

多相界面反应包括：氧在氧化膜上的附着和吸附；吸附的氧原子获得氧化物中的电子，成为氧阴离子进入氧化物；金属原子在金属 / 氧化物界面失去电子，成为金属阳离子和电子进入氧化物。

输送过程则包括金属阳离子和电子从金属 - 氧化物界面通过氧化物向外扩散或氧阴离子从气体 - 氧化物界面向金属表面的向内扩散，或它们的双向扩散。

而且氧化物生长的动力学过程又和一定氧化条件下在氧化物中所建立起来的浓度梯度（化学位梯度）、电场（电位梯度）和氧化物膜层内过剩电荷所形成的空间电荷层有关。金属的氧化机理要全面考虑上述因素。同时，由于生成的氧化膜厚度不同，其氧化动力学与机理也有所不同。所以，金属的氧化机理的讨论根据氧化膜厚度的不同一般可分为极薄、薄及厚氧化膜三种情况。

（1）极薄氧化膜

它指厚度 <50 Å 的氧化膜。由于氧化膜极薄，氧的离解吸附产生的电场作用较大。此时，维持氧化膜生长所需的金属离子和电子的扩散只需要考虑电位梯度，而现代材料腐蚀与防护必涉及浓度梯度的作用。

有学者提出了薄氧化膜下金属氧化的机理。在薄氧化膜下氧化反应速度要考虑金属离子迁移和电子迁移两方面。若金属离子脱离基体晶格移向氧化膜所需的功为 W，而电子根据热电子发射现象由电子占有的最高能级（费米能级）移向氧化物的传导带所需的功函数为 Φ（V），则存在以下两种情况。

首先，当 $W < \Phi$ 时，离子的移动快于电子的移动，电子的移动成为反应速度的控制因素。在此情况下，膜的成长速度与电子根据量子力学的隧道效应穿透膜的概率成正比，按量子力学计算。实际中，如 Ni 在 200 ℃以下氧化时就属于这种情况。

其次，当 $W > \phi$ 时，电子的移动快于离子的移动，此时离子的移动就成为氧化速度的控制因素。在这种情况下，氧化膜的生长服从反对数规律。Fe、Al、Ag 等金属在室温或低于室温下的氧化符合这种规律。

（2）薄氧化膜

它是指厚度为 100 ~ 2000 Å 的薄膜。此时，由于膜增厚，膜中的电场强度已减弱，电场对传递过程的作用已不如初始明显，而离子的浓度梯度及其化学势已开始有所作用，离子的移动已成为膜成长的控制因素。

对于金属过剩型氧化物（即 n 型半导体氧化物），其氧化膜成长的控制因素是晶格间隙金属离子通过膜的移动，即反应速度与晶格间隙金属离子流成正比。

铝在 400 ℃时的氧化，锌在 350 ~ 400 ℃时的氧化就属于这种情况。对于金属不足型氧化物（即 p 型半导体氧化物），其氧化速度与金属阳离子空位和电子、离子在浓度梯度和电位度作用下进行扩酸密切相关，而金属阳离子空位浓度和电子空位浓度又与金属氧化物吸附氧原子的表面浓度有关。据此计算，此时的氧化速度服从立方规律。

（3）厚氧化膜

随着金属氧化膜的增厚（如 >10 nm），其氧化动力学规律最常见的是抛物线关系。1933 年，瓦格纳建立了有关氧化膜抛物线生长动力学规律的理论。对于厚膜氧化，瓦格纳提出电子－离子理论的氧化机理，他认为一定厚度的氧化膜，可视为一固体电解质。因此，他应用了电化学腐蚀机理，主要考虑氧化模型。瓦格纳理论把氧化膜这一固体电解质中的金属和气体分别作为两个电极，同时又可以将它看作把回路联结起来的导线（电子导体）。

由于界面反应，在热力学平衡状态下，在 M/MO 和 O_2/MO 两个界面上，金属与氧的活度不同。这样，在两个界面上建立了金属和氧的化学位梯度（浓度梯度）。

金属离子和氧离子，由于受到化学位梯度作用的影响，将会通过氧化膜迁移至相反方向。这个过程中，一方面，由于界面反应为快过程，这意味着在界面上都存在着净电荷，并且是符号相反的净电荷；另一方面，由于迁移的离子是带电荷的，因此，它将会对相反符号的电子发生作用，也就是产生电场作用力。此外，随着电子也向相反方向迁移，也就是说，氧化膜内存在的电场也将会对阳离子和阴离子产生作用。总而言之，在氧化过程中，由氧化膜内传输的阳离子、阴离子、电子、电子空穴都是在化学位梯度和电位梯度作用下发生迁移的。

氧化膜成长主要包括三个过程：第一，金属 / 氧化膜界面反应；第二，氧化膜中的粒子迁移；第三，氧化膜 / 氧界面反应。由于界面反应速度很快，所以粒子迁移就成为氧化的控制步骤。在此基础上建立起瓦格纳模型。在做了若干理论假设（主要的假设是，氧化膜是致密、完整的，并与基体金属结合牢固，粒子的迁移是氧化控制，在金属 / 氧化膜和氧化膜 / 气体界面与氧化膜内任意局部区域都处于热平衡状态，氧化膜偏移化学计量比很小，氧化膜的厚度大于发生电荷效应的空间层（双电层）厚度，金属的溶解可以忽略，等等）的基础上，瓦格纳对电子、阳离子、阴离子在化学位梯度和电位梯度作用下在氧化膜中的迁移，做出了如下理论推导：在氧化膜的电池回路中可认为存在串联电阻。因为电流包括电子、阳离子、阴离子的迁移的贡献，其贡献的大小与电子、阳离子、阴离子的迁移数成正比。

在该理论中，K 为氧化速度常数。经实验可知，K 的理论计算值与实测值是比较符合的。这说明用瓦格纳理论来说明厚膜氧化的机理是基本正确的，且是有说服力的。根据氧化速度常数，可以对氧化过程做出以下判断。

第一，K 值越大，氧化速度越大。当 $K=0$ 时，亦即 $\Delta G=0$，$E=0$，此时处于平衡态，金属不能进行氧化。

第二，比电导率越大，K 值也越大；比电导率越小，K 值也越小。若生成的氧化膜是绝缘的则氧化反应将中止。若高电阻合金元素使氧化物的电阻升高，比电导率减小，则氧化速度降低，此即为耐氧化合金的理论根据之一。

第三，减少电子或离子的迁移，是降低氧化速度、提高金属抗氧化性的重要途径。

基于氧化膜中离子与电子在浓度梯度和电位梯度作用下的扩散与迁移而建立的瓦格纳理论，在一定条件下能较好地阐明金属厚膜氧化的机理，对厚膜氧化的认识有重要指导意义。

（四）关于合金的氧化

1. 合金氧化的特点

合金是指由多种组分元素共同组成的一种金属。合金的氧化相较于纯金属的氧化而言，要更为复杂一些，并且具有以下几个方面的明显特点。

第一，在合金内，各种金属离子的迁移率相较于氧化物中的各种金属的迁移率是不同的。

第二，氧化物之间一方面可能存在一定的固溶度；另一方面还可能会发生固相反应，从而形成复合氧化物，如尖晶石结构等。

第三，溶解在合金中的氧可能会发生内氧化，即合金元素中较为活泼的元素，可能会在氧的影响下，在合金表面下氧化，以及发生氧化物的析出现象。

第四，形成的金属的氧化物可能在两种以上，而且是不同的。同时，在形成多层氧化物的前提下，在组成元素方面较多，在自由能方面增加，导致合金氧化膜各层中含有两个及以上的相组成，而不是像金属氧化膜一样，各层中只有一个相。

第五，在合金的结构中，不仅有基体元素，还有合金元素。展开来讲就是，合金中的每种元素，它们所对应的氧化物是不同的，相应地所形成的自由能也是不同的，这意味着这些元素对氧有着不同的亲和力，总而言之，就是不同合金元素形成氧化物，不管是优先顺序，还是优势和强弱能力，都是存在着差异的。

2. 合金氧化的类型

由于合金氧化十分复杂，为简化问题，以二元合金为例，对合金氧化进行分类。若二元合金为 AB 合金，A 为基体金属，B 为合金元素，其氧化的形式可能是下列几种情况。

（1）只有一种组分氧化

若 A、B 二组元和氧的亲和力是不同的且存在较大差异，则不管是 A 组元，还是 B 组元，都有可能发生选择性氧化，并且又可分为以下两种情况。

①只有合金元素 B 氧化，相应的基体元素 A 不氧化。在这种情况下，有可能在合金表面形成氧化膜 BO，或者可能在合金基体表面内形成 BO 氧化物颗粒（内氧化）。这主要取决于氧和合金元素 B 的相对扩散速度。

当合金元素 B 向外扩散速度很快时，在合金表面生成氧化膜 BO，即现代材料腐蚀与防护使初始氧化在合金表面有 A 的氧化物 AO 生成，由于 B 元素和氧有更大的亲和力，也会很快发生 AO+B → A+BO 反应，使合金表面只稳定存在 BO 氧化膜，这就是选择性氧化。

当氧向合金内部扩散的速度很快时，在合金内部近表面区域将发生 B 元素的内氧化，形成 BO 氧化物颗粒，分散在合金内表面附近区域，这就是 B 组元的内氧化。在 Ag 与 Cu、Al、Cd 等组成的合金，以及 Cu 与 Si、Bi，Mn、

Ni、Ti 等组成的合金中，都可以发现内氧化现象。

②只有基体金属 A 氧化，而合金元素 B 不氧化。它在形态上又分为两种，首先，是在近 AO 层的合金表面，产生了组元 B 在合金表面层的富集现象，即出现 B 组元含量高于正常组分的状况。其次，在氧化物 AO 膜内，存在或混有合金组元 B。通常情况下，这两种情况的产生机制，述说起来可能与反应速度有着紧密的联系。

（2）合金的两组元 A、B 同时氧化

当合金的 A、B 两组元与氧的亲和力相近，而环境中的氧压比两组元氧化物的分解压都大时，合金中 A、B 两组元可同时氧化。两种组元的氧化物相互作用，根据所形成的两种组元的氧化物相互作用的不同，又可分为以下三种情况。

①发生两种氧化物互不溶解的情况。这时，在合金表面，往往只会形成基体金属 A 的氧化物。首先，在氧化初期可能会产生氧化膜，由 AO 和 BO 两相混合物组成。其中，在基体金属的数量方面，A 的量占绝对优势，这就导致构成氧化膜的几乎全部是 AO。同时，两种氧化物之间是互不溶解的，因此，B 不向 AO 中迁移。其次，随着氧化的进行，基体金属 A 不断向外扩散，相应地 AO 将会逐渐增大，从而形成净 AO 氧化膜。相反地，基体金属 B 将会富集于邻近氧化膜的合金表面，并产生 B 的内氧化，或者在 B 组元较多时，形成内层 BO，进而产生混合氧化膜。实际上，组元 A 通过 AO 扩散成长，而组元 B 通过 BO 层扩散成长。例如，Cu-Si 合金的氧化，在 CuO、Cu_2O 层下生成了 SiO_2 分散的内氧化层。如果合金中 Si 含量多，则可生成 SiO 氧化内层。

②两种氧化物生成固溶体。例如，Ni-Co 合金的氧化，Ni、Co 的氧化物能相互固溶。部分 Ni 被 Co 置换，生成具有 NiO 结构的含 Co 的固溶氧化膜。

③两种氧化物生成化合物。例如，Ni-Cr 合金的氧化。在一定组分条件下，Ni-Cr 合金氧化可能生成 $NiCr_2O_4$（$NiO \cdot CrO_3$），其是尖晶石型氧化物膜。如果合金组分不等于化合物的组成比，则将形成多种氧化膜层。

3. 提高合金抗氧化性能的可能途径

关于抗氧化的金属和合金，除了指 Au、Pt、Ag 为代表的贵金属之外，还主要指那些与氧亲和力强的金属和合金，而且这些金属与合金又能生成致密保护性氧化膜，它们因热力学稳定性高，本质上就很难氧化。这里所述的保护性氧化膜，对于很多耐热合金来说，能阻碍氧化的进一步发展。例如，Al、Cr 等，这些抗氧化的金属和合金在工程上具有实际应用价值。通常，用合金促使金属的抗氧化性能得到提高的有效途径如下。

（1）通过选择性氧化形成具优良保护性的氧化膜

在合金中加入和氧亲和力大的合金元素，通过合金组元的优先氧化，在合金表面形成晶格缺陷少、薄而致密的氧化膜。而合金元素的加入量要适当，使之能形成只有该合金元素构成的氧化膜，以充分发挥该合金元素的抗氧化作用。通常生成单一合金元素保护性氧化膜的合金元素有一个最低的临界浓度，合金元素含量只有大于其临界浓度，才可能在合金表面形成该合金元素单一的保护性氧化膜，这种现象称为选择性氧化。若是合金中的元素，含有适量的铬、铝或硅，这时将会发生氧化，进而形成完整的具有较好抗氧化性能的氧化膜，如 Cr_2O_3 膜、Al_2O_3 膜或 SiO_2 膜。而关于选择性氧化的发生条件，述说起来如下。

①合金元素的离子半径，相较于基体金属的离子半径要更小，也就是说金属元素能更快地向表面扩散，并且能优先形成连续致密的保护性氧化膜。

②加入的合金元素相较于基体金属，前者对氧的亲和力要大于后者对氧的亲和力。也就是说合金元素在活性方面要高于基体金属元素。

③在极易发生扩散的温度下加热。在钢中含 Cr 量达 18% 以上，或含 Al 量达 10% 以上时，由于高温氧化，分别形成完整的连续性氧化膜 Cr_2O_3 或 Al_2O_3，从而提高了钢的抗氧化性。而在 Fe-Cr-Al 电热合金中，由于有 Cr、Al 两个活性元素存在，合金中发生选择性氧化的铝含量更少；在 700 ℃时形成 Al_2O_3 膜所需的含 Al 量为 4% ～ 5%，而在 1000 ℃时，相应的含 Al 量只要为 2% ～ 3%。

（2）生成保护性良好、组织稳定的尖晶石型等复合氧化膜

适当组分的合金在高温下能形成尖晶石型或铁橄榄石型的多元复合氧化膜。由于它们具有复杂致密的结构，离子在这种结构中移动所需的激活能大增，移动速度减缓，从而提高了合金的抗氧化性能。至今，晶格中离子的扩散机理尚不清楚；但其优异的抗氧化性能是明显的。例如，含 10% 铬左右的 Fe-Cr 合金，虽然其 Cr 含量尚未达到能产生选择性氧化的临界浓度，不能形成单一的 Cr_2O_3 保护膜，但可形成 $FeO \cdot Cr_2O_3$ 尖晶石型复合氧化膜；对 Ni-Cr 合金，则可生成 $NiO \cdot Cr_2O_3$ 膜，从而都能提高抗氧化性能。

在 Fe-Si 合金中生成的复合氧化物不是尖晶石型，而是称为铁橄榄石型的 $2FeO \cdot SiO_2$ 氧化物。它是无定形的 SiO_2 与 FeO 的复合氧化物。无定形 SiO_2 在温度较宽范围内是稳定的，因此在 Fe 中加入 Si 增加了它的抗氧化性。

复合氧化膜的形成依赖于适当的合金组分，并在复合氧化物生成的温度下加热。而要增加抗氧化性，复合氧化膜还要求熔点要高、蒸气压要低，其中离

子的扩散速度要小。例如，Al_2O_3 比 Cr_2O_3 的蒸气压低，且扩散速度小，在 Fe 中单加 Al，或在 Fe 中加入 Cr 和 Al 对抗高温氧化都非常有效。

（3）减少氧化膜的晶格缺陷，降低离子扩散速度

金属氧化物绝大多数为电子半导体或电子与离子的混合导体。现以氧化物是电子半导体为例来说明通过添加不同的合金元素，来控制氧化物的晶格缺陷，达到合金抗氧化能力增强的目的。

若氧化物为金属过剩型半导体，即 n 型半导体，含有过剩金属成分的氧化物（如 ZnO、CaO、BeO、V_2O_5、PbO_2、MoO_3）等。这些氧化物的晶格间隙中存在过剩的金属离子和电子，而金属的氧化主要取决于金属离子通过间隙的扩散。这时如加入则能形成更高价金属离子的金属，可提高金属的抗氧化性能。如果锌氧化形成 ZnO，就会产生 Zn^{2+} 间隙阳离子；若锌中加入铝，则氧化时 ZnO 就会接杂 Al_2O_3，两个 Al^{3+} 置换两个 Zn^{2+}，将会减少 ZnO，从而减少 ZnO 中的间隙锌离子，使阳离子导电率下降，进而降低 ZnO 的生长速度。

若氧化物为金属不足型半导体，即 p 型半导体，如 NiO 等。这类氧化物存在氧过剩，所以金属离子的正常晶格存在空位。这类金属如加入则能形成更低原子价金属离子的金属，可提高金属的抗氧化性。如在 NiO 中加入低价金属离子 Li^+，则会导致 NiO 中金属离子空位的减少，使得 NiO 的生长速度降低，从而提高其抗氧化性能。

（4）增强氧化膜与基体的结合和附着力——活性元素效应

合金表面经选择性氧化形成 Cr_2O_3 膜或 Al_2O_3 膜，使合金具有一定的抗氧化性能，但在温度变化中，往往会发生氧化膜的剥落现象。因此，增强氧化膜与基体的结合和附着力，以提高氧化膜的抗剥落性能，是改善合金抗氧化性能的主要方面，合金中加入微量活性元素，如稀土元素等，可以显著降低合金的氧化速度，并增强氧化膜的黏附性，这就是所谓的活性元素效应。

如在耐热钢和耐热合金中加入稀土元素，就能显著提高其抗高温氧化性能。在 Fe-Cr-Al 合金中加入稀土元素 Ce 等，能显著提高其温度和使用寿命。稀土等活性元素的作用机理，虽未完全阐明，但却为研究一再证实。

①活性元素降低了形成 Al_2O_3 或 Cr_2O_3 保护膜的临界铝或铬含量。

②活性元素显著降低了 Cr_2O_3 的生长速度，改变了 Cr_2O_3 膜的生长机制。

③活性元素显著提高了氧化膜的黏附性能，增强了氧化膜与基体的结合和附着力。稀土元素加入合金后，经常可以观察到局部氧化膜在合金／氧化膜界面沿晶界以树枝状深入合金内部，突出的部分呈针状、片状或柱状等。这种形貌可以增加氧化膜与金属的实际接触面积，延长裂纹沿界面的扩展距离，从而

提高氧化膜与基体的附着力，起到"钉扎"作用；这就是稀土元素的"钉扎"效应。它增强了氧化膜与基体的结合力，减少了氧化膜的开裂倾向，促进了均匀致密保护膜的形成。

因此，添加微量活性元素、增强氧化膜与基体的结合和附着力也是提高合金抗氧化性能的有效途径之一。

（五）关于氧化膜及其基本性质

1. 金属氧化膜的生长过程和控制因素

金属氧化膜的生长过程包括氧和其他气体分子与表面金属发生反应，最终形成一层连续致密的氧化膜，将金属与气体环境隔离开来，氧化膜通过金属离子或氧的扩散而不断生长增厚等各个环节。在这些方面已进行了大量研究，取得了许多成果，有了基本的认识，但其细节仍有待进一步研究。

金属在形成氧化膜之后，决定着是否还会继续进行氧化过程的因素，主要有两个方面。首先，界面反应速度。这一因素是指两个界面上的反应，分别是金属／氧化物与氧化物／气体两个界面。其次，参加反应物质，在通过氧化膜时，具有的扩散速度。其中又可分为两个方面的内容：一是，由电位梯度电位差，而导致的迁移扩散；二是，在浓度梯度化学位影响下，而形成的扩散。实际上，若氧化的整个过程都是由这两个因素控制的，那么它们也控制了进一步氧化的速度。所以说它们都可能成为氧化的实际控制因素。

2. 氧化膜的保护性

在金属氧化的过程中，在金属表面形成的氧化膜，通常情况下呈现为固态。在高温状态下的金属氧化，形成的氧化物为液态（如 V_2O_5 的熔点是 674 ℃），有些金属氧化物易挥发（如 MoO_3 在 450 ℃以上即开始挥发）。首先，若氧化物为液态，在流动或挥发的状态下，将金属表面暴露在氧化介质中，这时氧化便可迅速进行。其次，若氧化物为固态，则这种状况下生成于金属表面的氧化膜，具有一定的保护性，使金属和介质之间的物质传递得到了一定程度的阻滞。

对金属氧化膜的保护性能够产生影响的因素：其一，氧化膜的表面层体积是否发生了变化；其二，膜具有的完整性和致密性；其三，氧化膜的结构与厚度；其四，氧化膜与金属的相对热膨胀系数；其五，氧化膜的热稳定性是怎样的；其六，氧化膜与金属的结合强度、膜中的应力等。在对金属的氧化膜保护性进行分析时，要以不同金属、不同情况为出发点，展开具体分析。

3. 金属氧化物的结构类型

在金属或合金上生成的氧化物可能是无定形的（非晶态），也可能是结晶状态的。一般来说，很薄的氧化膜（＞100 Å）是无定形的，较厚的氧化物是结晶态的，并且金属合金氧化生成的结晶态氧化物通常是非化学计量的化合物，大多数为半导体，具有离子导电性和电子导电性。根据非化学计量金属氧化物晶体中过剩组元的不同（M^{2+} 或 O^{2-}），这类氧化物半导体又可分为以下两种。

（1）金属离子过剩型氧化物半导体（n 型半导体）

含有过剩金属成分的氧化物，过剩的金属离子位于晶格间隙，如果得到一定的激活能，则金属离子将从该间隙通过其他间隙扩散。氧化物作为整体是电中性的，是与间隙金属保持电中性的电子在间隙中存在和运动的结果。过剩的金属原子 Zn 进入氧化物中间隙位置，间隙 Zn 原子可能离子化为 Zn^{2+}，即以间隙离子状态存在。为了保持电中性，必然存在与 Zn^{2+} 同当量的过剩电子（自由电子），氧化时，间隙离子 Zn^{2+} 和间隙电子向 O_2/ZnO 界面扩散迁移并吸收 O_2，生成 ZnO_2。这类氧化物主要通过自由电子运动而导电，所以通常称为 n 型半导体。在某些情况下，有的 n 型半导体会有阴离子空位，这就是所谓的二性半导体。

（2）金属离子不足型氧化物半导体（p 型半导体）

这种氧化物实际上是指氧过剩的氧化物，如 NiO。在氧化物中，过剩的氧以离子形式存在于正常位置，而晶体中存在阳离子空位和电子空位。电子空位可想象为 Ni^{2+}，即在 Ni^{2+} 的位置上又失去一个电子。这个位置因荷正电，又叫正空穴，而阳离子空位是带负电荷的。在氧化期间，NiO/O_2 界面的 O_2 进入晶体内。这类半导体主要通过电子空穴，即正空穴运动而导电，故称为 p 型半导体。

4. 基体金属的结构与氧化膜生长的定向适应性

在氧化的初始阶段，即薄膜生长阶段，氧化膜与基体可能存在结构取向的定向适应性，且有利于氧化膜的生长，这主要是指金属与氧化膜晶格中的原子分布可能呈现出相似性，氧化的初始生长可能以一定的结晶学位向在金属基体上延续生长，即所谓氧化的外延生长。外延生长的氧化膜的结晶学取向和基体金属的结晶学位向有一定的对应关系，并伴随氧化膜晶格参数的显著变化，形成假晶氧化物。这种假晶氧化物的厚度很小（通常 <100 Å），随着氧化继续，氧化膜的厚度不断增加，很快形成一极薄的过渡层，从而完全摆脱金属晶格的取向，形成具有氧化物本身晶体结构的氧化膜。

金属和氧化膜的定向适应性对氧化膜保护性的影响有待进一步深入研究。

但通常认为，定向适应性使氧化膜与金属间的结合紧密，从而使氧化膜具有较好的保护性。因此，一些极薄的氧化膜（可能是定向氧化膜或氧的定向吸附层）都具有很好的保护性。但当氧化膜增厚后即定向氧化膜重结晶为普通的非定向氧化膜后，其保护性就明显降低了。氧化膜与基体金属间原子排列的错配，产生了界面能（或称为外延应变能）。在此界面上原子排列在结晶学上是不连续的非共格关系；正是这种外延的应变能决定了氧化膜和基体金属间的位向对应关系，并且影响氧化膜的结构和生长速度。

5.氧化膜中的应力在氧化膜的生长过程

在氧化膜的生长过程中，常伴有内应力的产生，如在 NiO、FeO 与 Cu_2O 中形成压应力，而在 MgO 中形成拉应力。关于氧化过程中的内应力，述说起来主要来源于以下几个方面。

第一，氧化膜形成后会产生体积变化，而氧化膜中应力的形成，将会受到 PB 比值的影响。

第二，外延应力。通常情况下，外延应力出现于氧化过程中的薄膜生长阶段，消失于氧化膜生长到一定程度之后。

第三，由于金属与氧化物的热膨胀系数不同而产生应力。一般认为，氧化膜中的位错滑移和攀移是氧化膜塑性变形的主要原因。

第四，应力状态不是一成不变的，而是会随着氧化膜在高温生长变厚时，随着这一过程中产生的重结晶而改变。可以说，应力与氧化膜的生长是互为因果的。

第五，氧化膜 / 金属界面，在其附近的化学组成发生变化时，界面的应力状态会随之发生改变。例如，微量稀土元素"钇"，界面的应力状态会随着氧化膜 / 金属界面的偏聚而改变。

第六，氧化膜的应力状态也会随着氧化过程中晶格缺陷空位发生的运动而改变。简单来讲，就是空位注入金属 / 氧化膜界面，附近的金属迁移或消失在金属中，导致界面氧化膜的应力状态发生改变。

第七，氧化膜中新氧化物相的形成会引起应力。如铜氧化时，新氧化物相可以在氧化膜破裂处形成，因而产生压应力。有人认为，镍在高温氧化时，氧可以沿晶界快速扩散到氧化膜中，新的氧化物在膜中形成，从而产生压应力。

第三节　其他类型的金属高温腐蚀

一、金属的高温硫化

现代工业技术的发展，使得金属材料所处的高温工作环境，变化得越来越复杂。举例来讲，在对高硫原油装置的金属构件进行炼制时，将产生高温硫腐蚀和含硫混合气体腐蚀；煤和有机燃料的燃烧将产生 CO_2、CO 和 H_2O（气）使金属材料发生碳化；在海上或沿海工作的燃气涡轮，高温环境下的部件上会沉积 Na_2SO_4，然后将会由熔盐现象导致热腐蚀的发生。以下来对一些主要的其他类型的金属高温腐蚀的基本情况展开介绍。

常用金属材料的硫化速度相较于金属材料的氧化速度，前者超出后者，按照数量级来计算，而且是几个数量级。具有优良耐硫化性能的是难熔金属 W、Mo、Nb。这种情况是由金属硫化物的特性所决定的，与金属氧化物相比较，硫化物具有的特性主要有以下几个方面。

（一）硫化物的热力学稳定性比氧化物低

这一内容是指硫化物的生成自由能。就不同的硫化物所产生的自由能而言，它们之间的相差较小。所以在热力学上合金发生选择性硫化比发生选择性氧化困难。

（二）氧化物的缺陷浓度比金属的氧化物高

这一硫化物的特性，要在排除难熔金属的硫化物的前提下体现。氧化物的缺陷浓度相较于氧化物，前者要高于后者，这意味着硫化抛物线速度常数以及硫化物中的扩散系数，都必然是高的。根据瓦格纳合金选择氧化理论公式，在动力学上合金发生选择硫化比发生选择氧化所需合金元素浓度要高得多。

（三）常用金属硫化物的熔点比氧化物低很多

关于常用金属硫化物，它的熔点比氧化物低很多，因此，在这种状况下，以 Fe、Co、Ni 为代表的许多金属，可能会与其硫化物形成低熔点共晶，这时将会导致金属材料由于受到影响而发生灾难性的硫化腐蚀。

（四）硫化物的 PR 比值较氧化物大

硫化物的 PR 比值较氧化物大，并且要大于1，这意味着硫化物膜在生长过程中，存在着很大的应力：一方面，会导致硫化膜极易发生破裂和剩落；另一方面，将会加速含硫气体同金属基体之间的直接接触。经研究发现，除纯金属外，含难熔金属和铝的合金，如 Mo-Al、Fe-Mo-Al 等，也具有优异的抗硫化性能，这可能与在极低氧分压和高硫压下生成铝的氧化物，从而起到阻硫化的作用。

二、金属在 O-S 体系中的高温腐蚀

这类高温腐蚀的典型环境为 SO_2-O_2 的混合气体，常产生于各类燃料油和煤的燃烧气体中。在特定环境条件下，在热力学上只能生成一种稳定的金属化合物，如氧化物、硫化物或硫酸盐。但在高温腐蚀过程中，由于动力学的原因，可能导致各种化合物的产生。

（一）金属氧化－硫化的动力学转变

金属氧化－硫化热力学的转变边界如图 3-2 中所示的边界线 CS。但在实际腐蚀过程中，氧化－硫化的转变边界线往往位于较高的氧分压下。金属氧化－硫化转变的边界在热力学和动力学上的这种差异，与在热力学上金属处于 MO 稳定区但在动力学上金属仍然有可能生成硫化物有关。

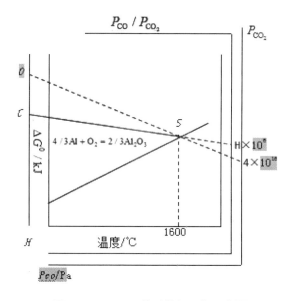

图 3-2　M-O-S 体系的相平衡示意图

（二）金属在 O-S 体系中生成硫化物的机理

根据 M-O-S 体系的相平衡图，金属在 SO_2-O_2 混合气中可能产生以下四种情况。

第一，金属处于硫化物 MS 的稳定区，金属只发生硫化。

第二，环境中的硫可在氧化膜内存在下列反应。

$$S_2 + 2O_2 = 2SO_2 \tag{3-42}$$

$$2SO_2 + O_2 = 2SO_3 \tag{3-43}$$

氧化膜内氧分压下降，硫分压上升，满足生成 MS 的条件。其结果是硫化物在氧化膜中或在 MO/M 界面生成。

第三，硫可以以 SO_2 的形式通过氧化膜中的微孔隙或微裂纹向 MO/M 界面传输，随着氧分压的下降，硫分压上升，仍然可能生成 MS。

第四，金属在热力学和动力学上均只能生成氧化物。

由以上分析可以看到，当金属在热力学上处于 MO 生成区时，仍然有可能生成硫化物，而且与硫在氧化膜中的传输过程有很大的关系。当硫在氧化膜中传输速率较小时，硫化过程受到阻碍，生成硫化物较困难。例如，生成 Cr_2O_3 或 Al_2O_3 氧化物的合金可以有效地阻碍硫化，表现出优良的硫化性能。当硫在氧化膜中的传输速率较大时，易导致 MO+MS 混合物的生成，如 Fe、Ni、Co 在 SO_2-O_2 环境中的高温腐蚀就是如此。

三、金属的热腐蚀

热腐蚀的概念，述说起来是指在高温工作环境下，金属材料的基体金属与沉积在表面的熔盐（主要为 Na_2SO_4）及周围气体发生的综合作用而产生的腐蚀现象。热腐蚀中，腐蚀产物，首先在外层，主要是疏松的氧化物和熔盐。其次在次内层，是氧化膜。最后在氧化膜下，则是硫化物。关于金属表面沉积的熔盐，来源于燃料中的硫、钠、钾等和空气中的烟雾，特别是在海洋环境下，在金属表面发生下列反应。

$$2NaCl + SO_2 + 1/2O_2 + H_2O \rightarrow Na_2SO_4 + 2HCl \tag{3-44}$$

$$2NaCl + SO_3 + H_2O \rightarrow Na_2SO_4 + 2HCl \tag{3-45}$$

以发生热腐蚀温度的高低为依据，热腐蚀可分为两类：一是低温热腐蚀；二是高温热腐蚀。其中，前者发生的温度在 700 ℃左右，对应于 Na_2SO_4-$NiSO_4$（共晶温度 671 ℃）、Na_2SO_4-$CoSO_4$（共晶温度 565 ℃）低温共晶盐的产生。高温热腐蚀发生的温度在 850～900 ℃，对应于 Na_2SO_4（熔点 884 ℃）熔盐的产生。在 700 ℃左右和 850～900 ℃产生两个腐蚀速度的高峰，分别对应于低温热腐蚀和高温热腐蚀。当温度高于 900 ℃时，熔盐不可能沉积或已沉积的熔盐会挥发掉，合金处于高温氧化状态。

关于热腐蚀的机理，述说起来是错综复杂的。人们认为金属在热腐蚀过程中存在熔盐，这意味着，一方面除了有化学腐蚀之外，还有电化学腐蚀；另一方面不仅包括液态熔盐对氧化膜具有的溶解作用，还包括界面化学反应。早期的热腐蚀机理把热腐蚀视为 Na_2SO_4 中的硫透过氧化层侵入合金，产生低熔点硫化物，破坏具有保护性的氧化膜，因而加速腐蚀。

关于热腐蚀的酸 - 碱熔融机理，述说起来是当前广泛被人们接受的热腐蚀机理。这一机理强调，金属在发生热腐蚀时，其表面沉积的熔岩溶解，将不断溶解金属表面形成的氧化膜，导致金属腐蚀速度不断加快。以镍的热腐蚀为例，在发生热腐蚀的初期，在金属表面将沉积一层薄的熔盐膜，与此同时，表面氧化生成 NiO 表面。NiO 与熔盐中的 O^{2-} 存在下列反应。

$$NiO + O^{2-} = NiO_2^{2-} \qquad (3-46)$$

当 O^{2-} 浓度上升时，反应向右进行，NiO 膜被溶解掉；若 O^{2-} 浓度下降，则反应向左进行，沉淀出 NiO。在熔融硫酸钠中，存在下列平衡。

$$SO_4^{2-} = O_2^{2-} + \frac{3}{2}O_2 + S \qquad (3-47)$$

在氧化膜 / 熔盐界面处，由于硫与金属反应或硫通过氧化模向氧化膜 / 金属界面扩散，盐中的硫活度下降，反应式（3-47）向右进行，导致 O^{2-} 活度上升，发生碱化。NiO 按式（3-46）溶解到硫酸钠中。在熔盐 / 气体界面，由于氧分压较高，由反应式（3-47）可知，此处 O^{2-} 活度较低。因此，在熔盐中形成碱的负梯度，导致在氧化膜 / 熔盐界面溶解生成的 NiO_2^{2-} 向外迁移，在熔盐气相界面上，反应式（3-46）向左进行，重新沉淀出疏松的 NiO。熔盐中只要能一直维持 O^{2-} 的负梯度，那么 NiO 就能持续不断地被溶解，相应地，也就会不断加速腐蚀。这一过程被称为热性的碱性机理。如果硫酸钠熔盐中的"活度"很低，处于酸性状态，NiO 可按另一种方式溶解如下。

$$NiO = Ni^{2+} + O^{2-} \qquad (3-48)$$

该反应称为氧化膜的酸性熔融。当熔盐膜中存在酸的负梯度时，就可以发生氧化的酸性解和在熔盐膜外侧氧化物的再沉积，这就是所谓的热腐蚀的酸性熔融机理。据相关研究得知，导致各种金属氧化物发生酸碱熔融，所需的碱度是存在差异的。合金中含有的不同元素，所形成的氧化物是不同的，并且对热腐蚀过程有着很大的影响，并且对于含铬合金生成的 CrO_3 而言，能优先发生反应。

$$2Cr_2O_3 + 2O^{2-} = 2Cr_2O_4^{2-} \qquad （3-49）$$

该反应降低了熔盐中的碱度，可以抑制 NiO 的碱性溶解。因此，Cr 提高了合金抗热腐蚀性能的有效元素。当合金含有 Mo、W、V 时，氧化生成的 MoO_3、WO_3、V_2O_5 与熔盐中的 O^{2-} 发生反应如下。

$$MoO_3 + O^{2-} = MoO_4^{2-} \qquad （3-50）$$

$$WO_3 + O^{2-} = WO_4^{2-} \qquad （3-51）$$

$$VO_3 + O^{2-} = VO_4^{2-} \qquad （3-52）$$

提高氧化膜 / 熔盐界面具有的酸度，造成 NiO 的酸性溶解，使金属的腐蚀不断加速。因此，Mo、W、V 是降低合金抗热腐性性能的有害元素。

金属发生碱性熔热腐蚀，还是发生酸性熔热腐蚀，其发生条件和反应可以由 M-N-O-S 体系的相平衡图得出。由于熔盐是强电解质，而发生热腐蚀的必要条件，述说起来又是熔盐膜的存在，这意味着在热腐蚀过程中，一定存在着电化学过程。电化学过程在热腐蚀中的作用仍然是人们不断研究的课题。

四、金属的碳化

金属材料处于含碳的气体环境中，氧活度低而碳活度较高，这时就会发生碳化。金属碳化的基本原理，述说起来相较于金属的氧化过程，是基本相同的。对金属有关碳化的稳定性、MC 和 M-O-C 的相稳定图进行了解，是解释金属碳化的重要基础。

（一）关于金属 – 碳氧化合物的反应

金属在碳氢化合物 – 氢的混合气体中易发生碳化。例如，在甲烷 – 氢混合气体中存在下列反应。

$$CH_4 = C + 2H_2 \qquad （3-53）$$

气体中的活度可由混合气体的成分及总压力来确定，金属在甲烷 – 氢混合气体中的碳化可分为若干步骤：第一，含碳物质在样品表面的混合气体的附面层中扩散；第二，反应分子在样品表面发生物理吸附或化学吸附，形成碳原子；第三，碳由金属表面向内部扩散形成碳化物；第四，气体反应产物的解吸及离开金属表面。在上述步骤中，步骤二和步骤三通常是反应的控制因素。当碳的活度大于 1 时，在金属表面发生石沉积；当碳活度较低时，导致内碳化物的形成。内碳化过程的动力学可用抛物线规律来叙述。在 CH_4-H_2 混合气体中含有微量硫化物时，如 H_2S，能强烈地阻止铁的碳化。其机理是吸附的硫占据了甲烷吸附和分解的活性位置，但此时硫的活度比形成 FeS 所需的硫活度要小两个数量级。

（二）关于在含碳、氧中的高温腐蚀

当金属或合金置于同时含碳和氧的气体中时，由于反应机理不同，可导致氧化、碳化或既有氧化又有碳化。以 CO-CO_2 混合气体为例，其氧和碳的活度由下列反应确定。所以，氧和碳的活度与 P_{CO_2} 及 P_{CO} 的比值有关。

$$CO_2 = CO + 1/2O_2 \qquad\qquad （3-54）$$

$$2CO = C + CO_2 \qquad\qquad （3-55）$$

（三）关于改善合金抗碳化或石墨化的方法

如上所述，在环境中加入 H_2S 能够显著降低石化速度。用 H_2S 做抑制剂是降低碳化速度的有效方法，但在实际应用中必须小心控制气体的成分，否则会引发其他腐蚀发生。通过在合金中加入较活泼的元素，使其在碳化环境中生成氧化膜，成为碳扩散的阻挡层，可以有效地减弱合金的碳化。例如，在 Fe-Cr-Ni 中硅含量增加，合金表面生成 SiO_2 膜，碳化会逐渐减慢。当硅的质量分数大于 2% 时，碳化可以完全消除。其他氧化物如 Al_2O_3 和 Cr_2O_3 也可以用作碳扩散的阻挡层，因此含有较高 Al 或 Gr 的合金，具有较好的抗碳能力。

第四章　金属的电化学腐蚀

多数情况下的金属腐蚀是按电化学的形式进行的。在这个过程中，金属被氧化，释放出的电子被电子受体（氧化剂）接受，后者被还原，从而构成一个完整的电化学反应过程。本章分为：腐蚀电池、电极与电极电位、极化与去极化，以及析氢腐蚀和吸氧腐蚀四部分。其主要包括：电极电位的形成与双电层结构、电极电位、电极的极化现象，以及吸氧腐蚀等内容。

第一节　腐蚀电池

一、电极系统与电极反应

金属的电化学腐蚀过程伴随多个电化学反应（电极反应）的发生，至少包括金属自身的氧化过程和氧化剂的还原过程。本节将从电极系统的基本概念出发，论述电极反应的明确概念。

能够导电的物体，称为导体。按导体中载流子的状态不同，常见的导体主要分为两类。首先是电子导体，其指在电场的作用下，朝着某一个方向移动的荷电粒子，有可能是电子，也有可能是带正电荷的电子空穴。这一导体又包括两类，分别是金属导体与半导体。其次是离子导体，其指在电场作用下，朝着某一个方向移动的荷电粒子，有可能是带负电荷的离子，也有可能是带正电荷的离子。这一导体主要有电解质溶液或熔融盐。

关于"相"的概念，是指在一个系统中的物质集合，并且这种物质集合是与化学性质和物理性质一致的。假设在由两个相构成的系统中，这两个相就是电子导体相和离子导体相，前者即电子导体，后者即离子导体。而电极系统就是指在这个系统中，有电荷通过相的界面进行转移，即从一个相转移到另一个相。需要指出的是，两相界面是两相之间的区域，其性质与两相中的任一相的本体性质都有所不同。

电极系统的主要特征，述说起来就是随着电荷在两个相之间透过界面进行的转移，会导致相的界面无法避免地发生一些物质变化，也就是由一种物质转变为另一种物质，也将这一过程称为发生化学变化。

如何理解两类电荷的相互转移必然导致两相界面的物质变化呢？我们应了解电子只能在电子导体中运动（传输），而离子只能在离子导体中运动（传输）。下面以铜金属浸于含 Cu^{2+} 的水溶液中构成的电极系统为例说明。若在外界作用下，有净的电子电流从 Cu 相流向溶液一侧。当电子到达两相界面处时，传输受阻（因其不能在电解质中运动）。此处聚集的电子可被电解质中的 Cu^{2+} 接收。既实现了电子与离子间的电荷转化，又实现了溶液相中 Cu^{2+} 变为金属单质相的物质转化过程。上述转化过程在电子导体与离子导体的相界面上发生。反之，若电流方向相反，则正电荷从电子导体相（金属铜）转移到离子导体相（$CuSO_4$ 的水溶液），在铜的表面上铜原子失去 2 个电子，生成的电子远离相界面向电子导体相本体方向运动，而生成的 Cu^{2+} 向溶液一侧运动。

综上所述，可将电极反应定义为，在电极系统中伴随着两个非同类导体之间的电荷转移而在两相界面上发生的化学反应，因此，也可将其称为电化学反应。

（一）电极体系

要讨论的电极系统只限于由金属与电解质溶液两类导体组成的系统。通常有以下两种电极体系。第一类电极：单质金属（M）与含同种金属离子（M^{n+}）的电解质构成的电极系统。第二类电极：金属表面覆盖该金属的难溶化合物组成的电极，浸在与难溶物具有相同阴离子的溶液中组成的电极系统。

一类特殊电极系统，其中电子导体为惰性金属，不直接参与电极反应。下面举例来初步了解电极系统。首先，在通氢气的 HCl 溶液中，若将一块铂片浸入其中，这时构成的电极系统，其一是离子导体相 HCl 的水溶液，其二是电子导体相。同时，发生于两相界面上的电荷转移。所产生的电极反应具有的特点是，参与电极反应的物质分别处于溶液和气体两个相中。在这一过程中，参与反应的物质中，可能会出现气体的电极反应，将其称为气体电极反应。

其次，在含有正铁、亚铁离子的水溶液中，将一块铂片浸在其中时构成的电极系统，其具有的电极反应特点是，参与电极反应的反应物与产物都处于同一个溶液相中。这种电极反应称为氧化 - 还原电极反应。

在上述两个例子中，电子导体相不参与电极反应，只起供应和吸取电子的作用，类似化学反应中的催化剂，故常称其为"电催化剂"。正如同一电极反应的反应速度随所用电子导体相的不同而不同，若以"电催化剂"来认识是不难理解的。

（二）电极含义

关于电极系统和电极反应这两个术语的意义是明确的。但是在电化学文献中经常用到的术语是"电极"，含义却并不是很肯定。实际上，在电化学文献中视场合不同，术语"电极"具有以下两个不同的含义。

在多数场合下，其仅指组成电极系统的电子导体相或电子导体材料。在说明电化学测量实验装置时我们常遇到"工作电极、辅助电极"等术语，这就是电子导体的例子；而我们常常遇到的"铂电极、石墨电极、铁电极"等提法就是电子导体材料的例子。

在少数情况下，当人们在提出某种电极时，指的并不是电子导体材料，而是指电极反应，或者是整个电极系统。例如，在电化学中，人们常会用到的术语——"参比电极"，并不是指电子导体材料，其真正代表的含义是某一特定的电极系统，或者是与电极系统相应的电极反应。

（三）电极反应特点

1. 所有的电极反应都是化学反应

电极反应适用于所有化学反应的基本定律，包括当量定律及质量作用定律等。相较于一般的化学反应，电极反应又有着不同的特点，即电极反应的发生是伴随着两类不同的导体相相互进行的电荷转移过程，这意味着电极反应最为重要的特点就是，它的反应式中的反应物或反应产物，本就包含 $e_{电子}$，其中，反应物主要是其他反应物从电极取得电子之后，并与之相结合；而反应产物是其他反应物释放电子给予电极。

总而言之，在发生电极反应的过程中，电极材料必须释放电子，或者接纳电子。在电极系统的两个导体相之间的界面层的电化学状态影响下，将会使电极反应相较于一般的化学反应多了一个表达电极系统界面层的电化学状态的状态变量，而且对于电极反应来说，这一状态变量是非常重要的。

此外，电极反应的另一值得关注的特点是，发生电极反应的场所必须在电极材料的表面上，这是因为电极反应中，有电子导体材料中电子的参与。电极反应还具有的特点，就是表面反应，并且就电极反应而言，电极材料表面的具体状况对其有着极为重要的影响。

2. 电极反应式中至少有一种物质失去电子

关于电极反应式，首先反应式一侧的反应物中，电极必然会在其中一种或多种物质中得到电子，即至少有一种物质失去电子。其次反应式另一侧的反应物中，存在一种或多种物质从电极得到电子。而当物质失去电子，就意味着这一物质被氧化了，相应地，当一种物质得到了电子，就意味着这一物质被还原了。由此可得到以下推论。

第一，所有电极反应，必然都是氧化还原反应。它不同于普通化学反应中发生的氧化还原反应，不同之处在于，在普通的化学反应进行的氧化还原反应中，电子的转移直接发生于氧化剂与还原剂之间，也就是氧化剂直接从还原剂处得到电子，并且得失电子的过程是同时展开的，即还原剂失去电子的同时，氧化剂得到电子。

第二，整个氧化还原反应中既有氧化反应又有还原反应，两者是同时进行的。但是一个电极反应只有整个氧化还原反应中的一半：或是氧化反应，或是还原反应。当反应自左向右进行时，是氧化反应——反应物被氧化；当反应自右向左进行时，是还原反应——反应物被还原。所以一个电极反应的反应物中只有被氧化的或被还原的物质，这些物质既不像整个氧化还原反应中的还原剂那样，在其本身被氧化的同时还使其他物质还原，也不像氧化剂那样，在其本身被还原的同时还使其他物质氧化。故氧化剂和还原剂的概念不能应用于单个电极反应。只有当由两个电极反应组成一个原电池时，才能应用氧化剂和还原剂的概念。

一种物质，在失去电子后的状态相较于失去电子前的状态而言，是处于氧化状态，人们将这种处于氧化状态的物质命名为氧化体。相应地，一种物质在得到电子后的状态与原来未失去电子的状态相比，处于的是还原状态，人们将这种状态下的物质称为还原体。一个电极反应就是氧化体与还原体互相转化的反应。我们用 O 代表氧化体，R 代表还原体，S 代表在电极反应中氧化状态没有发生变化的物质，并约定在写一个可逆的（既表示自左向右进行，也表示反方向地自右向左进行）电极反应时，将还原体写在反应式的左方，氧化体写在反应式的右方。并约定，左方的化学计量系数用带负号的符号表示，右方的化学计量系数用带正号的符号表示。

由于电极反应总是伴随着电荷转移的过程进行的，所以在电极反应式中总是在氧化体的一侧出现电子这一项。反应物质的变化量与电荷的转移量二者之间存在着当量关系。在对这种关系进行表达时，所使用的就是法拉第定律，这一定律的主要内容是在电极反应中，一方面若是一个克当量的氧化体，经过转化并成为还原体，氧化体需从电极处取得数值，相较于一个法拉第常数电量的电子是相等的；另一方面若是一个克当量的还原体，经过转化并成为氧化体，还原体给予电极的数值，相较于一个法拉第常数电量的电子也是相等的。一个法拉第常数的电量约为 96494 C（库仑），通常按 96500 C 计算，用符号 "F" 表示。

首先，若是电极反应进行的方向，述说起来是由还原体的体系转化至氧化体的体系，也就是电极反应的进行方向是从左侧向反应式的右侧，这时就将这个电极反应称为阳极反应，或者将这个电极反应描述为按阳极反应方向进行。

其次，若是电极反应进行的方向，述说起来是由氧化体与电子二者相结合，逐渐成为还原体，也就是电极反应的进行方向是从右侧向反应式的左侧，这时就将电极反应称为阴极反应，或者是将这个反应描述为按阴极反应方向进行。

二、电极电位的形成与双电层结构

在电化学中，电极电位的概念非常重要。它不仅是电化学系统反应方向的主要热力学判据，而且也是动力学上影响一个电极反应的速度的主要参数。在学习电极电位的概念之前，先来了解 "相间电位"（也称 "相间电位差"），进而了解两相界面处的电荷分布状况，即双电层结构。

电化学体系不同于静电学中的带电体系，它是由两个不同类型的导体相组成的。静电学中只考虑电荷的电量，而不考虑它的物质性，故只考虑相互间的库仑力作电功，而不考虑非库仑力（如近程力）作电功。从另一角度看，电极反应相较于普通化学反应的主要不同之处在于，在电极反应中，不仅有电荷在两种不同的导体相之间发生转移，还有物质变化。这意味着在电极反应中，不仅有电能的变化，同时还有化学能的变化，相应地，在对电极反应达到平衡的条件中，在其中的能力条件方面，不仅要考虑荷电粒子的电能，还要综合考虑化学能。

在物质 M 带有电荷的状况下，将其加入相 P 中时，这时需要两种功，首先是化学功，即用于克服物质 M 与相 P 内原有物质二者间存在的化学作用力的功。其次是用于克服物质 M 所带电荷与相二者之间作用力的功。相 P 由于添加了带有电荷的物质 M 而引起的标准吉卜斯自由能的增量是这两项功之和。

电化学体系由电子导体与离子导体相接触而组成，两相相接触必然产生相界面。由于各相的内电位不尽相同，故电荷从一相转移到另一相必将伴随着能量的变化。我们定义电子导体相与离子导体相之间的内电位之差，将其称为该电极系统的绝对电位。通常在电化学文献中，伽尔伐尼（Galvani）电位差，指的是两个相的内电位之差，因此在一个电极系统的绝对电位，述说起来就是电极材料相与溶液相两相间存在的伽尔伐尼电位差。除了一个相的内电位的数值不可测以外，两个相的内电位之差的绝对值也是无法测得的。

电极系统的绝对电极电位不可测，又无法计算，必然对该参数的应用带来很多的困难。为了解决这一问题，人们设法将待测电位的电极与另一个人为规定其电位为零的电极组成原电池，测量该原电池的电动势，规定测得的该原电池进行电位差的电动势大小就是待测电极的相对电极电位 E 值。这样，虽然一个电极系统的绝对电位本身是无法测量的，但不同的电极反应处于平衡时各电极系统的绝对电位值的相对大小以及每一个电极系统的绝对电位变化时的变化量却是可以测量的。而且，从我们以后的讨论中会发现，对于电极反应进行的方向和速度发生的影响，正是绝对电位的变化量而不是绝对电位值本身。

由于不同相的内电位不同，即两个相之间存在电位差，这为两相界面处发生电荷分离并有序排布提供了原始动力。这就是通常所说的两相界面的双电层结构。双电层结构不仅存在于电子导体 / 离子导体界面，还普遍存在于其他相界面处。下面主要探讨金属 / 电解质界面的双电层结构。

假设在溶液中浸入一个金属电极，并且在金属相与溶液相之间，除了不发生电极反应之外，也不发生电荷转移。在一个相的表面，不管是分子还是原子，它们所受的力，不同于相内部各个方面的状态，是不平衡的，因此，就导致一个相的表面显现表面力。而对于另一个与这种表面力相接触的相组分而言，表面力的作用将会导致另一个相之中的与界面相近处的一些组分，在浓度方面与那个相的本体中浓度之间存在着差异。

在电极反应中，不仅存在着表面力的作用，还存在着金属面中的静电作用力。在溶液中，包括离子在内的荷电粒子，在接近金属表面时，会在静电感应效应的影响下，使金属表面带有在电量方面与之相等而在符号方面与之相反的电荷。这时，就说这两种异号电荷之间存在着一种静电作用力，并且将这种作用力称为"镜面力"。

水分子是极性分子，并且就每一个水分子而言，都是一个偶极子。若金属表面带有的某种符号的电荷，发生过剩的状况，水分子就会带着与金属过剩电子相反符号的一端吸附于金属表面，水分子的另一端，将会指向溶液。

这时，在金属相与溶液相之间就会形成一个相界区，并且这一相界区，不仅不同于溶液本体情况，同时还不同于金属本体情况。在这一相界区，一个端面，述说起来是电荷与之异号的离子；另一个端面述说起来就是金属表面，需注意的是这一表面是带有某种符号的电荷的。由于这两个端面之间，是按照一定方向排列的水分子，因此，这个相第一层水分子层界区，就将其称为"双电层"。在实际情况中，特别是在稀溶液中，在溶液的一侧还有一层空间电荷层，然后才逐渐过渡到溶液本体。所以，严格来说，"双电层"本身还由两部分组成，靠近金属表面的叫作紧密层，在紧密层外面还有一层空间电荷层，也叫作分散层。

因此，总的说来，在不发生电极反应的情况下，"双电层"是由于电极材料的表面吸附作用引起的，表面吸附主要可分为两类。一类吸附是由于表面力的作用，从范德华力（Vander Waals）的作用直到形成某种化学键的作用都有。其中有些作用力往往对溶液中的不同组分显示选择性。由表面力的作用而被吸附的粒子直接同金属表面接触，故这种吸附也被称为接触吸附，通常溶液中的无机阳离子的外面都包有一层水化层。在阳离子"挣脱"包围它的水化层之前不能直接接触到金属表面。所以，一般只有水分子、阴离子和某些有机化合物会发生接触吸附。易于接触吸附在金属电极表面上的阴离子和某些有机化合物，同金属表面之间的作用力比较强，有的接近于形成化学键，它们的吸附一般也称为特性吸附。另一类吸附是由静电作用力引起的，叫作静电吸附。在定向排列的水分子层外侧的离子层，就是依靠静电吸引力的吸附。这种电极系统的相界区就像一个不漏电的电容器。

现在我们来考虑另外一种电极系统的情况。这种电极系统的具体情况，作为电极材料的金属相与溶液相二者之间有电极反应发生，也就存在着电荷转移。溶液中，在电极刚浸入其中之时，电极电位与电极反应的平衡电位，二者处于不平等的状态，因此，电极反应就会朝向某一个方向展开。举例来将，就是当电极浸入溶液中时，关于电极电位与电极反应的平衡电位二者处于的不平衡状态，是前者高于后者的，这时电极反应的进行方向按阳极反应方向进行。相反，若是电极电位与电极反应的平衡电位二者处于不平衡状态，是前者低于后者的，这时，电极反应的进行方向按阴极反应的方向进行。

由于电极反应的发生地是在孤立的电极上，在电荷转移的过程中，是由一个相到另一个相，这就破坏了两个相之中的正负电荷平衡，也就是一个相过剩正电荷，相应地，另一个相就过剩负电荷。例如，如电极反应是按阳极反应方向进行的，就会使得金属相中负电荷过剩，而溶液相中，就表现为正电荷过剩。按阴极反应方向进行的电极反应，在金属相中过剩的是正电荷，在溶液相中过剩的则是负电荷，从而形成正负电荷的不平衡状况，使得两个相的内电位发生迅速改变，即电极电位发生移动，其方向是这个电极反应的平衡电位，这时在电极电位方面，就形成了一种平衡，并且在反应速度方面，向阳极反应方向与向阴极反应方向的反应速度，述说起来是相等的。

由于金属和溶液这两个导体相中，在静电作用力的影响下，符号相反的过剩电荷不能进行分散，使它们进入各个相的本体深处，而只能停留在相界区的两侧。因此，在这种电极系统中，关于"双电层"的形成，一方面是由于电极反应达到平衡前，发生的电荷分离，而发生电荷分离的原因是电荷在两相之间的转移；另一方面是由于表面力的作用。在这种电极系统情况下，而关于外电流的消耗，一方面在于使"双电层"充电；另一方面使电极反应向一个反应方向进行。

综上，这一种电极系统可将外电流进行划分，首先是非法拉第电流，也就是一种充电电流，能够改变"双电层"两侧的电位差。其次是法拉第电流，即进行电极反应的电流。所以，这种电极系统的相界区就像一个漏电的电容器。显然，"双电层"两侧端面上的电荷量不是一成不变的，电极电位的改变会对其电荷量产生影响而改变。若是金属表面上，本来带有过剩的负电荷，相对应的"双电层"的另一侧，带有的电荷是过剩的正电荷，这时"双电层"的金属表面会随着电极电位的变正，导致其一侧的负电荷减少，一直到金属表面的这一侧全部变为正电荷，相反，"双电层"的另一侧，金属所带有的正电荷会随之减少，一直到带有负电荷。

在这样的改变电极电位的过程中，总会找到某一个电位值，在这一电位值下，金属的表面既不带有过剩的正电荷，也不带有过剩的负电荷。这个电极电位值，叫作该电极系统的零电荷电位。应该注意，在零电荷电位下，金属电极相的内电位并不等于溶液相的内电位，即电极系统的绝对电位并不等于零，而且在金属相与溶液相之间仍然存在一个相界区，在这个相界区内，仍有一定场强的电场。因此，虽然可以通过一些实验近似地测出某一电极系统的零电荷电位，但是电极系统的绝对电位值仍然无法测得。

一个电极系统在零电荷电位条件下的绝对电位并不等于零，而且由于表面电位无法测量，零电荷电位时的绝对电位也就无法测量。此时，虽然金属电极表面和相界区的另一侧没有过剩电荷，但仍有定向排列的水分子和其他极性分子。由于表面力的作用，吸附在金属电极表面上，构成"双电层"，从金属电极相到溶液相的电位跃变，就发生在这一相界区。

总体看来，金属/电解质溶液界面主要存在过剩电荷形成的"双电层"与离子或极性分子的吸附引起的"双电层"结构。

现在我们来粗略估算一下金属/电解质界面形成的"双电层"内的电场强度大小。为简便起见，仅讨论由过剩电荷形成的"双电层"，且只考虑一维空间 X 轴方向，即垂直于电极表面，并指定以指向溶液深处的方向为 X 轴正方向。此时电场强度方向与电位梯度相反。电化学体系的相界面上通常涉及的电位差为 $0.1 \sim 1$，若以 $1\,V$ 计，则假设"双电层"的厚度为 $10\,\text{Å}$。

这是一个很大的数值，如此大的电场强度在自然界是很难找到的，它将引起电子的跃迁，穿过界面，产生很大的加速度。这就是电化学界面反应和"双电层"能迅速建立起来的原因所在。另外，即便"双电层"两端的电位差（也即前面提到的电化学系统的电极电位）发生微弱的变化，也会导致其内部电场强度发生很大的改变，从而引发带电粒子（主要是电子）在"双电层"内运动状态的极大改变，最终表现为电极反应速率的显著改变。电极电位作为电极反应速率的主要影响因素，是电化学反应在动力学上区别于常规化学反应的主要特征。

三、电池之原电池与腐蚀电池

电化学反应大多是在各种化学电池和电解池中进行的，即单独的半电池反应或半电解池反应在实际中很少发生。所谓有阳极反应（氧化反应）就有阴极反应（还原反应），反之亦然，这是因为要使得某一电极系统偏离平衡状态，发生净的氧化或还原反应，则反应生成或消耗的电子需被另一还原反应消耗或由另一氧化反应释放出来的电子来补充。我们把将化学能转化为电能的装置称为原电池。

将两个金属电极 M_1、M_2 浸于适当的电解质溶液中，当外电路断开时，就组成一个不在工作状态的原电池。若两个电极系统的平衡电位分别是 E_{e_1}、E_{e_2}，并假设 $E_{e_1} < E_{e_2}$。若此时将原电池通过一个用电器接通，电流就将从电位高的一端通过用电器流向电位低的一端。根据克希荷夫（Kirchhoff）电流定律，在导体的每一点上流入的电流与从这一点流出的电流相等。

假定电极 M_1 和 M_2 的电极表面都是单位面积，则在原电池的外电路中有电流从电极 M_2 通过用电器流入电极 M_2 时，原电池的内部电路中就有同样大小的电流从电极 M_2 的表面流向溶液，再经过溶液流入电极 M_2 的表面。

既然有电流从电极流向溶液，那么对于这一电极来说，这就是阳极电流，因此电极系统的电极反应就偏离了平衡，向阳极反应方向进行。相应于这个偏离了平衡的不可逆的阳极电极过程，实际的电极电位比平衡电位更正。

同理，对于由 M_2 和溶液组成的电极系统来说，由于电流是从溶液流向电极材料 M_2 的表面的，是阴极电流，在 M_2 表面上的电极反应按阴极反应的方向进行。

当原电池以可以测量的速度输出电流时，原电池中的氧化 - 还原反应的化学能就不能全部转变为电能。把 W 叫作最大有用功。原电池的化学能转变为最大有用功，只有在速度为无穷小的可逆过程中才能实现。把 W 叫作实际有用功，它总是小于最大有用功。这就是说，在以有限速度进行的不可逆过程中，原电池中的两个电极反应的化学能只有一部分转变为实际有用功，还有一部分——两个电极反应的过电位绝对值之和与电量的乘积却成为不可利用的热能散失掉了。电流是单位时间内流过的电量，而电极表面上流过的电流密度是单位面积的电极表面上流过的电流。

若一个电极反应按进行方式，是不可逆过程的方式，其特征主要是在单位时间内，一定单位面积的电极表面，将会随着电极反应的进行，在化学能进行转化时，由于转变为不可利用的热能，而导致能量耗散，也就是单位面积的电极表面上以热能形式耗散的功率。短路的原电池不作电功。如果对原电池的定义是将化学能直接转变为电能的装置，那么短路的原电池就不应该再被看作原电池，而只能被看作一个进行氧化 - 还原反应的装置。

腐蚀电池的定义是，只能导致金属材料破坏而不能对外界作有用功的短路的原电池。在这里要特别说明，在腐蚀电池的定义中应该包括它是"不能对外界作有用功的短路的原电池"这个特点。这是因为事实上有一些原电池，尽管氧化 - 还原反应的结果也会导致作为电极材料的金属发生状态改变，从固体的金属状态转变成溶液中的离子状态，但由于它们可以提供有用功，我们仍然不能把它们叫作腐蚀电池。例如，常用的干电池，虽然电池中阳极反应的结果是锌从金属状态转变为溶液中的离子状态，但由于电池在工作过程中可以对外界作有用功，所以不能把它叫作腐蚀电池。

腐蚀电池工作的基本过程，述说起来主要包括阳极过程和阴极过程。阳极过程是金属进行阳极溶解，以离子形式进入溶液，同时将等当量的电子留在金属表面。阴极过程是溶液中的氧化剂吸收电极上过剩的电子，自身被还原。

上述阴、阳极过程是在同一块金属上或在直接相接触的不同金属上进行的，并且在金属回路中有电流流动。

第二节　电极与电极电位

一、电极

不管是电池、电极电位，还是参比电极，都与电极有着紧密的联系。尽管电极的相关知识已经适当地纳入了普通化学、物理化学等诸多课程之中，但是，由于电极还与电化学腐蚀的研究、测量以及控制相关，就非常有必要对腐蚀电极展开讨论。

电极实际上就是一个半电池，其构成体系主要有金属和溶液。电极还可以分为两种。其一是单电极，其指在电极的相界面上，或者是金属界面，或者是溶液界面只进行单一的电极反应。其二是多重电极，这一电极类型可能发生多个电极反应，以无氧的盐酸溶液中的锌电极为例，发生于一个电极之上的两个反应，就将其称为二重电极。

以电极是否可逆为划分依据，可将电极分为两类，即可逆电极和不可逆电极。只有单电极才可能成为可逆电极，并且有平衡电位可言。这是因为单电极，一般都能做到电子交换和物质交换之间的平衡。不可逆电极一般是多重电极，并且只能建立非平衡电位。

（一）单电极

1. 金属电极

金属电极，是指将金属浸入含自己离子的相关溶液中形成的电极。这种情况下的金属离子可以超过相界面，从而使电极平衡得以建立。具有代表性的金属电极，如将铜浸入硫酸溶液，在这种含铜离子的溶液中，建立平衡电极，其具体反应式如下。

$$Cu \Leftrightarrow Cu^{2+} + 2e^-$$

以铜、锌、银为代表的金属，它们的交换电流密度大，容易建立稳定的平衡电位。相反，以铁、镍、钨为代表的金属，由于它们的交换电流密度较小，稳定的平衡电位的建立存在一定的难度。就交换电流密度小的金属而言，虽其交换电流密度较小，但一般都具有较好的耐蚀性能。此外，对于电化学腐蚀速率来说，与交换电流密度有着相当紧密的联系。

2. 气体电极

当把某些化学稳定性高的金属，浸入不含有自己离子的溶液中时，这些金属不能以离子形式进入溶液；溶液中的物质，也不能沉积到电极上，只有一些气体溶于溶液中，并吸附在电极上，同时使气体离子化，在电极上，只进行电子的交换，这时就形成了气体电极。具有代表性的气体电极，主要有氢电极、氧电极以及氯电极等，具体反应式如下。

第一，氢电极。标准氢电极，其电极反应式如下。

$$O_2 + 4e^- + 2H_2O \Leftrightarrow 4OH^-$$

第二，氧电极。金属铂在溶液中吸附溶解氧形成氧电极。在氧电极上建立的平衡方程如下。

$$O_2 + 4e^- + 2H_2O \Leftrightarrow 4OH^-$$

第三，氯电极。金属铂在含有 C 的溶液中，电极上的反应如下。

$$Cl_2 + 2e^- \Leftrightarrow 2Cl^{2-}$$

3. 氧化－还原电极

在金属 / 溶液界面上，可进行交换的只有电子，同时，也只有电子才可迁跃相界面，故这种金属电极就是氧化－还原电极。例如，将铂置于三氧化铁溶液中，其发生的电子交换是，Fe^{3+} 在铂片上取得电子，也就是 Fe^{3+} 还原成 Fe^{2+}，其具体反应式如下。

$$Fe^{3+} + e^- \Leftrightarrow Fe^{2+}$$

式中，Fe^{3+} 是氧化剂，相应地，Fe^{2+} 是其还原态。一旦氧化剂与它的还原态达成平衡状态，这时就会有一定的电位，而这里所指的电位就是氧化－还原电位。

若在某还原性溶液中浸入铂，在这种条件下，还原剂与它的氧化态，不仅同样会建立起平衡状态，还会依然形成氧化－还原电位。例如，将铂片置于 $SnCl_2$ 溶液中，这时溶液中的 Sn^{2+} 将电子给铂，本身氧化成 Sn^{4+}，具体反应式如下。

$$Sn^{2+} - 2e^- \Leftrightarrow Sn^{4+}$$

式中，Sn^{2+} 是还原剂，Sn^{4+} 是其氧化态。任意氧化剂和还原剂活度下的氧化 - 还原电位可由能斯特方程求出，即

$$E = E^0 + \frac{0.0591}{n} \lg \frac{\left[氧化态 \right]}{\left[还原态 \right]}$$

式中：氧化态、还原态——氧化态物质及还原态物质的活度或逸度积；

E^0——标准氧化还原电位；

n——离子得失电子数目。

综上所述，不同的电极及其电极电位，不管是金属电极、气体电极，还是氧化还原电极它们都是半电池，也就是平衡可逆电极。

（二）多重电极

二重电极在实际腐蚀中是常见的。将锌板插入盐酸中，可发生两个电极反应如下。

$$Zn \rightarrow Zn^{2+} + 2e^-$$

$$2H^+ + 2e^- \rightarrow H_2$$

反应均发生在锌板上，尽管在反应过程中没有宏观电流通过，在放氢反应的发生而导致两个有电子参与的化学反应能够继续进行，关于其总反应式如下。

$$Zn + 2H^+ \rightarrow Zn^{2+} + H_2 \uparrow$$

总的来说，这是一种非平衡态不可逆的电极。

二、电极电位

（一）绝对电极电位

每一个电极反应的平衡条件都可以表达成这样一个公式，即在等式的一边是电极材料（电子导体相）的内电位与溶液（离子导体相）的内电位差；等式的另一边则分成两项，一项是参与电极反应的各物质（除电子外）的化学位的代数和除以伴随 1 g 分子物质变化时在两种导体之间转移的电量的库仑数，另一项则总是 $\frac{\mu_{eM}}{F}$。

关于任何一个电极反应的平衡条件的表征，除了可用电极系统的绝对电极

电位之外，还可用电极系统的两个导体相的内电位差来进行表征。此外，电极在一定条件下，包括温度、压力、反应物浓度等，反应达到平衡，这时关于电极系统的绝对电位，述说起来应是等于定值的。原则上，已知某一电极反应在某种条件下达到平衡时的数值，只要测量这个电极系统的绝对电位，就可根据测量值与 Φ_e 的关系判断这个电极反应是否达到平衡或反应进行的方向。

实际上，无论是一个相的内电位的数值，还是两个相的电位之差的绝对值，都是无法测得的。

电极系统的绝对电极电位是无法测量的，但是可将电极系统的绝对电位的相对变化用原电池的电动势反映出来。虽然一个电极系统的绝对电极电位本身是无法测量的，但它的变化量是可以测量的。这并不影响我们的研究工作，因为对电极反应进行的方向和速度大小发生影响的，不是绝对电位本身，而是绝对电位的变化量。

（二）参比电极与电极电位

1. 参比电极

要想完成对绝对电极电位的相对值的测量，则应将电极系统与被测电极系统二者相结合，并形成原电池。其中，所选择的电极系统，首先在电极反应方面，要保持平衡。其次还应与该电极反应的各反应物，在化学位方面保持恒定。具有这两面特征的电极系统，就是所谓的参比电极。而被测电极系统的电极电位，是指由参比电极与被测电极系统共同组成的一种原电池的电动势。此外，习惯上在写出电极电位时，要具体说明测得的电极电位采用的是哪种参比电极。

2. 电极电位

（1）平衡电极电位

平衡电极电位，述说起来是当金属电极与溶液界面发生的电极过程处于平衡时，使氧化、还原反应中，不管是电极反应的电量，还是物质量，都能达到平衡状态的电极电位。由此可知，电极电位总是会与同一定的电极反应相关联，通常用 E_e 表示平衡电位。有时需要在 E_e 的下方用必要的符号来说明是什么电极反应。

（2）标准电极电位

由化学热力学可知，对于溶液相和气相中的物质，化学位与它的活度和逸度的关系如下。

$$\mu = \mu^0 + RT \ln a$$

$$\mu = \mu^0 + RT \ln f$$

式中：a——溶液相物质的活度；

f——气相物质的逸度。

在稀溶液以及气体压力不很大的情况下，可以用物质的重量克分子浓度 C 来代替。μ^0 是 a 或 f 为单位值时的化学位，称为标准化学位，它的数值仅与温度 T 和压力 P 有关，而与物质在该相中的浓度和分压无关。对只由一种物质组成的固体相来说，这一物质的 μ 就等于 μ^0。于是电极反应式的平衡电位（以 M/M^{n+} 电极系统为参比电极）可以写为下式。

$$E_e(Cu / Cu^{2+}) = \frac{\mu_{Cu^{2+}} - \mu_{Cu}}{2F} + \frac{RT}{2F} \ln a_{Cu^{2+}} - \frac{\mu_{M^n} - \mu_M}{nF}$$

令发生下式反应。

$$E^0(Cu / Cu^{2+}) = \frac{\mu_{Cu^{2+}} - \mu_{Cu}}{2F}$$

则其可写为下式。

$$E_e(Cu / Cu^{2+}) = \frac{\mu_{Cu^{2+}} - \mu_{Cu}}{2F} + \frac{RT}{2F} \ln a_{Cu^{2+}} - \frac{\mu_{M^n} - \mu_M}{nF}$$

E 称为标准电位，即通常所说的电极电位，指参加电极反应的物质都处于标准状态，即 25 ℃和 1 atm（1 atm=101.325 kPa）下测得的电动势（氢标电极做参比电极）的数值。

式中最后一项与被测电极无关，而只与用于进行测量的参比电极系统有关。用不同的参比电极系统对同一被测电极系统所测得的电极电位数值，相互之间有一个差值，这个差值只取决于参比电极系统。测定这些差值后，用不同的参比电极测出的电极电位值可以互相换算。

（3）氢标电极

在各种参比电极中，最重要的是标准氢电极。标准氢电极是将镀了铂黑的 P 片浸在氢的分压为 1 atm 和 H 活度为 1 g 离子的溶液中构成电极系统。这个电极系统的电极反应为下式。

$$\frac{1}{2}H_2 \Leftrightarrow H_{atm}^+ + e_m^-$$

在用这个参比电极来测量 Cu/Cu^{2+} 电极系统的电位时，可得下式。

$$E_e(Cu/Cu^{2+}) = E^0_{(Cu/Cu^{2+})} + \frac{RT}{2F}\ln a_{Cu^{2+}} - \frac{\mu_{H^+} - \frac{1}{2}\mu_{H_2}}{F}$$

由于 $P_{H_2}=1$ 和 $A^{H^+}=1$，因此发生下式反应。

$$\mu_{H^+} = \mu^0_{H^+} + RT\ln a_{H^2} = \mu^0_{H^+}$$

$$\mu_{H_2} = \mu^0_{H_2} + RT\ln p_{H^2} = \mu^0_{H_2}$$

但化学热力学中规定为下式。

$$\mu^0_{H^+} = 0 \ , \quad \mu^0_{H_2} = 0$$

故在用标准氢电极作为参比电极时，可简化为下式。

$$E_e(Cu/Cu^{2+}) = E^0_{(Cu/Cu^{2+})} + \frac{RT}{2F}\ln a_{Cu^{2+}}$$

标准氢电极作为参比电极计算最为方便，它成为最主要的参比电极。文献中和数据表中的各种电极电位的数值，除特殊标明者外，一般是以标准氢电极作为参比电极的数值。在实际测量中，用标准氢电极做参比电极很不方便，而常采用其他参考电极。常用参考的电位值仍以标准氢电极电位为基准。

第三节　极化与去极化

极化是电极反应过程的阻力项，也是伴随电池过程普遍存在的一种现象，是电化学腐蚀动力学的重要内容，是研究金属腐蚀机理、腐蚀过程、腐蚀速率、腐蚀影响因素等不可或缺的内容。下面将通过极化、极化现象、极化原因和极化规律的顺序，由浅至深，引出极化相关的概念。

利用能斯特方程计算电极电位时，要求电极体系中的电化学反应必须是可逆的。用电极反应式表示为下式。

$$M \Leftrightarrow M^{n+} + ne^-$$

即同类型离子（M^{n+}）通过电极/电解液界面在两个相反方向上的迁移速度相等，即 $I_-=I_+$ 没有净反应发生。

但实际应用中遇到的电化学体系总是按一定的方向和一定的速度进行着的

化学反应相联系的，如各种类型的化学电源和电解池，金属在电解质溶液作用下发生的电化学腐蚀等。这些电化学体系都处于非平衡状态，与此相联系的电极体系称为不可逆电极。不可逆电极一般具有下列特征。

第一，一个电极反应在两个相反的方向上（阳极方向和阴极方向）的电化学反应速度不等，即 $I_- \neq I_+$。若电极反应主要朝阳极的反应方向进行，则 $I_- < I_+$；若反应主要朝阴极的反应方向进行，则 $I_- > I_+$。

第二，由于电极反应主要朝某一方向进行，因此体系的定性、定量、组成都随时间变化。该体系的电极电位已不等于平衡电极电位，不能用能斯特方程进行计算。

总而言之，关于不可逆电极的净电流强度，只有计算出两个相反方向绝对电流强度的差值便可得知。由不可逆电极组成的电池，不具备一个稳定的电位差值，这种不稳定体现在，一旦电极上有电流通过，这时就会导致电极电位发生变化。此外，在有电流流动影响下而发生的电极电位变化的现象，就是所谓的电极的极化。

一、电极的极化现象

平衡意味着体系中没有净的物质（包括电荷）与能量变化。但实际应用中遇到的电化学体系总是按一定方向和一定速度进行电化学反应。如各种类型的化学电源和电解池，以及腐蚀电池中发生的实际金属腐蚀过程等。鉴于此，在实际中我们更关注的是一个电化学体系发生反应的速度怎么样，哪些因素会影响电极反应的速度，以及反应速度与这些因素间又有怎样的函数关系，等等。这些涉及的是与电化学动力学相关的问题。

当一个电极系统处于平衡状态，则该电极反应的正、反方向（即分别对应阳极与阴极反应）的绝对反应速度相等，没有净电流产生。若电极系统实际发生的是净的阳极反应（即电极反应的正向速度大于反向速度），则实际电位 E 将偏离 E_e 向更正的方向移动；反之，若电极系统实际发生的是净的阴极反应，实际电位 E 将偏离 E_e 向负方向移动。

我们把一个电极系统偏离平衡态，导致电极电位偏离平衡电极电位的现象叫作该电极的极化现象，则说此电极发生了极化。在后面将看到，极化的概念不只局限于一个平衡电极反应，对任何一个电极体系，只要电极体系中有净的电流通过，电极电位势必偏离其原来的稳定电位，也称该电极体系发生了极化。

例如，铁在盐酸中发生腐蚀时，实际上进行的是两个电极反应，分别是铁的溶解反应与析氢反应，显然这两个电极反应均偏离了平衡状态，即腐蚀是个不可逆的电极过程。但铁在盐酸中仍可形成一个稳定的电极电位，即稳定电位（注意不是平衡电位），若此时在铁上通一外电流，电极电位也将偏离稳定电位，这个过程也称极化。定义电极系统偏离其平衡状态或稳定状态（也称稳态）时的电位差值为极化值，并特别定义实际电极电位与平衡电极电位间差的值为过电位。

怎样理解电极的极化现象呢？以可逆电极反应（$Cu-2e \rightarrow Cu^{2+}$）为例，在平衡状态时正反向速度相等，现在通过外电路电源对 Cu 电极通以阴极电流，即外电路大量电子涌向金属相。毫无疑问，只有当界面反应的速度足够快，能将流进金属相的电子及时转移给离子导体相，才不至于使负电荷在界面上积累起来，从而保持住未通电时界面上的平衡状态，使电极电位不发生变化。

但事实上，界面上的反应速度和物种的传质速度总是小于电子的传送速度，即出现的一个情况是负电荷在界面上积累，从而打破原有的平衡状态，使电极电位偏离原来的平衡电位，并发生负移。所形成的附加电场加速溶液中的 Cu^{2+} 向金属相表面移动并夺取金属相中的电子，同时抑制金属铜溶解生成 Cu^{2+} 的过程，最终达到一个稳态。此时上述电极反应的正向反应速度小于反向反应速度，其差值为外加的阴极极化电流。

可见，一个电极系统一旦有了净的反应电流（此时，正反方向的反应速度必不相等），就会导致电荷在电极界面上发生积累，从而使得实际电极电位偏离平衡电位，即电极发生了极化。另外，也可理解为只有电极发生了极化（电位偏离），从能量角度来说才能使得一个电极反应偏离平衡态，即极化是电极平衡向某一方向移动的动力。因此，电极反应的速度必然受极化值的影响，它们之间存在内在的数学关系。

二、金属的去极化

去极化是指极化的相反过程，也就是对由级化对原电池产生的阻滞作用，进行消除和减少。去极化的作用主要是加速腐蚀。去极化过程中的去极剂（MnO_2），充当去极化作用的物质。在日常生活中，有必要对人们所使用的干电池，通过添加去极剂的方式，消除极化作用带来的电压降低，从而实现使用过程中的电压能保持恒定。显然，为了提高耐蚀性，应尽量减少去极剂的去极化作用。

去极化还可分为阳极去极化和阴极去极化，前者是指作用于腐蚀电池阳极，使其实现去极化；后者是指作用于腐蚀电池阴极，使其实现去极化，具体内容如下。

（一）阳极去极化

1. 去阳极活化极化

关于去阳极活化极化，述说起来就是阳极钝化膜被破坏。举例进行简述，以氯离子为例，氯离子在穿透钝化膜之后，将会对钝化起到破坏作用，实现阳极的活化，从而实现阳极去极化。

2. 去阳极浓差极化

关于去阳极浓差极化，述说起来是指阳极产物金属离子，不断加速离开金属溶液界面，在这一过程中，一些物质与金属离子相组合会形成络合物，并且就这一络合物而言，会对金属离子密度起到降低的作用，并且随着浓度的降低，也使得金属的溶解得到进一步加速。以 Cu^{2+} 与 NH 为例来进行简述，它们结合的铜氨离子 $[Cu（NH_2）_4]^{2+}$ 作用于铜，会加速铜的腐蚀速度。

（二）阴极去极化

1. 去阴极活化极化

阴极去极化，即释放阴极上所积累的负电荷。使阴极去极化，适用于任何一个在阴极上获得电子的过程，即使阴极电位发生改变，朝正方向变化。首先，关于阴极上的还原反应，除了是去极化反应之外，同时还是消耗阴极电荷的反应。其次，在离子的还原反应中，最具重要性的内容有三个方面：其一是氢离子的还原，通常将其称为氢去极化；其二是分子的还原；其三是氧原子的还原，通常将其称为氧去极化。

2. 去阴极浓差极化

通过去极剂的使用，不仅有助于阴极表面离开阴极，还有助于阴极反应产物离开阴极。要想加快阴极过程，可借助搅拌、加络合剂的方法进行。阴极去极化作用是腐蚀的重要影响因素。

总而言之，去极化反应之间有着密切关系的因素主要有三个：其一是金属材料；其二是外界条件；其三是溶液的性质。

第四节　析氢腐蚀和吸氧腐蚀

一、析氢腐蚀

电池的阴极过程，述说起来为氢离子的去极化反应，这种反应过程称为析氢腐蚀。金属在酸溶液中腐蚀时，如果溶液中没有别的氧化剂，则析氢反应是腐蚀过程唯一的去极化剂阴极还原反应。这个反应是电极反应中研究得比较充分的一个，了解析氢反应对研究金属的析氢腐蚀具有重要的作用。

（一）析氢腐蚀的条件

氢电极在一定的酸浓度和氢气压力下，可建立如下的平衡方程。

$$2H^+ + 2e^- \Leftrightarrow H_2$$

这里的氢电极的电位，称为氢的平衡电位，它不仅与氢分压有关，还与氢离子浓度有所联系。在腐蚀原电池中，由于阳极的平衡电位相较于氢的平衡电位述说起来要正，相应地，阴极平衡电位也就比氢的平衡电位正，因此，腐蚀电位相较于氢的平衡电位而言更正，并且不能发生析氢腐蚀。而氢去极化和析氢腐蚀的实现前提，即阳极电位比氢的平衡电位负时，腐蚀电位相较于氢的平衡电位才有可能负。

总而言之，关于发生析氢腐蚀的重要基准，述说起来就是氢的平衡电位，而 $E_H = -0.059pH$，这时在酸性方面越强，在 pH 值方面就越小，同时，氢的平衡电位就越高，也就是 E_{EH} 越正。此外，在氢的平衡电位方面越正，在阳极电位方面就越负，在这种状况下，就可能起到增加氢去极化腐蚀可能性的作用。在中性溶液中，许多金属不会发生析氢腐蚀的原因，述说起来就是溶液中氢离子浓度不高，并且氢的平衡电位较低，从而导致阳极平衡电位比氢的平衡电位要高。因此，当选取电位更负的金属，如镁及合金作为阳极时，这些金属的电位，相较于氢的平衡电位负，这时就会发生析氢腐蚀，并且将这些金属置于碱性溶液中时，还会发生氢去极化腐蚀。

（二）析氢总的电极反应步骤

析氢总的电极反应，在电极表面上可分成四个主要步骤。第一，反应质点（H 或 H_2O）向电极表面传输。在这一步骤中，通常情况下，并不是电极反应的控制步骤。

第二，在电极表面的反应质点，可能会发生放电反应，从而生成吸附氢原子。在这一步骤中的反应是电化学步骤，也将其称为"放电反应"，同时，在电化学文献中，也将这一步骤称为"伏尔默（Volmer）反应"。

第三，形成附着在金属表面上的氢分子。在这一步骤中，形成氢分子的反应过程，主要以两种不同的方式展开。其一，化学脱附反应。这一反应是指在金属表面上，吸附着的两个氢原子，经过化学反应，复合而成为一个氢分子。在相关电化学文献中，也将这一反应称为"塔非尔（Tafel）反应"。其二，在金属表面，吸附着的一个氢离子和一个氢原子，经过电化学反应之后，将会形成一个氢分子。人们将这个反应命名为"电化学脱附反应"。

第四，氢气分子离开电极表面进入气相。

一般来说，首先，第一个步骤和第四个步骤不会成为控制步骤。其次，步骤二与步骤三决定了析氢反应的动力学行为。基于此，以各步骤的相对速度为依据，可将析氢反应机理进行划分，主要分为四种情况：第一种情况是快电化学和慢复合脱附两个步骤的组合，这一情况被称为"复合机理"；第二种情况是快电化学和慢电化学脱附两个步骤的组合，这一情况被称为"电化学脱附机理"；第三种情况是慢电化学和快复合脱附两个步骤的组合；第四种情况是慢电化学和快电化学脱附两个步骤的组合。其中，第三种情况与第四种情况都被称为"缓慢放电机理"。

（三）析氢总的电极反应分析

不难看出，任何一个析氢反应过程，除了都包括一种脱附步骤之外，还都有电化学步骤。基于此可导出析氢基本动力学具有的特征，即在高的析氢过电位下都应该表现出电极电位与电流密度间的半对数关系，分别分析如下。

1. 缓慢放电机理

即在缓慢氢离子放电后的是快的化学脱附或电化学脱附步骤。整个反应的速度由放电反应的速度所控制，若阴极过电位足够大，则析氢反应的逆反应可忽略不计。

实验证明，在 Hg、Pb、Cd、Zn 这几种金属电极上的析氢反应是按这种缓慢放电机理来进行的。

2. 复合脱附机理

由于氢离子放电反应步骤的速度很快，如此一来，可以近似地认为这一反应处于平衡。

3. 电化学脱附机理

在定常态条件下，前面的氢离子放电反应的电流密度，应与后续的电化学脱附反应电流密度相等。

不同金属表面上析氢反应的机制（历程）可能是不一样的，这主要与中间吸附粒子、在金属表面的吸附状态和难易程度有关，我们把这种难易程度的大小称作金属对析氢反应的电催化活性大小。按照催化活性的大小，可将常用金属材料分为以下三种。①高析氢过电位金属，主要有 Pb、Cd、Hg、Zn、Ga、Bi、Sn 等。这些金属表面的析氢活性很低。②中析氢过电位金属，主要有 Fe、Co、Ni、Cu、W 等。③低析氢过电位金属，其中最重要的是 Pb 和 Pd 等贵金属。

（四）析氢总的电极反应特点

金属发生析氢腐蚀的其中一个电化学过程是去极化剂的还原过程。它与金属的阳极反应相互耦合，构成一个完整的金属析氢腐蚀电极体系。一般来说，金属的析氢腐蚀有以下几个特点。

第一，若没有在其他平衡电位方面，比较高的氧化剂，展开的析氢反应则是腐蚀的唯阴极反应。

第二，关于金属在酸性溶液中的腐蚀，通常情况下的腐蚀是在金属表面、不具备钝化膜的情况下进行的，因此，这是一种活性的阳极溶解过程。

第三，纯金属在酸性溶液中，绝大多数的腐蚀在宏观上是均匀的。在这一过程中的金属表面上，并不会出现关于腐蚀微电池的阴阳极区的明显区分。

第四，除非溶液中的 H^+ 浓度很低，一般来说，析氢腐蚀不必考虑浓差极化的影响。正如金属腐蚀的一般原理所讲的那样，金属析氢腐蚀时的腐蚀电位、腐蚀电流密度等数值均可通过阴极与阳极极化曲线（反应动力学）得出。前文所介绍的一般性规律也可套用。例如，氢电极的平衡电位越高（即 H^+ 浓度越大），腐蚀反应的动力越大，所得腐蚀电位与腐蚀电流密度越大；阴阳极反应的交换电流密度越大，则腐蚀电流密度越大；阴极析氢反应的斜率越大，金属的腐蚀速度越小；等等。

析氢反应在不同的金属表面上发生的速度是不同的，这就意味着不能仅凭比较两种金属发生阳极溶解反应的平衡电极电位大小来简单地判断它们在同一酸性溶液中的析氢腐蚀速度大小。因为，金属的实际腐蚀速度是析氢反应与金属的溶解反应共同耦合决定的。例如，汞的正电性比 Zn 要大得多，若 Zn 金属上有 Hg 杂质存在，则按照"牺牲阳极"的概念，Zn 好像应该作为腐蚀电池的阳极加速其在酸性溶液中的腐蚀。但是事实上，以 Hg 为杂质却可使锌的腐蚀速度大为降低。原因在于 Hg 表面极难发生析氢，它的加入加大了析氢反应的阻力，从而减缓了锌的腐蚀。这就是为什么在很长一段时间里在 Zn-Mn 电池中一直使用 Hg，主要是为了防止电池负极材料 Zn 的自放电腐蚀。

（五）氢去极化腐蚀的控制措施

根据析氢腐蚀的特点，要想实现金属腐蚀的控制，可采取的措施包括：其一，消除或减少金属材料中的杂质，也就是使金属材料的纯度得到提高；其二，加缓蚀剂，以此来使阴极的有效面积减少，同时，使超电压 n 得到增加；其三，加入超电压大的组分，如 Hg、Zn、Pb；其四，使活性阴离子成分得到降低等。

二、吸氧腐蚀

在海水、大气以及土壤中，铁、锌、铜三类金属的腐蚀，就其阴极过程而言，述说起来就是氧的去极化反应，这种反应过程称为吸氧腐蚀。在中性或碱性介质中，氢离子浓度比较低，所以平衡电位也较低。对于一些不太活泼的金属，其阳极溶解反应的平衡电位较正。这些金属发生腐蚀反应的共轭反应，述说起来大多数是溶解氧的还原反应，而不是所谓的氢的析出反应。而关于氧去极化腐蚀，其概念是指以氧气来作为氧化剂，或是将氧气作为去极化剂，作用于金属，使其成为阳极的金属，从而不断被腐蚀。

关于吸氧腐蚀的发生，其所需要的必要条件，述说起来就是金属的电位 E_M 要低于氧还原反应的电位 E_{O_2}。在中性溶液中只要金属在溶液中，满足电位低于 0.805 V 的条件，吸氧腐蚀就有可能发生。所以，许多金属不管是在中性溶液或碱性溶液中，还是在潮湿的大气中，或是在潮湿的土壤中，都具有发生吸氧腐蚀的可能性，有时在酸性介质中，部分金属也会发生吸氧腐蚀。可见，吸氧腐蚀比析氢腐蚀具有更大的普遍性，因此研究吸氧腐蚀的规律具有较大的实际意义。

（一）金属电极表面吸氧反应的特点

下面介绍电极表面吸氧反应的一些特点。

第一，吸氧反应的阴极过程可以看成以下几个基本步骤的串联结果：溶液中的溶解氧向电极表面传输；氧吸附在电极表面上；吸附氧在电极表面获得电子进行还原反应，即氧的离子化反应。

很多情况下，氧分子的传输往往受到很大的阻滞作用；同时，氧的离子化也较氢的还原要难，并且离子化过程即电化学还原过程一般还包含多个基元过程。导致的一个结果是，通常要在很大的过电位下，甚至电极电位要比氢电极的平衡电极电位更负时，才能出现一定的氧还原反应电流。

因此，氧电极反应的一个特点是经常受到电化学放电步骤和氧的传质步骤的共同控制。

第二，当阴极电流密度增大时，由于氧的扩散速度有限，供氧速度有限，供氧过程受阻，出现明显的浓差极化。这时阴极过程受氧的离子化反应与氧分子的扩散共同控制。

第三，随着极化电流的继续增大，由扩散过程缓慢引起的浓差极化不断加强，极化曲线更陡地上升。当电流值达到极限扩散电流，理论上说，在达到极限扩散条件下过电位趋于无穷大。但实际上，当阴极电位负移到一定程度时，在电极上除了氧的还原反应外，还有可能开始进行另一新的电极反应过程。

（二）金属发生实际吸氧腐蚀的情形

如果金属的阳极溶解过程与氧的还原反应相耦合，则会造成金属的吸氧腐蚀。金属腐蚀的溶解速度是由阳极过程与阴极过程的极化行为共同决定的。但是，吸氧腐蚀在很多场合主要是由阴极的氧还原过程控制的。这种情形称为阴极控制，即金属的吸氧腐蚀速度主要是由在此金属上进行的氧的离子化过程及在其表面溶液层中氧分子的传输速度决定的。

1. 当金属的电负性很强时

若金属的电负性很强，也就是说金属在腐蚀介质中，具有很低的点位，则金属阳极溶解极化曲线与去极化剂的阴极极化曲线很可能相交于吸氧反应与析氢反应同时起作用的电位范围内，并且若想要计算这时的金属腐蚀速度，则只算出析氢速度与吸氧速度相加之和即可。影响金属的电负性的因素主要有三方面：其一，溶液的溶解氧浓度；其二，溶液的 pH 值；其三，溶液金属材料本身性质的不同。以 Mg、Mn 为代表的金属，就是符合这种情形的腐蚀。

2. 当腐蚀金属在溶液中的电位比较低时

此时，处于活性溶解状态下，由于氧的传输速度有限，也就是说，氧的极限扩散电流密度对金属腐蚀的速度有着决定性的作用。以钢铁在海水中发生的腐蚀为例，普通碳钢在海水中的腐蚀速度，相较于低合金钢在海水中的腐蚀速度，并没有明显的区别。事实上，多数情况下，金属的吸氧腐蚀属于这种情形。

3. 当金属的腐蚀电位很高时

当金属本身具有较高的化学稳定性，并且在氧的传输速度能够满足金属氧化的需求量的情形下，这时决定着氧在电极上的放电速度的就是金属的腐蚀速度。

（三）金属发生实际吸氧腐蚀的主要因素

在了解了金属吸氧腐蚀的几种类型以后，就可以进一步来分析影响吸氧腐蚀的一些主要因素。

1. 溶解氧浓度

例如，在封闭的腐蚀体系中加入亚硫酸钠（Na_2SO_3），其与溶解氧发生反应生成 Na_2SO_4 降低了溶解氧浓度，起到缓蚀的作用。

很容易理解，随着溶液中溶解氧浓度的上升，氧去极化过程的阴极电流曲线将整体右移。这样，在不改变金属阳极溶解的动力学的前提下，与阴极极化曲线的交点都将右移，即金属的腐蚀速度上升。

2. 溶液流速

在氧浓度一定的条件下，极限扩散电流密度与扩散层厚度成反比，溶液流速越大，扩散层厚度越小，氧的极限电流密度就越大，腐蚀速率就越大。在层流区，扩散极限电流密度的大小总是随溶液流速的增加而上升。

流速变化前后，金属的腐蚀均落在氧的极限扩散区，由于氧的极限扩散电流密度与滞流层的厚度成反比，而在层流条件下，滞流层的厚度又与流速的平方根成反比，故氧的极限扩散电流密度随流速增大而上升。这样金属的腐蚀将会加剧。但若在低流速下金属的腐蚀即已落在氧阴极还原的活性电化学区域内，则即使溶液流速对吸氧腐蚀的影响流速增大，金属的腐蚀仍处在氧的离子化过程所控制的区域内。这样，金属的腐蚀速度将不随溶液的流速变化而变化。但若在低流速下，金属的腐蚀由氧的扩散控制，此时若增大流速，金属的腐蚀速度将增大，但若流速增大的结果导致了阴阳极极化曲线的交点落在了氧的离子化（电化学步骤）控制区，则再继续增大流速将不再影响金属的腐蚀速度。实验数据表明，海洋中低碳钢的腐蚀速度随海水流速的变化而变化，即在低流速下随之增大而增加，但在超过一定流速后变化不明显，就是这个道理。

3. 溶液温度

溶液温度升高将使氧的扩散过程和电极反应速度加快，因此在一定的温度范围内，腐蚀速率将随温度的升高而加快。但温度升高又会使溶解氧的浓度降低，使吸氧腐蚀速率降低。考察温度的影响时，必须考虑以下两个方面：一方面，温度上升既会增大氧的传输速度又会增大氧的离子化过程，也会增大金属的阳极反应速度，即将会使阴阳极的极化降低，从而增大阴阳极的极化电流密度，从而利于金属的腐蚀；另一方面，在溶液体系中提高温度却使溶解氧的浓度下降，从而使氧阴极还原的电流降低，从而减轻金属的腐蚀速度。因此，需综合加以考虑。关于金属的析氢腐蚀与吸氧腐蚀间的基本特点与不同点如表4-1所示。

表 4-1　析氢腐蚀与吸氧腐蚀间的比较

	析氢腐蚀	吸氧腐蚀
去极化剂	H^+、H_3O^+、H_2O 等,迁移(包括电迁移)速度与扩散速度较大	中性氧分子，只能靠扩散和对流传输
去极化剂浓度	浓度大，酸性溶液中 H^+ 放电，中性或酸性溶液中 H_2O 做去极化剂，来源丰富	浓度较小，其溶解度常随温度升高和盐浓度增大而减小
阴极控制步骤	主要是活化控制	主要是浓差控制
阴极反应产物	以氢气泡溢出，电极表面溶液同时得到搅拌，减轻浓差极化	产物 OH^- 只能靠扩散或迁移离开，无气泡溢出，溶液得不到附加搅拌

第五章 非金属材料的腐蚀

非金属材料就是指除了金属材料与高分子材料之外的固体材料，并且其也是会有腐蚀情况发生的。本章就将从无机非金属材料的腐蚀、高分子材料的腐蚀和复合材料的腐蚀这三方面进行概述。其主要包括无极非金属材料腐蚀的组成与分类腐蚀，高分子材料腐蚀的机理与防护，铝基、镁基、钛基等复合材料的腐蚀等内容。

第一节 无机非金属材料的腐蚀

一、无机非金属材料的化学成分与矿物组成

酸性氧化物 SiO_2 是硅酸盐材料成分中的重要组成，既不耐酸也不耐碱，当这种酸性氧化物，尤其是在没有定性地接触碱液时发生的反映都会受到一定的腐蚀。其形成之后的硅酸钠是很容易在水和碱液之中相溶的。耐酸材料中有较高 SiO_2 含量的，不仅有高温磷酸与氢氟酸，还能耐受住几乎全部无机酸的腐蚀，而且对含有任何浓度的氢氟酸，以及在磷酸的温度高于 300 ℃的情况下，都是能对 SiO_2 发生作用的。

通常情况下，材料中耐酸性的强度越强，SiO_2 的含量就越高，而其不耐酸的情况就是在质量分数在 55% 的天然、人造的硅酸盐材料之下的情况。这是因为硅酸盐材料的耐酸性不仅与化学组成有关，而且与矿物组成有关。铸石中的 SiO_2 与 Al_2O_3、Fe_2O_3 等相结合都会最终以耐腐蚀性很强的矿物形态出现，即为普通的辉石，因此即使是其质量分数的确在 55% 以下，但是其耐腐蚀性也是很强的。SiO_2 的含量虽然在红砖中是十分高的，但是其存在方式却是无定型的，因此也没有一定的耐酸性。如要想获得比较高的耐酸性，就可以在比较

高的温度之下对红砖进行煅烧，再随之烧结即可。这种做法的实现主要是因为 SiO_2 与 Al_2O_3 在高温之下形成了某种新矿物，也就是硅线石与莫来石，它们具有高度的耐酸性，并且密度也会随温度的升高而增大。

耐碱材料是一种拥有大量碱性氧化物的材料，其与耐酸材料相比正好是完全相反的，对所有酸类的作用都完全不能抵抗。如硅酸盐水泥是由钙硅酸盐所组成的，其在所有含有无机酸的情况下都会被腐蚀，但是其耐蚀作用会发生在一般的碱液之中。

二、无机非金属材料的孔隙与结构

对于硅酸盐材料来说，除了熔融制品以外，其多多少少都会有一定的孔隙率存在。这种孔隙会让材料的耐腐蚀性有所降低，这是因为只要存在孔隙，材料受到腐蚀作用的面积就会随之增大，同时还会伴随较为强烈的侵蚀作用，从而使表面和材料的内部都会发生腐蚀。当结晶出现化学反应生成物时，其物理性能就会造成一定的破坏，如当苛性钠溶液间歇地浸润制碱车间的水泥地面时，因为苛性钠会渗透进孔隙之中，对二氧化碳进行吸收并随之转变为含水碳酸盐结晶，致使其体积在水泥内部不断膨胀增大，破坏了材料产生的内应力。

若化合物从材料表面以及孔隙中腐蚀生成后表现为具有不溶性质，则在一定的场合，它们可以对材料进行保护并让其不会再被损害，其中比较突出的例子就是水玻璃耐酸胶泥的酸化处理。而当面对闭孔孔隙时，相较于开口的孔隙，受到腐蚀性介质的影响要小很多。因为在开口孔隙期间，材料的内部很容易就会渗入腐蚀性液体之中。

另外，硅酸盐材料的耐蚀性还与其他的结构特征有关。与无定型的结构相比，可以看出晶体结构的化学稳定性是比较高的。如二氧化硅，虽然其本身是耐酸的材料，但同时也会存在一定的耐碱性，并且在碱溶液之中，还没有定型的二氧化硅就很容易被溶进去。

三、无机非金属腐蚀介质

实际上，硅酸盐材料（除了氢氟酸与高温磷酸）的腐蚀速度与酸的性质好像是没有多大关系的，几乎都相关于酸的浓度。材料的破坏作用是会随着酸的电离度的增加而越来越大的。酸的温度升高了，就表示会增大离解度，从而增强其破坏作用。另外，材料内部中孔隙扩散的速度是会影响酸的黏度的。例如，盐酸比同一浓度的硫酸黏度小，材料在同一时间被渗入的深度就会变大，从而也会加大其腐蚀作用，甚至比硫酸还要快。同样，同一种酸的浓度不同，其黏度也不同，因而它们对材料的腐蚀速度也不同。

四、陶瓷基复合材料的腐蚀

假如在化学之中，陶瓷基复合材料的组成相是相容的，那么能够决定材料热稳定性的是，周围环境与组元间的反应、组元和熔点的分解等。大部分复合材料组元的熔点、分解温度及蒸汽压可查阅有关热化学数据和相图，在此不再讨论。下面讨论的大多数复合材料，温度均超过 1500 ℃。

对高温腐蚀行为与复合材料氧化的预测是十分困难的。一般情况下，在动力学与热力学之中，某一个组元的氧化行为会因为其他的组元而受到影响，同时在很多情况下，组成相同杂质界面也会对氧化行为造成显著影响。所以，大部分情况下从组元的性质中都不能推出复合材料组织行为。

从氧化反应的角度看，可以从以下三类区分陶瓷基复合材料的组成相。①氧化物。其本身是不氧化的，但是一旦同时存在了杂质与氧，或是其他氧化物时，就会由此形成具有低熔点的玻璃或是混合氧化物。② Si 的非氧化物，尤其是 SiC、Si_3N_4 等，如果氧偏低在体系中表现得并不低，那么在这之上就会有一层 SiO_2 的有效保护层由此形成，对氧化反映的速度予以限制。③其他非氧化物。其有着较差的抗氧化能力，因此当温度在 1000 ℃以下时，氧化速度是非常快的。

这种转变由温度和氧偏压决定。在钝化区，当压力为 1000 Pa，温度为 1000 ~ 1500 ℃时，氧化速度很低，此时，膜层的生长速度为 10^{-12} ~ 10^{-11} g/（$cm^2 \cdot s$）。不过，对此区域来说，其中的氧化反应在氧化层性质中是非常敏感的。若这一层中呈现的并不是非晶态而是结晶态，那么就会获得较低的氧化速度。而面对非晶态的情况来说，因为某些玻璃的形成物是会降低其黏性的，所以由此能够看出氧化速度非常之快。

一般情况下，在氧化物同 SiC、Si_3N_4 共同组成的复合材料之中，SiC、Si_3N_4 是拥有着较低的抗氧化性能的，这是因为氧化物组元时常会和 SiO_2 层发生反应，从而促使一些混合氧化物与玻璃的形成。虽然反应物在最后是属于结晶的，但由于不断增加的氧化速度，中间也可能会形成低黏度的玻璃相。而其氧化速度也会在晶界和界面被玻璃相渗透时逐渐加快。

这种效应可用研究较详细的 Al_2O_3/SiC 复合材料来说明。这种复合材料在 1200 ℃的空气中时，氧化明显加快。先形成的 SiO_2 和 Al_2O_3 反应生成莫来石，莫来石也是一个非平衡玻璃相。在某些复合材料中，发现这个相富含 Ca 元素。该玻璃相不仅使氧快速扩散至下面的 SiC，而且通过渗透到达界面和晶界，因而提供氧进入材料通道的方式，从而加快氧化。

这个过程要求氧通过反应产物表面扩散进入材料和 CO 气体扩散出材料。通过莫来石中的玻璃相和裂纹，这两个过程极易进行，并且氧化速度大约比纯 SiC 快一个数量级。最终反应产物含有莫来石，其中的 Al_2O_3 或 SiO_2 何者占优取决于复合材料中 SiC 的原始质量分数。

SiC/ 氧化物复合材料的氧化速度并非在任何情况下都以这种方式被加快。例如，在 SiC 需增强的 Al_2O_3-ZeO_2 复合材料中，在 1000 ～ 1200 ℃时，SiO_2 层是结晶的且该层为一有效的扩散阻挡层。

假设抗氧性较差的非氧化物为增强相，同时其存在方式应为孤立的颗粒或纤维形式；并且假如氧化物是在该增强相氧化时所形成的，并与基体氧化物不会产生不良的影响，那么该复合材料的抗氧化性是十分让人满意的。并且该情况下，一旦形成了自由表面上的化合物氧化，其速度就会逐渐变慢。此外，界面氧化作用在复合材料的组元之间也是十分重要的，很多复合材料为了改善界面的强度都会使用到氧化功能。

五、硅酸盐水泥的腐蚀

（一）硅酸盐水泥腐蚀的类型

硅酸盐水泥在硬化之后的使用中，去耐久性都会表现得比较好。对耐久性产生影响的因素有很多，但对于衡量硅酸盐水泥耐久性方面，最离不开的就是抗冻性、抗渗性和对环境介质的抗蚀性。而区分硅酸盐水泥材料的腐蚀一般有两种方法，即按腐蚀形态分类和按介质分类。其中，前者可以分为分解型腐蚀、溶出型腐蚀和结晶型腐蚀；后者可分为土壤腐蚀、海水腐蚀和硫酸盐腐蚀等。而且在实际工程中，仅有少数属于单一型腐蚀，大部分仍然是多种类型的复合腐蚀。

（二）环境介质的侵蚀

对水泥及混凝土会出现侵蚀的环境介质主要是酸、淡水、碱溶液、酸性水与硫酸盐溶液等。能够对侵蚀过程造成严重影响的，基本为水泥的品种结合熟料矿物，硬化浆体或是混凝土的密实度，以及侵蚀介质的温度、流速和压力等多种因素，同时这些又与多种侵蚀作用共同存在和相互影响。所以，应当综合分析这些侵蚀的具体情况，从而制定出与实际相切合的防止措施。

在硅酸盐水泥浆体的水化处于良好状态下时，高 pH 值的孔液与包含钙水化难溶的产物通常是在平衡状态之下的。因此当接触到酸性环境时，硅酸盐水泥浆体必将处于化学不平衡状态。在 pH 值较低的环境中，孔液碱度必然下降，使胶凝性水化产物趋于不稳定，所以绝大部分的工业废水以及天然水均具有一定的侵蚀性。其侵蚀速度决定于侵蚀介质的 pH 值以及水泥浆体或混凝土的抗渗能力。渗透系数很小时，同时侵蚀介质的 pH 值在 6 以上，侵蚀速度极低，侵蚀作用很弱。可是，含有游离 CO_2 的软水、地下水与含有 SO_4^{2-} 和 Cl^- 的海水，以及氢离子含量高的某些工业废水，可对水泥及混凝土产生非常严重的侵蚀作用。

（三）分解型腐蚀

分解型腐蚀主要是指硬化水泥石中的离子与腐蚀性介质中的离子产生交换作用后所产生的可溶性铝盐、钙盐和硅酸凝胶等介质，破坏了硬化水泥石中的液相碱度平衡，导致硬化水泥石的结构被溶解。其主要体现在水化铝酸盐和水化硅酸盐的水解、固相石灰溶解等方面。

1. 镁盐侵蚀

硬化水泥石中的 Ca^{2+} 与工业废水、海水、地下水中所含有的 Mg^{2+} 起交换作用，主要原因是这些水源中含有镁盐，如碳酸氢镁、硫酸镁和氯化镁等，两种介质混合后会生成能够分解水泥石的可溶性钙盐和氢氧化镁。例如，硫酸镁会有以下反应。

$$MgSO_4 + Ca(OH)_2 \rightarrow 2CaSO_4 \cdot H_2O + Mg(OH)_2$$

生成的氢氧化镁由于其极小的溶解度，因此可十分容易地从溶液中沉析出来，这也是导致其反应不断向右进行的主要原因。镁盐对硬化水泥石的腐蚀结果主要是由镁盐的作用时间长短和溶解度决定的，通常氢氧化镁饱和溶液的 pH 值只有 10.5。当镁盐浓度较大时，为了建立能够保证水化硅酸钙稳定存在的 pH 值，水化硅酸钙不得不放出石灰，这时硫酸镁会与石灰中的氧化钙相互作用，从实质上来看，这一化学反应就是硫酸镁使水化硅酸钙分解；当镁盐浓度较低时，由于氢氧化钙反应容量较小，相互作用所产生的氢氧化镁则具有保护硬化水泥石的功能。需要注意的是，这一现象只能出现在硬化水泥石表面上进行。

在长期接触的条件下，镁离子会逐渐对未分解的水化硅酸钙凝胶中的钙离子进行置换，从而形成能够加速镁盐对硬化水泥石的腐蚀。除此之外，由硫酸镁反应生成的二水石膏，则会引起对硬化水泥石危害更加强烈的硫酸镁侵蚀。

2. 形成不溶性钙盐

不溶性钙盐主要是由硬化水泥石与腐蚀性介质中含有某些阴离子相互作用产生的。当两种介质反映生成的不溶性产物既不易被车辆磨损、渗漏滤出或是被介质冲刷而带走，又不会产生膨胀时，这种不溶性产物不仅不会引起腐蚀破坏，还能提高硬化水泥石的密实度。

不溶又不膨胀的钙盐主要包括酒石酸、磷酸、氢氯酸、草酸等与硬化水泥石中的氢氧化钙反应所形成的不溶性产物。其中，将草酸应用于混凝土表面的处理时，能够增强它对其他弱有机酸的抗蚀性。

3. 形成可溶性钙盐

在工业生产中，可溶性钙盐是最常见的一种腐蚀介质，主要是由硬化水泥石中的钙离子与某些 pH<7 的酸性溶液相互交换产生的。其腐蚀过程主要包括三部分：首先，硬化水泥石中的 OH^- 与溶液中的 H^+ 相互作用，其产物为水，从而分解硬化水泥石中的氢氧化钙；其次，溶液中的酸与硬化水泥石中的 Ca^{2+} 进行反应生成新的可溶性钙盐；最后，硅酸盐和铝钙的水化物与酸性溶液进行反应。腐蚀溶液的更新速度随着反应产物可溶性的增高而加快。

工业上常见的酸性腐蚀介质主要包括软饮料中含有的碳酸；食品厂含乳酸、蚁酸、醋酸的废水；化工厂含硝酸、硫酸和盐酸的废水等。需要注意的是，天然水中也含有浓度较高的二氧化碳。这些酸性溶液通过阳离子的交换反应，与硬化水泥石生成碳酸氢钙、醋酸钙和氯化钙等可溶性的钙盐，并被水带走。在一定程度上，反应物的结构和可溶性决定着硬化水泥石分解型腐蚀的速度。

在化肥生产过程中，有许多能够使硬化水泥石中的氢氧化钙转化为高度可溶性的产物的溶液或废水，如含有硫酸铵、碳铵、硝铵、氯化铵等介质的溶液。其反应公式如下所示。

$$2NH_4Cl + Ca(OH)_2 \rightarrow CaCl_2 + 2NH_3 \cdot H_2O$$

当硬化水泥石遇到含有碳酸的水时，首先会和氢氧化钙进行反应，生成不溶于水的碳酸钙，然后生成的碳酸钙会继续与水中的碳酸进行反应，生成碳酸氢钙，从而使氢氧化钙不断溶失。

天然水由于其本身含有的少量碳酸氢钙，其具有一定的暂时硬度。当水中含有的碳酸超过平衡碳酸量时，其剩余部分的碳酸才会与碳酸钙反应，从而生成新的碳酸氢钙，即侵蚀性碳酸；当生成的碳酸氢钙达到一定浓度时，会与剩留下来的碳酸建立化学平衡，这部分碳酸不会溶解碳酸钙，称为平衡碳酸；当剩余碳酸用于补充平衡碳酸量时，则会与碳酸氢钙形成一种平衡的状态。由此可知，水中的碳酸主要可以分成三种，即"侵蚀的""平衡的""结合的"。对硬化水泥石有害的侵蚀性碳酸，其侵蚀会随着含量的增加而变强。

当水中所含有的碳酸大部分作为平衡碳酸存在时，水的暂时硬度会随着平衡碳酸量的多少发生变化。反之，硬度不高的水或淡水由于其二氧化碳含量较少，当其含量大于平衡碳酸量时就会产生侵蚀作用。除此之外，暂时硬度大的水中所含的碳酸氢钙，还可以与浆体中的氢氧化钙反应，生成碳酸钙，堵塞表面的毛细孔，提高致密度，公式如下。

$$Ca(HCO_3)_2 + Ca(OH)_2 \rightarrow 2CaCO_3 + 2H_2O$$

少量钠离子、钾离子等离子的存在，会影响碳酸平衡向着碳酸氢钙的方向移动，从而加剧其侵蚀作用。以工业和民用建筑为例，游离碳酸腐蚀比较缓慢，比其他酸性溶液的腐蚀要轻微得多。由此可知，碳酸对硬化水泥石的腐蚀不仅与离子转移能力有关，还与水中 pH 值的大小有关。

（四）膨胀性腐蚀

1. 硫酸盐侵蚀

一般情况下，除了硫酸钡之外，绝大部分硫酸盐对硬化水泥石都有显著的腐蚀作用。首先，硬化水泥石中的氢氧化钙与硫酸盐中的 SO_4^{2-} 相互作用生成石膏；其次，与硬化水泥石中的水化铝酸钙与石膏相互作用生成硫铝酸钙，又可以将其称为钙矾石，由于这种物质中含有 31 个结晶水，从而导致其体积增大 2.5 倍，迫使硬化水泥石开裂。当溶液中的 SO_4^{2-} 离子较少时，则会形成硫铝酸钙型腐蚀。需要注意的是若溶液中含有 Cl^-，则会提高硫铝酸钙的溶解度，有利于阻碍固相中硫铝酸钙的生成，使硫铝酸钙的膨胀作用减少；溶液中的 SO_4^{2-} 离子较多时，则会形成石膏型腐蚀。若硬化水泥石的孔隙中能够析出晶态的 $CaSO_4 \cdot 2H_2O$，其体积会膨胀 2 倍。

除此之外，膨胀型腐蚀介质还包括 Na_2CO_3 和 NaOH 溶液。当 Na_2CO_3 水化成 $Na_2CO_3 \cdot 10H_2O$ 时，其体积会膨胀 1.5 倍，造成破坏；当 NaOH 作用于硬化水泥石时，则会碳化生成 Na_2CO_3。

2. 盐类结晶膨胀

虽然有许多不与硬化水泥石的组分产生反应的盐类，但是大部分可以在硬化水泥石孔隙中结晶。盐类对硬化水泥石所造成的破坏、开裂，主要是由于其少量水化到大量水化的转变，引起了体积增加。实际上，盐的干燥和结晶作用对膨胀型腐蚀的影响是十分小的，但是当其在高于相间的转换温度时被干燥，而又在低于转换温度浸湿时，会产生较大的体积膨胀。例如，当挡土墙的一侧所含水分有可能蒸发时，孔隙中盐类的结晶就属于一个物理性的破坏因素。

（五）腐蚀作用的复合及其判别

环境介质的侵蚀作用，虽然可以概括为以上几类，但是在实际工程中，环境介质的影响经常会在很多方面都体现出来，不仅会有化学侵蚀的复合作用，还会有渗透和冻融等物理破坏作用。

如以海水中的钢筋混凝土桩所受到各种作用为例，水中在低潮线以下的部分，一般都是因为有海水的化学侵蚀。不过，海水中尚存有氯化钠和氯化镁等大量氯盐存在，可使硫酸盐产生膨胀作用得到一定程度的缓解。有人认为，这是由于氯离子的影响，增加了石膏与硫铝酸钙在海水中的溶解度，对结晶的成长存在抑制作用；或是因为在氯盐溶液中的膨胀性化合物非常不稳定。同时，氯化镁会和氢氧化钙缓慢地产生如下反应。

$$MgCl_2 + Ca(OH)_2 \rightarrow Mg(OH)_2 + CaCl_2$$

在析出氯铝酸钙结晶并促使其形成的过程中，固相体积开始膨胀，后又会因存在 Sol—而向膨胀性钙矾石转变，导致破坏，还受到碳酸的侵蚀。在强烈碳化的条件下，钙矾石要进一步转化为硅灰石膏，同时产生膨胀。

另外，在寒冷地区，冻融循环的破坏也很严重，因为这些部位的混凝土孔内充水程度一般很高，结冰时就极易产生危害。由上述各种因素所形成的裂缝，又会加剧进行各种侵蚀作用，从而使得钢筋锈蚀最终遭到破坏。

综上所述，实际工程中所遇到的破坏因素往往相当复杂，海水就是一个很好的实例，既有硫酸盐、镁离子等多种化学侵蚀的综合，又有海浪等机械冲击和冻融循环等物理作用。不同海域就常有其各自的特殊性。因此，在处理侵蚀性问题时，一定要进行深入细致的调查研究，综合分析与判断。

第二节　高分子材料的腐蚀

一、高分子材料腐蚀概述

高分子材料是一种由大分子组成的材料，其是通过单体聚合而成的。单体不同，说明其性质与化学组成等都各不相同，因为具有不同类型的单体，所以就会有不同的聚合物性能。在单体相同的情况下，即便是有着完全一样的化学组成，其合成工艺不同，生成聚合物结构或是取代基空间取向、性能等都会有所不同。根据主链的化学组成，高分子材料可分为元素有机大分子、杂链大分子、碳链大分子等。高分子材料中的大分子是由许多小分子通过共价键连接起来的链状、网状、树枝状分子，而根据大分子链的骨架的几何形状可分成网状、线形与支链形等。

高分子材料是由许许多多高分子以不同的方式排列或堆砌而成的聚集体，也可以被称为聚集态，其中最为常见的是非结晶态与结晶态。只有少数高分子材料是由纯聚合物构成的，大多数高分子材料除基础聚合物组分外，还须添加一些辅助组分才能获得具有实用价值和经济价值的材料。如在塑料中常添加增塑剂、稳定剂、润滑剂、增强剂、增韧剂等。而在橡胶中常添加硫化剂、促进剂、防老剂、补强剂、软化剂、填料等；至于涂料则需添加颜料、催干剂、增塑剂、润湿剂、悬浮剂及稳定剂。因此在研究高分子材料耐蚀性时应考虑添加剂的影响。

二、高分子化合物的基本性质

①质轻。高分子材料要轻于金属，如一些塑料泡沫的相对密度甚至可达0.01，即比水轻100倍。由于相对密度小，所以同样耗用1 t材料，可以比金属制得更多的制品。

②高比强度。因为会有几万甚至上百万个原子存在于高分子化合物之中，且每个分子都有超过其直径几万倍的长度，并且分子同分子间相互作用力也会随着接触点的增多而变大；同时，高分子化合物的分子链是卷曲的，互相纠缠在一起，因此，高分子化合物具有高比强度的特性。而低分子化合物几乎没有强度，如糖、盐就是这样（金属具有特殊结构，不是低分子），因为一般低分子化合物的形状近似球形，接触点少，分子间相互作用力小。

有些高分子合成材料的比强度是很高的。工程塑料的比强度比钢铁和其他金属都高。例如，玻璃钢的强度，比合金钢高1.7倍，比铝钢高1.5倍，比钛钢高1倍，但其重量却比金属轻。这种特性，对于要求全面减轻本体重量的车、船、飞机、火箭、导弹、人造卫星等，具有特别重要的意义。

③弹性。由于高分子化合物的分子链卷曲、纠缠在一起，当用力去拉它的时候，还可以尽可能地拉长已经卷曲的分子，但去掉拉力之后，就又会恢复到原来卷曲的形状。

④难结晶。因为高分子化合物分子链卷曲且分子很大，因此很难将其排列成整齐形式，即不容易结晶。虽然也有不少线型高分子化合物具有部分结晶，但它们是在分子链的链节之间有一些可以排列得很整齐的地方，这些地方就形成了结晶状态。如果分子链和分子链之间含有某些基团，如甲基（CH_2）、羟基（OH）、氨基（NH_2）等，它们彼此发生了较强的吸引力，于是就可以固定住该部分的结晶状态了。

三、腐蚀类型和机理

高分子材料按腐蚀机理可分为物理腐蚀、化学腐蚀、大气老化和应力腐蚀等形式，近期的研究结果表明，高分子材料和金属材料一样在一定的环境中还会受到细菌腐蚀。

（一）介质的渗透与扩散

高分子材料的腐蚀过程中，腐蚀过程会被介质的渗透、扩散等支配，同时通过介质的渗透和扩散加速高分子材料的腐蚀进程。

高分子材料中的孔隙主要来自两个方面。一是高分子材料是由大分子经次价键力相互吸引缠绕结合而成的，其聚集态受大分子结构的影响较大，当大分子链节上含有体积较大的侧基、支链时，大分子间的聚集态结构将变得松散，堆砌密度降低，空隙率增大，为介质分子的扩散提供了条件。二是高分子材料一般添加有各类功能性填料，若填料添加不当，则树脂不足以包覆所有填料的表面，就会使得材料孔隙率增加。

环境温度是影响介质在高分子材料内部扩散的重要因素，温度的增加一方面使得大分子及链段的热运动能量增大，体积膨胀，使空隙及自由体积增大；另一方面温度的增加将加剧介质分子的热运动能，提高介质的扩散能力。温度的变化还可能造成材料内部产生热应力，热应力的产生可使得材料内部的孔隙缺陷变大，加速渗透和扩散的进程。另外，高分子材料中的极性基团，可增大其与介质的亲和力，进一步增加渗透和扩散的概率。

（二）溶胀和溶解

对于非晶态高聚物，其分子结构松散，分子间间隙大，分子间的相互作用能力较弱，溶剂分子容易渗入材料的内部。当溶剂与高分子的亲和力较大时，溶剂在高分子材料表面发生溶剂化作用，向大分子间隙渗透。渗入的溶剂进一步使内层的高分子溶剂化，使得链段间作用力减弱，间距增加。被溶剂化的材料进入溶剂中，聚合物的表面发生材料的损失，这种现象称为溶解。但对于大多数高分子材料而言，由于其分子量大，又相互缠结，虽然被溶剂化，仍难以扩散到溶剂中，只能在宏观上引起高分子材料的体积和重量增加，这种现象称为溶胀。

判断高分子材料耐溶剂性的能力通常采用极性相似原则和溶解度相似原则。所谓极性相似原则是指极性大的溶质易溶于极性大的溶剂，而极性小的溶质易溶于极性小的溶剂。如天然橡胶、聚乙烯、聚丙烯等非极性高分子材料，能很好地溶解在汽油、苯、甲苯等非极性溶剂中，对酸、碱、盐、水、醇类等极性溶剂具有较好的耐蚀性能，而溶解度相似原则是以溶剂的溶解度参数，与高分子材料的溶解度参数之间的差值来表示两者的相容性。

（三）水解和降解作用

杂链高分子因含有氧、氮、硅等杂质原子，在碳原子与杂质原子之间构成极性键，如醚键、酯键、酰胺键、硅氧键等，水与这类键发生作用而导致材料发生降解的过程称为高分子材料的水解。由于水解过程将生成小分子的物质，破坏了高分子材料的结构，因此使得高分子材料的性能大大降低。高分子材料水解难易程度与引起水解的活性基团的浓度和材料聚集态有关，活性基团浓度越高，越易发生水解，耐腐蚀的能力也将降低。

降解是指高分子材料在热、光、机械力、化学试剂、微生物等外界因素作用下，发生了分子链的无规则断裂，致使聚合度和相对分子质量下降。含有相近极性基团的腐蚀介质易使该类型的高分子材料发生降解，如有机酸、有机胺、醇和酯等都能使对应的高分子材料发生降解。

（四）氧化反应

聚烯烃类高分子材料，如天然橡胶、聚丁二烯等，在辐射或紫外线等外界因素作用下，能与氧发生作用，使高分子材料发生氧化降解，出现泛黄、变脆、龟裂、表面失去光泽、机械强度下降等现象，最终失去使用价值。产生氧化降解的原因是由于这类高分子在其大分子链上存在着易被氧化的薄弱环节，如叔碳原子、双键、支链等。

（五）应力腐蚀破裂

与金属材料相似，高分子材料在一定的条件下也会产生应力腐蚀破裂。高分子材料的应力腐蚀破裂并不发生材料内能结合键的直接破坏，而是促进开裂物质在缺陷中吸附或溶解，改变了表面能，从而产生开裂。一般认为，拉应力可降低化学反应激活能促进应力腐蚀破裂的发生，同时拉应力可使大分子距离拉开，增加渗透或局部溶解。应力腐蚀作用的结果是在材料的表面产生银纹和裂纹，其形态既可能是网状结构，也可能呈规则排列。

高分子材料出现应力腐蚀的形态与介质的性质有关，按照介质的特性，可以将应力腐蚀案例分为以下几种类型。

①介质是表面活性物质。表面活性物质具有很强的渗透性能，高分子材料与这类介质接触后，介质将通过渗透和溶解的方式进入高分子材料内部，从而使得材料发生溶胀，形成表面裂纹。如高分子材料与醇类和非离子表面活性剂接触时，在材料的表面出现较多的银纹，这些银纹经扩展后汇合形成大裂纹，最终造成材料的应力腐蚀破裂。

②介质是溶剂型物质。高分子材料与这类介质有相近的溶解度参数，所以高分子材料受到较强的溶胀作用。介质进入大分子之间对材料起到增塑作用，使大分子链间易于相对滑动，在较低的应力作用下，高分子材料就发生应力腐蚀破裂。

③介质是强氧化剂。高分子材料中大分子链发生裂解，在材料内部的应力集中部位产生银纹，银纹的出现加速了介质的渗入，继续发生氧化裂解，银纹不断扩大，形成大裂纹。

四、高分子材料的腐蚀防护

高分子材料种类繁多，不同分子结构的材料具有不同的抗腐蚀能力，研究高分子材料的耐腐蚀性同样应考虑环境因素。影响高分子材料的腐蚀环境大致可分为四类：化学环境、热、光照（主要是紫外线）和高能辐射。高分子材料的腐蚀防护方法主要考虑以下因素。

①选择合适的高分子材料。高分子材料抗腐蚀能力主要决定于其分子结构，而不同的介质特性也将产生不同的腐蚀形式。在选择高分子材料时，除考虑材料本身的耐介质腐蚀性外，还需考虑材料内部填料的性能。

②加入抗老化剂。化学腐蚀是高分子材料主要的腐蚀形式，为了提高其耐

腐蚀性可在高分子材料的生产过程中加入热稳定剂、抗氧化剂、光稳定剂、抗臭氧剂以及防霉剂。

a. 热稳定剂的最基本性能是热稳定性（包括静态、动态、初期、长期热稳定性）、耐候性和加工性（要求易塑化、不粘辊、易脱模，润滑性和流动性好）。其他重要性能有相容性、压析性、透明性、电绝缘性、耐硫化、污染性、卫生性等。

b. 抗氧化剂是指用于阻断和延缓氧化过程的添加剂。在橡胶工业中，抗氧化剂等稳定化助剂习惯上称为防老剂。

c. 光稳定剂就是用于提高高分子材料的光稳定性的助剂。由于大多数使用的光稳定剂，特别是早期产品都能吸收紫外线，所以习惯上也将光稳定剂称为紫外线吸收剂。

d. 抗臭氧剂一般分为物理抗臭氧剂和化学抗臭氧剂两类。物理抗臭氧剂主要是通过物理效应将聚合物与臭氧的接触面隔离开来，从而阻止臭氧对聚合物的侵袭。化学抗臭氧剂实质上也是一种抗氧化剂，它主要是对臭氧比较敏感，起捕获臭氧的作用，能够迅速地与臭氧起化学反应，转移和延缓臭氧对聚合物的破坏作用，而且其反应产物能在聚合物表面形成一层保护膜，阻碍臭氧继续向内层渗透。

e. 防霉剂是一种能杀死或抑制霉苗的生长和繁殖的添加剂。高分子材料及其制品大量使用在湿热带地区或各种各样的特殊环境下，为了防止微生物的侵害，必须采用一定的防护方法。

③合理的操作工艺。材料的耐蚀性高低取决于工作环境，环境因素发生变化将影响到材料的耐腐蚀能力。因此，在实际使用过程中应保持环境的稳定，将环境的变化控制在设计范围内。如对于不耐有机溶剂的材料，使用过程中应避免与有机溶剂接触；对不耐高温的材料，会避免环境温度的升高。

第三节　复合材料的腐蚀

一、铝基复合材料

铝基复合材料综合性能比较优异，具有强度高、质量轻的优点，决定了它可以广泛地应用在飞机上，铝基复合材料主要包含以下两种。

（一）颗粒（晶须）增强铝基复合材料

颗粒(晶须)增强铝基复合材料的制备方法可以用液态法，也可以用固态法。

用液态法制 SiC、Al_2O_3、SiO_2 颗粒（晶须）增强铝基复合材料，共喷沉积法制 SiC、Al_2O_3、B_4C、TiC 颗粒（晶须）用于增强铝基复合材料。因为铝的熔点低，因此使用液态法的频率比较高，用固态法制备颗粒（晶须）增强铝基复合材料的有粉末冶金法制备 SiC 颗粒和晶须增强铝基复合材料。

SiC 颗粒（晶须）增强铝基复合材料具有良好的力学性能和耐磨性能。伴随技术的不断优化，SiC 的含量不断增加，热膨胀系数逐渐降低，并低于基体，复合材料的韧性低于基体，高于连续纤维增强铝基复合材料，满足这两个条件，刚度就比基体提高很多。

颗粒（晶须）增强铝基复合材料的性能优异，因此可以使用常规方法制造预加工，增强用的颗粒价格比较低廉，经济性好，尤其是有一些晶须的原料比较便宜，生产方法也比较简单，可以有效地节省成本，因此这些复合材料在国内具有很强的应用前景，目前比较常见的有 SiC、Al_2O_3 颗粒（晶须）增强铝基复合材料。

（二）纤维增强铝基复合材料

纤维增强铝基复合材料主要是指以下两种复合材料：长纤维增强铝基复合材料与短纤维增强铝基复合材料。一般情况下，短纤维增强铝基复合材料的力学性是比不过长纤维增强铝基复合材料的，但是优势在于价格便宜。纤维增强铝基复合材料可以使用液态法也可以使用固态法进行制备。

1. 长纤维增强铝基复合材料

（1）B_f/Al 复合材料

硼纤维增强塑料铝基复合材料是长纤维复合材料中最早研究成功的，也是最早应用的金属基复合材料，因为硼纤维是在钨或碳丝化学气相沉积形成的单丝，直径比较粗。

（2）C_f/Al 复合材料

这种材料是目前金属复合材料增强物的高性能纤维中价格最便宜的，由于优质的性价比成功地引起了人们的注意，将这种复合材料与多种金属基体进行复合，形成高性能的金属基复合材料，应用频率最高的是铝基体。

碳纤维与液态铝的浸润性不强，高温下它们之间会形成化学反应，严重地影响到复合材料性能的结构，因此人们必须采取一定的措施来解决这个问题，如在碳纤维表面镀层等措施。

碳纤维增强铝合金的制造方法主要有 3 种。①扩散结合。这种方法可以得到质量比较轻的碳纤维增强铝合金复合材料。②挤压铸造法。周期短，能制造纤维增强金属的机械零件，生产效率很高。③液态金属浸渍法。该法如工艺温度过高，熔化的基体铝合金也会损伤碳纤维，从而降低材料的性能。

在目前所采用的制造方法中，基本上都是制造工艺复杂，成本昂贵，因此纤维增强金属基复合材料的应用范围有限，相关的工艺与方法还在不断改进之中。压力铸造从某一方面来讲，是一种最具发展前景的工艺方法。

（3）SiC_f/Al 复合材料

碳化硅纤维不仅具有很强的力学性，还可以适应高温的环境，有很好的抗氧化性能，在与硼纤维、碳纤维的对比中，也占据了一定的优势，在高温下与铝的相溶性比较好，因此碳化硅纤维就成了铝、铝合金的增强物。

目前碳化硅纤维分有芯和无芯两种。有芯碳化硅纤维的直径比较粗，纤维上残留的游离碳少、含氧量低，不易与铝发生反应，经常用于工艺上制造复合材料，是铝基复合材料比较好的一种增强物。

无芯碳化硅纤维，一束多丝，单丝直径细，纤维中会有很多游离碳与氧，与化学气相相沉得到的碳化硅纤维丝相比，更容易与铝发生反应，产生有害物质，因此很难制作复合材料直径比较粗的单丝。

2. 短纤维增强铝基复合材料

短纤维增强铝基复合材料具有价格低、成形性好等优点，是可以使用传统的金属成形工艺的，材料的性能各向同性，可以用作铝基复合材料增强物的短纤维有氧化铝、碳化硅等。

氧化铝和硅酸短纤维增强铝基复合材料的室温拉伸强度与基体合金相比并不高，但是优点在于高温强度比基体要好。弹性模量在室温与高温中都有很大的提升，耐磨性得到了很好的改善。

（三）铝基复合材料的应用

纤维增强铝基复合材料具有很多优点，如很高的比强度和比模量，较好的尺寸稳定性等，但其价格较高，主要应用于航天领域。

实际上，硼纤维增强铝基复合材料是应用最早的金属基复合材料。例如，美国航天飞机中机身框架、起落架和支柱等都是用硼纤维增强铝基复合材料制成的。

硼 - 铝复合材料具有很好的导热性，其热膨胀系数和半导体芯片十分接近，能够减少接头处的疲劳，多用作多层半导体芯片支座的散热材料。

碳（石墨）纤维增强铝基复合材料的特点主要包括：密度低、较高的比强度、较高的比刚度、较好的导电性、较好的导热性、较好的尺寸稳定性等。碳（石墨）纤维增强铝基复合材料主要用作卫星抛物面天线骨架，因其具有很好的导热性，热膨胀系数较小，能够在较大温度范围内保持尺寸稳定。因碳（石墨）纤维增强铝基复合材料具有很高的刚度，导电性良好，较小的热膨胀系数，质量轻，还被制成卫星上的波导管。碳（石墨）纤维增强铝基复合材料用在飞机上，能够有效减轻飞机的质量。例如，用在 F-15 战斗机上，可以减轻战斗机质量的 20% ～ 30%。

碳化硅－铝复合材料主要应用在发动机、飞机和导弹等方面。例如，喷气式战斗机的平衡器、尾翼梁、导弹弹体、垂直尾翼等。

（四）金属基复合材料的防腐蚀涂层和镀层

铝基复合材料可以用不同类型的涂、镀层提高其耐蚀性能，但对铜基和镁基复合材料的涂层保护还很少有研究。各种有机涂层都能有效地提高碳／铝复合材料的耐蚀性，在使用过程中，要经常对涂层进行检验。

硫酸阳极氧化处理对提高碳／铝复合材料在海水中的耐蚀性非常有效。处理方法是，材料表面先用弱的碱洗液清洗，再经 50%HNO_3 酸洗，水洗后，在硫酸溶液中进行 30 ～ 60 min 的阳极氧化处理，氧化膜厚度为 13 ～ 25 mm，最后在热的重铬酸盐溶液中浸 15 min 做封闭处理，在海水中，经阳极氧化处理的碳／铝复合材料经过 6 个月无严重腐蚀，而未处理材料 30 天左右就会发生严重孔蚀和晶间腐蚀。随时间延长，阳极氧化层在海水中减薄，其耐蚀寿命一般在 2 ～ 3 年。

铬酸盐和磷酸盐转化层也能提高碳／铝复合材料的耐蚀性，但效果不如硫酸阳极氧化处理，在海水中几个月后可能发生孔蚀或起泡。

用化学气相沉积、物理气相沉积、电镀或化学镀法在材料表面镀一层贵金属层，如镍和钛，可构成防蚀障碍层，但一旦镀层产生缺陷，镀层下方的铝发生阳极溶解，周围的贵金属镀层形成阴极，腐蚀反而会加速。实验表明，假如不能避免镀层中的微裂纹或孔隙，经化学镀镍的碳／铝复合材料在海水中的腐蚀速度比未镀镍的材料还要快。因此，铝基复合材料一般不宜采用贵金属做防护层。

综上所述，对各类铝基复合材料，在海洋环境中推荐采用阳极氧化处理或有机涂层方法保护，二者联合应用效果更佳。对碳化硅／铝复合材料，在海洋环境中也可采用热喷涂铝层的防护，喷涂层最佳厚度为 0.13 ～ 0.20 mm，同样可以联合应用有机外涂层。

对于要求长期使用的复合材料构件，必须采用有效的涂层保护，从而在构件设计时就应考虑涂覆和涂层维护问题。为了涂覆方便，简单的结构设计最可取。构造越复杂，获得均匀、附着性良好的涂层就越困难。尖锐棱边、角、重叠、铆接及紧固件处因不易涂覆，应尽量避免。凹坑处容易积水，腐蚀较快，也应在设计时注意。

二、钛基复合材料

由于钛和钛合金具有非常好的耐高温和耐腐蚀性能，再加上其密度比较低，所以在制作高性能结构件时，必不可少的材料就是钛和钛合金，可以说，钛和钛合金的应用前景是非常广阔的。

近20年来，又出现了比钛和钛合金性能更加优异的材料——钛基复合材料。它的比强度、比模量以及耐疲劳、抗蠕变性能、耐高温性能、耐蚀性能都要比钛合金更高、更强，并且它完全不具备钛合金的耐磨性和弹性模量低等缺点。此外，不管是多么复杂的零部件，都可以通过钛基复合材料做出来，这样不仅减少了废料的产生，还有效降低了加工的损耗。同时，对于一些需要接触高温、高压、酸、碱、盐等的结构材料，也可以使用钛基复合材料来制作，大大降低了成本，因此，它作为一种新材料给人们带来了非常多的希望。

最近几年，人们深入研究了钛基复合材料的制备和成形工艺以及它的组织与性能。同时，还有一部分产品已经在航空、航天、电子及运输等高新技术领域得到了广泛应用，并取得了非常良好的应用效果。

钛基复合材料主要分为两大类，即颗粒增强钛基复合材料和连续纤维增强钛基复合材料。

（一）颗粒增强钛基复合材料

与 SiC 纤维增强 TMCs 相比，加工和制造颗粒增强 TMCs 就更加节约资本，并且操作起来也较为简便。如真空电弧炉熔炼、精密铸造、粉末冶金、锻造、挤压、轧制等一些较为常规的工艺就完全可以满足对颗粒增强 TMCs 的加工和制造的需求。

在颗粒增强 TMCs 的起步阶段，发展的主要目标就是应用在一些高温行业，因此发展了 TiAl 基、Ti_2Al 基、Ti_6Al_4V 基等一系列用 TiB_2 或 TiB 颗粒增强的 TMCs。这些颗粒增强型 TMCs 所采用的工艺大多都是精密铸造或粉末冶金，同时搭配使用原位反应技术，在高温凝固和固结过程中，在基体中原位生成分散的、热稳定的增强颗粒 TiB、TiC、TiAl 等。在使用粉末冶金工艺制造颗粒增强 TMCs 时，如有需要，可以适当使用一些特殊工艺，如真空高温活化烧结、真空热压和热等静压等。有人就很成功地同时使用冷和热等静压工艺以及锻、挤、轧等常规加工工艺制造出了一系列用 TiC 和 TiB 颗粒增强的 TMCs。

颗粒增强 TMCs 与 SiC 纤维增强 TMCs 正好相反，它是各向同性的。如果将颗粒增强剂加入钛和钛合金基体，则能够有效改善这种 TMCs 硬度、刚度以及耐磨性能，降低它的塑性、断裂韧性和耐疲劳性能，室温下的抗拉强度与基体的抗拉强度相似，甚至比基体的抗拉强度差，但是高温下的抗拉强度要比基体的抗拉强度更好一些。

（二）连续纤维增强钛基复合材料

只有在增强纤维与基体之间的热膨胀系数之差比较小的前提下，才能进行连续纤维增强钛基复合材料的制备，只有有效减少热膨胀系数不匹配的情况出现，降低应力产生的概率，才能减少微裂纹的出现，除了热膨胀系数之差要小以外，还应同时确保相对于热膨胀系数保持稳定。

如果颗粒强度 TMCs 应用于高温环境当中，那么增强纤维就必须具备非常好的高温性能，哪怕温度超过了 1000 ℃，它的弹性模量和拉伸强度也必须非常高。由于要尽量避免增强纤维与钛发生反应，所以常使用 SiC、TiC 或 SiC 包覆硼纤维，除此之外，还需要用耐高温的金属纤维。

连续纤维增强 TMCs 的复合非常困难。除了使用固相法合成以外，没有其他的合成方法，合成之后，就需要对其进行压实成形，主要用到的方法是热等静压（HIP）、真空热压（VHP）锻造等。在压实成形的所有方法中，交替叠轧法这种复合方法是最简单的，只是纤维的分布不是很均匀，所以在经过高温高压成形热处理之后，极易出现疲劳显微裂纹。还有几种方法，这些方法都是先将一层均匀的基体粉末涂覆在单根纤维上，然后将涂钛层的纤维分布均匀，无纤维聚集的纤维体积含量可达 80%。

近年来的研究表明，如果不使用热等静压或真空热压的方法，而是用锻造来代替，那么生产出来的颗粒强度 TMCs 的室温力学性能和采用热等静压法生产出来的 TMCs 的室温力学性能是一样的，并且采用锻造的方式还能有效降低成本。

钛具有很强的化学活性，在制备过程中，非常容易与基体反应，这在一定程度上降低了材料性能。因此，控制界面反应是提高力学性能的关键。例如，通过真空热压的方法生产出的 TMCs，其纤维表面总是会留有厚度为 2 ~ 5 μm

的脆性层。连续纤维增强 TMCs 的各向异性非常强，其横向拉伸强度仅只是纵向拉伸强度的 30% ～ 45%，并且纵向拉伸性能远高于基体。

在实际使用中，SiC 纤维增强 TMCs 的使用温度只能达到 600 ～ 800 ℃，其中，SiC 纤维对它的高温承荷能力起着决定性的作用。通常情况下，除了 SiC 纤维增强 TMCs 的横向性能会远低于基体材料之外，其他的诸如弹性模量、拉伸、蠕变强度等都会在很大程度上得到改善，之所以只有横向性能比较低，主要是因为横向载荷主要由基材及其之间的界面承担。

含 35%SiC 纤维的 TMCs，其横向拉伸和蠕变强度只有单质基体材料的 1/3 ～ 1/2。如果想要有效防止出现疲劳裂纹，那么就可以将弱界面进行连接；如果想要提高横向强度，那么利用牢固的界面效果会更好。所以，为了让横向强度和疲劳裂纹扩展抗力的匹配产生最佳效果，就必须对界面的连接模式进行优化，适当地结合纤维与基体之间的界面，这对保持材料的较高断裂韧性也是非常有利的。

（三）钛基复合材料的应用

SiC 纤维增强 TMCs 最初的研发目标是让其在超高速航天器和先进航空发动机上做出一些贡献。在用它制造波纹芯体时，制作出来的成果能够呈现出蜂窝结构，这就使得这种波纹芯体即使在温度非常高的情况下，它的承载能力、刚度也依然非常高，再加上它的密度非常低，使其在航天飞机发动机的制造领域非常受欢迎。然后，由于它的制造工艺非常复杂，也不易于成形，再加上制造它的原材料成本非常高，所以要想全面推广和应用就变得极为困难。

近年来，人们正逐渐在民用领域使用颗粒增强 TMCs，这也成了一个非常重要的趋势。其中，应用前景比较好的就是将钛基复合材料应用在汽车工业上。此外，为了最大程度地降低颗粒增强 TMCs 的成本，日本发展了一系列用 TiC 和 TiB 颗粒增强的 β 钛合金复合材料，其成本可与普通钢抗衡，而耐磨性也很高，可望在汽车和许多民用工程上应用推广。

三、镁基复合材料

镁基复合材料属于密度较小的金属基复合材料。一般情况下，镁、镁合金和镁基复合材料的密度都小于 1.8×10^3 kg/m³，约为铝基复合材料的 66%。镁基复合材料具有较高的比强度、比刚度，以及良好的力学、物理性能。在高新技术领域，其应用潜力比铝基复合材料大。

（一）镁基复合材料常用的基体合金

由于纯镁的性能较低，不适用于镁基复合材料的基体合金，需要添加一些合金元素以合金化，可添加的合金元素主要包括 Zn、Al、Mn、Ag、Li、Ni、Zr、Th 等。这些合金元素在镁合金中具有沉淀强化、固溶强化等作用。

（二）镁基材料的制备方法

1. 挤压铸造法

挤压铸造的工艺为先制备预制块，再压力浸渗，即将镁合金液在压力下渗入预制块中，凝固成复合材料。制备预制块的过程如下。首先将增强体分散均匀，方法多为湿法抽滤，然后压模成形，经过烧结或烘干处理后，让增强体具有一定的耐压强度。在绝大多数晶须或短纤维增强体的预制块中，都需要添加黏结剂，承受预制块压制过程中的较大应力，避免开裂。在压力浸渗前，模具和预制块需要预热至约 500 ℃。镁合金液在浇铸前也需要预热到约 800 ℃。当基体合金浇铸到模具中的预制块上时，需要施加一定的压力，并保持一定时间，让合金液充分浸渗到预制块中。

2. 搅拌铸造法

根据铸造时金属的不同形态，可以将搅拌铸造法分为全液态搅拌铸造、半固态搅拌铸造以及搅熔铸造。

全液态搅拌铸造，即在液态金属中加入增强体搅拌一段时间后冷却；半固态搅拌铸造，即在半固态金属熔体中加入增强体搅拌一段时间后冷却；搅熔铸造，即在半固态金属熔体中加入增强体搅拌一段时间后，升温到基体合金液相线温度以上，并搅拌一段时间后冷却。

3. 粉末冶金法

粉末冶金法的过程是把镁合金制粉，然后将镁合金粉与增强体进行均匀混合，放入模具中压制成形，最后热压烧结，让增强体和基体合金成为一体。

4. 喷射沉积法

所谓喷射沉积法，是指将镁合金液和高压非活泼性气体共同经过喷嘴射出雾化，同时将增强体喷入雾化的镁合金液中，沉积到底板上迅速凝固，还可以经压力加工，制成块状复合材料。

（三）镁基复合材料的组织特征和性能

通常情况下，增强体与基体镁合金之间的热膨胀系数差异较大。如果增强体与基体之间的热膨胀系数不相配，在制造的冷却过程中，会在界面和界面附近产生残余应力，引起基体的塑性应变，产生高密度位错。高密度位错引起位错强化，进而提高材料的刚度和拉伸强度，这也是高阻尼性能的基础。另外，增强体的引入还有细化晶粒的作用。在加入增强体后，镁基合金会得到强化，性能得到改善，弹性模量、硬度提高，但延伸率降低。

（四）镁基复合材料的应用

由于镁基复合材料密度小，比刚度与比强度高，具有较好的尺寸稳定性和铸造性能，是高新技术领域中应用前景较好的复合材料，其综合性远远高于传统金属基复合材料。另外，镁基复合材料还具有很好的电磁屏蔽、阻尼减振等性能，能够应用汽车制造业和通信电子产业，如作为汽车中的支架、活塞环、减震轴、变速箱等，作为手机、便携式计算机的外壳等。SiC 晶须增强镁基复合材料还可用于制造齿轮。由于 SiC 和 Al_2O_3 颗粒增强镁基复合材料具有很好的耐磨性，能够用于制造泵壳体、止推板以及安全阀等部件。

四、镍基复合材料

（一）镍基复合材料常用基体和增强体

金属基复合材料最具应用前景的用途之一就是作为燃气涡轮发动机的叶片。由于燃气涡轮发动机零件对温度的要求较高，需要采用耐热性较好的材料，如镍基复合材料。由于零件的制造和使用温度较高，制造复合材料的难度、基体和纤维之间反应的可能性都可能会增加。同时，燃气涡轮发动机零件还要求具有较高的强度和稳定性，符合这些要求的材料有碳化物、有氧化物和硼化物等。

镍基复合材料的基体主要包括纯镍、镍铝合金和镍铬合金等。由于 Ni-Al 合金的屈服强度具有反常的温度关系，会在 600 ℃左右达到峰值，其密度低于传统镍基高温合金，而且具有很好的抗氧化性能，经常被作为镍基复合材料的基体。而增强体主要有 Al_2O_3 和 SiC 颗粒、晶须、纤维、TiC 和 TiB_2 颗粒及 W 丝等。

（二）镍基复合材料的制备方法

在复合材料中，一个合适的增强材料不仅需要具有很好的耐热性，其热膨胀系数也应该与基体相配，而且需要与基体润湿及化学相容。金属基体与增强材料化学相容包括基体与增强材料不发生化学反应及增强材料不溶于基体中。

复合材料界面性质会对复合材料的性能产生很大影响，如果界面反应过量，则会影响复合材料的性能，如断裂、屈服、裂纹扩展、疲劳强度等，尤其是界面反应会降低增强纤维的强度。

为了提高增强体和镍基体的润湿性，防止界面发生反应损伤，增强晶须或纤维，应该对增强物进行金属涂层。涂层提供了过渡层，能够缓解因增强物和基体的热膨胀系数不同而产生的应力。对于晶须，涂层必须很薄，以便涂层在复合材料中不占太大体积比。例如，Al_2O_3 纤维、晶须在于镍及其合金制备时会发生一定的反应，可将钨作为其表面涂层。

镍的熔点很高，约为 1453 ℃。镍基复合材料的制备主要采用固态法，较少采用液态法，主要包括热压法、扩散结合、热挤压法、粉末冶金法、热等静压法等。颗粒增强镍基复合材料大都可用以上方法，而纤维尤其是长纤维不能用粉末冶金法，但可用热压法。例如，Al_2O_3 颗粒、纤维增强镍基复合材料就能用粉末冶金法、扩散结合制备；SiC 颗粒、纤维增强 Ni_3Al 是用热压和扩散结合来制备的；TiB_2 颗粒增强 NiAl 或 Ni_3Al 可用热压和热挤压法；B_4C/B 纤维增强可用热压法。

制造镍基复合氧化铝纤维复合材料的主要方法是扩散结合，即将纤维夹在金属板之间进行加热。该法成功地制造了 Al_2O_3/Ni_3Al 和 $Al_2O_3/NiCr$ 复合材料，其工艺过程是先在纤维上涂一层 Y_2O_3（约 1 μm 厚），随后再涂一层钨（约 0.5 μm 厚），然后再电镀镍层。这层镍可以防止在复合材料叠层和加压过程中纤维与纤维的接触和最大程度地减少对涂层可能造成的损伤。经过这种电镀的纤维放在镍铬合金薄板之间进行加压，加压在真空中进行，典型条件是温度为 1200 ℃，压力为 41.4 MPa。

（三）镍基复合材料的性能

由于 Ni_3Al 与 Al_2O_3 的反应程度较好，可以用 Al_2O_3 纤维来增强 Ni_3Al，所形成的复合材料其屈服强度和基体相当或有所提高，延伸率比基体小。例如，用 B 微合金化的 Ni_3Al 的屈服强度为 314 MPa，延伸率为 21.9%，而用热压法加 5%（体积）Al_2O_3 纤维后复合材料的屈服强度增加为 396 MPa，延伸率则下降为 4.6%。用 25%（体积）Al_2O_3 颗粒增强 Ni_3Al 基体复合材料 600 ℃以上则屈服强度大大提高。若考虑密度下降因素，则此复合材料 800 ℃比屈服强度基体提高 40% 以上。

目前对 Ni_3Al 基体合金强化效果最好的增强剂是 TiC 颗粒。富克斯（Fuchs）采用真空热压、热等静压再热挤压的工艺生产了 25%（体积）TiC 颗粒增强的 Ni_3Al 基复合材料。这种复合材料在所有测试温度下，其弹性模量、屈服强度都高于基体，而且屈服强度具有反常温度关系，但复合材料的延伸率下降，其塑性降低。阿尔曼（Alman）用热压法合成了 TiB_2 颗粒增强的 NiAl 基复合材料，其强度大幅度提高，甚至超过了复合材料混合定律计算的强度上限值，高温强度也有很大幅度的提高，TiB_2 颗粒让基体晶粒尺寸大幅度下降。此外，TiB_2 颗粒加进 NiAl 合金中，会使其刚度大幅度提高。

（四）镍基复合材料的应用前景

目前制造镍基复合材料的工艺还处于初期发展阶段，虽然有许多制造金属基复合材料的方法都应用于制造镍基复合材料，但是这种材料对工艺温度的要求较高。因此，可以在低温金属基复合材料制造工艺的基础上创造新的加工方法，改进工艺条件，将复合材料界面、性能与微观组织联系起来。

第六章　材料的耐蚀性能

材料的耐腐蚀性对材料的质量具有重要的影响，提升材料的耐蚀性能，就是提升材料的整体质量。本章从金属材料的耐蚀性能与耐蚀性能提升、典型的金属耐蚀材料、典型的非金属耐蚀材料三个方面进行论述，主要内容有纯金属的耐蚀性、铁基合金、不锈钢等。

第一节　金属材料的耐蚀性能与耐蚀性能提升

一、纯金属的耐蚀性

到目前为止，金属材料仍然是各类工程和结构中使用的主要材料，因而也是被腐蚀的主要对象。为了适应广泛和日益提高的应用需求，人们已经发展了多种类型的合金体系，显示了丰富多彩的性能。

虽然工程中使用的金属材料多是合金，但出于耐蚀的目的，纯金属的用量也在不断地增多，同时，各种合金也是以纯金属为组元形成的，因此，有必要了解纯金属的耐蚀性。

（一）纯金属的热力学稳定性

各种金属在电解质中的热力学稳定性，可根据金属标准电极电位来近似地判断标准电极。电位越负，则热力学上越不稳定；而标准电极电位越正，热力学上越稳定。在电解质环境中，腐蚀发生的可能性取决于金属的电极电位和氧化剂的电极电位，即取决于腐蚀电池的电动势。

根据 pH=7（中性溶液）和 pH=0（酸性溶液）的氢电极（-0.414 V；0.00 V）和氧电极（+0.815 V；+1.23 V）的平衡电位值，可分为 5 个具有不同热力学稳定性的组。金属的电位越负，氧化剂的电位越正，金属越容易腐蚀。因此，在自然条件下，或在中性水溶液介质中，甚至在无氧存在时，很多金属在热力学上是不稳定的。只有极少数金属（4组、5组）可视为稳定的。即使电极电位很正的金属（4组），在强氧化性介质中，也可能变为不稳定。如在含氧的酸性介质中，只有金可以认为是热力学稳定的；但在含有络合剂的氧化性溶液中，金的电极电位变负，也成为热力学上不稳定的金属。

（二）金属的耐蚀性

元素周期表是根据原子序数与结构排列的，金属在元素周期表的位置也是有一定的科学依据的，金属的耐蚀性与位置也存在一定的关系，可简单来讲，随着原子序数的增加，可以看出金属的耐蚀性呈现出一定的周期性变化。

（三）影响纯金属耐蚀性的动力学因素

除了从热力学稳定性判断金属的耐蚀性之外，还必须考虑动力学因素。有些金属，它是有两面性的，需根据具体的环境条件进行分析，虽然在热力学上不稳定，但是只要条件适合，还是可以发生钝化最终转化为耐蚀，最常见的就是镁、铝、镍、铁等元素。多数是在氧化性介质中容易钝化，而在含 Br 等离子的介质中，钝态易受破坏。也有些在热力学上不稳定的金属，在腐蚀的过程中生成层会形成致密的保护性，提升这些物质的耐蚀性。

二、提高金属材料耐蚀性的合金化原理和途径

工业上以纯金属作为耐蚀材料使用的情况有限，应用较多的则是 Fe、Cu、Ni、Ti、Al、Mg 等金属的合金。因而，了解如何通过合金化来提高金属材料的耐蚀性是十分必要的

耐蚀合金化可以通过对腐蚀过程的热力学和动力学参数的控制来实现，其耐蚀合金化途径的极化如下。

①提高阳极金属的平衡电位。

②增加阴极极化率。

③增加阳极极化率。

④加入易钝化元素使之钝化。

⑤加入强阴极性元素促进阳极钝化。

⑥增大腐蚀体系电阻。

（一）提高金属的热力学稳定性

金属腐蚀电池的电动势是腐蚀过程的推动力，可以反映金属发生腐蚀可能性的大小。在腐蚀体系确定的情况下，假定 E 值不变，则必须增大 E 值才能使 E 值减小，从而减小腐蚀电流。E 值越正，反映了金属的热力学稳定性越高。因此，在平衡电位较低、耐蚀性较差的金属中加入平衡电位较高的合金元素（通常为贵金属），可使合金的 E 升高，提高热力学稳定性，使腐蚀速度降低。例如，在 Cu 中加入 Au，在 Ni 中加 Cu 是由于合金化形成的固溶体或金属间化合物使金属原子的电子壳层结构发生变化，使合金能量降低的结果是合金的电位与其成分的关系尚无法根据理论进行计算，但是人们也发现了一些实验规律。

Ni 中加入 Cu 后可以提高在稀盐酸、硫酸、磷酸、氢氟酸中的耐蚀性能。但是必须指出，通过加入热力学稳定的合金元素提高合金耐蚀性，在实际中的应用是有限的。原因是，一方面需要使用大量的贵金属，如在 Cu-Au 合金中，Au 的加入量需要达到 25% ～ 50%（原子百分比），价格过于昂贵；另一方面合金元素在固体中的固溶度往往有限，很多合金难以形成高含量合金组元的单一固溶体。

（二）阻滞阴极过程

在其他条件不变的情况下，可以采用增加阴极极化率的方法，实现降低腐蚀电流的目的，腐蚀的产生会受到阴极控制，阴极的阻滞主要取决于阴极去极化剂还原过程中的动力学，因此想要降低腐蚀，就需要使用合金化的方法阻滞阴极过程。有两种方法可以提高合金的耐蚀性，都是通过阻滞阴极的过程来实现的。

第一，消除、减少阴极面积。通过减少数量或者减小面积，增加阴极反应电流密度，进一步增加阴极极化程度，实现提高合金的耐蚀性的目的。因此在冶炼时提高合金的纯净度是十分有益的。此外，还可通过固溶处理消除或减少阴极相的有害作用，如硬铝的固溶处理以及碳钢、马氏体不锈钢的淬火处理便能提高耐蚀性。但这种方法是在确保合金力学性能的固溶（或淬火）后进行的时效（或回）处理过程中。

第二，提高阴极析氢过电位各种合金或杂质元素对 Zn 在硫酸中腐蚀速度的影响。这种影响与它们的析氢过电位有关。要想方法提升合金的耐蚀性，可以加入析氢电位高的元素。工业中 Zn 含有电位较高的铁、铜等金属杂质，这些金属杂质析氢反应交换的电流密度比较高，有效地成了 Zn 在酸中腐蚀有效阴极区，提升了 Zn 的腐蚀速度，这就是一个很好的思路。因此，沿着这一思路，可以通过加入微量的 Mn、B 等元素，以提高合金的耐蚀性能。

（三）阻滞阳极过程

增加阳极极化率，可以使阳极过程受阻，降低腐蚀电流。值得注意的是通过合金化，会将活化态转变为钝态，有效地降低腐蚀电流。除此之外，还可以加入少量阴极性元素将没有钝化的体系转变为钝化的状态，降低阳极活性。阻滞阳极过程的进行可有效提高合金的耐蚀性，有以下三种途径。

第一，减小阳极相的面积。合金的基体是阴极，第二相其他微小区域是阳极的情况，可以通过适当减小这些阳极的面积，实现增加阳极极化电流密度的情况，阻滞阳极过程的形成，降低合金的总腐蚀电流，进一步提升合金的耐蚀性，但是也有可能出现加大局部腐蚀的危险性。例如，在海水中，Al-Mg 合金中的第二相 Al_2Mg 是阳极，随着 Al_2Mg 逐渐被腐蚀掉，阳极面积减小，腐蚀速度降低。又如，通过提高合金的纯度或采用适当的热处理，使晶界变细或减少杂质的晶界偏析，以减小阳极的面积，由此提高合金的耐蚀性。然而，当阳极相构成连续的通道时，大阴极、小阳极则加剧局部腐蚀。如不锈钢晶界贫铬时，减小阳极区面积而不消除阳极区反会加重晶间腐蚀。

第二，加入易于钝化的合金元素。合金元素的主要基体金属在特定的条件下可以实现钝化，但是只限于在特定的条件下，因为它们自身的钝化能力有限，举例说明，铁在强氧化性条件下实现钝化，但是在普通的自然环境中是不能实现钝化的，因此需要加入一些特定的金属，提升合金的整体钝化能力，这也是耐蚀合金化最有效的一种方法。

第三，加入阴极性合金元素。在合金中加入强阴极性合金元素，就相当于提升了阴极效率，促进了腐蚀电位正移，合金进一步进入稳定的钝化区，提升了耐蚀性，稳定了钝化区的阳极电流，要比活化溶解的电流小很多，因此利用阴极性元素合金化提高合金的耐蚀性的效果就比较明显。

（四）增大腐蚀体系的电阻

从耐蚀合金化的角度，增加腐蚀体系的电阻主要是指合金中加入的一些合金元素能够促使合金表面生成具有保护作用的腐蚀产物，从而降低腐蚀电流。加入 Cu、Pt、Cr 等元素的低合金耐候钢就是这一原理最为典型的应用。由于耐候钢不需要加入大量的易钝化元素，就可以生成含有这些元素的不溶于腐蚀介质、电阻较高、致密完整地附着在合金的表面腐蚀产物。这层腐蚀产物将合金与腐蚀介质隔绝，可以有效地阻滞腐蚀过程的进行，提高耐大气腐蚀的性能，因而可极大地提高材料的使用效率。

第二节　典型的金属耐蚀材料

一、各类耐蚀金属材料的分类

（一）按金属材料的成分分类

① Fe。

② Ni。

③ Cu。

④ Pb。

⑤ Sn。

⑥ Cd 重金属合金。

⑦难熔金属合金。

⑧贵金属合金。

（二）按金属材料的耐蚀性分类

①不锈的。

②耐酸的。

③耐热的。

④耐其他形式腐蚀的合金。

二、铁基合金

铁基合金属于常用金属材料的一种，也是应用范围比较广的一种，在特定的条件下，它的耐蚀性还是比较不错的，再加上具有很强的综合力学性能，性价比比较高，制造工艺比较简单，因此才会有大规模的应用。

（一）铁及铸铁的耐蚀性

铁的耐蚀性要通过与平衡电位向邻近的金属进行对比才可以得到。众所周知，铁在自然环境中，耐蚀性能并不好，很容易腐蚀。因此平常所说的"废铜烂铁"还是有一定的科学依据的，至于铁为什么很容易被腐蚀，主要原因如下。

①Fe 及其氧化物上的氢过电位低。

②Fe 及其氧化物上的氧离子化过电位的数值低。

③铁锈层中铁离子参与去极化作用。

④Fe 腐蚀产物的保护性能相当差。

⑤在常温下，Fe 在碱中与硝酸浓度的关系是稳定的。

⑥自然条件下钝化能力弱。

⑦在氨溶液中是稳定的，但在热而浓的氨溶液中，Fe 会被缓慢腐蚀。

⑧铸铁通常是不耐腐蚀的。

⑨在铸铁中加入了各种合金元素，可产生各类耐蚀合金铸铁。

⑩在有机酸中的腐蚀随着氧的通入及温度的升高而加快。

（二）高合金铸铁

高 Si 铸铁即在改变一定的性能的铸铁中加入质量分数为 14% ～ 18% 的硫，就会产生很好的耐酸性能，对于一些酸都具有很好的耐蚀性。这主要是因为在它的表面形成了一层由二氧化硫构成的致密保护膜，起到了保护的作用，主要对磷酸、热硫酸、有机酸、浓硝酸以及室温盐酸等物质产生了良好的耐蚀性。

高 S 铸铁不仅耐酸性能优越，而且价格便宜。其缺点是力学性能较差，易脆裂。加稀土、Cu 能改善铸铁的力学性能及耐蚀性能，加 Mo 能改善耐盐酸腐蚀的性能。

高 Ni 铸铁中的碳含量一般在 14% ～ 30%，同时加入一定的 Cr、Mo 或 Cu，成为奥氏体。这种铸铁具有极好的耐碱腐蚀性能。在高温、高浓度的碱性溶液中，甚至在熔融的碱中都耐蚀，在海洋大气及海水中也有非常好的耐蚀性。

高 Cr 铸铁碳含量在 15% ～ 30%，在氧化性介质中表面发生钝化，一部分 Cr 与铸铁中的 C 形成碳化物。高 Cr 铸铁具有优良的耐磨性及耐腐蚀性能，还有优良的抗氧化性能。

（三）低合金铸铁

铸铁中加入少量合金元素，在一定程度上能提高其耐蚀性，这类铸铁称为低合金耐蚀铸铁。常用的合金元素有 Cu、Sb、Sn、Cr、Ni 等，如加质量分数为 0.1% ～ 1% 的 Cu 及质量分数 ≤ 0.3% 的 Sn，可提高耐大气腐蚀性能；加质量分数为 0.4% ～ 0.8% 的 Cu 及 0.1% ～ 0.4% 的 Sb，可适用于近海的污染海水中；加质量分数为 2% ～ 3% 的 Ni 能提高耐碱腐蚀的性能；加质量分数为 4.5% 的 Ni 及质量分数为 1.5% 的 Cr 可改善耐海水冲刷腐蚀性能。

三、碳钢和低合金钢的耐蚀性

钢不耐蚀，低合金钢的耐蚀性也有限，它们在强腐蚀介质和自然环境中都不耐蚀，需要采取相应措施。但碳钢在室温的碱或碱性水溶液中是耐蚀的，故当水溶液中 NaOH 含量超过 1 g/L 时（pH>9.5），在有氧存在的条件下碳钢不发生腐蚀。但在浓碱溶液中，特别是在高温情况下，碳钢不耐蚀。

耐大气腐蚀低合金钢由于阳极控制是大气腐蚀的主要因素，因此合金化对高钢的耐蚀性有较大的效果。合金化元素中以 Cu、Pt、Gr 元素的效果最为明显，耐大气腐蚀低合金钢中最有效的元素是 Cu，一般含量为 0.2%～0.5%（质量分数）。关于 Cu 的作用机理尚不十分清楚，但研究均发现内锈层富 Cu。Cu 在钢中还能抵消 S 的有害作用，原因是 Cu 和 S 生成难溶的硫化物。

Pt 是提高耐大气腐蚀性能的另一有效元素。一般钢中 Pt 的质量分数为 0.06%～0.10%，Pt 含量过高，会导致钢的韧性降低，特别会出现低温脆性。Cr 是提高耐大气腐蚀性能的有效合金元素之一，但也只有与 Cu 同时存在时效果才明显。当钢中含有质量分数 1% 的 Cr 与 0.1% 的 Cu 时，耐蚀性可提高 30%。Cr 在耐候钢中的质量分数为 0.5%～3%。我国耐候钢的发展结合了我国的资源特点，发展了铜系（16MnCu 钢、15 MnvCu 钢及 10PCu 稀土钢）、磷钒系（12MnPV 或 08MnPV 钢）、磷稀土系（0.8MnP 稀土、12MnP 稀土钢）和磷铌稀土系等耐候钢。

耐海水腐蚀低合金钢含有 Cr、N、Al、Pt、Si、Cu 等元素。在海水腐蚀的过程中，在钢表面能够形成致密、粘附性好的保护性锈层。元素在内锈层（阻挡层）中富集，甚至在蚀坑内的锈层中富集，因而对局部腐蚀的发展有阻滞作用。关于合金元素对锈层保护作用的机理，目前尚无定论。比较一致的看法是合金元素富集于锈层中，改变了锈层的铁氧化物形态和分布，使锈层的胶体性质发生变化而形成致密及粘附性牢的锈层，阻碍 H_2O、O_2、Cl 至向钢表面扩散，从而改善了耐蚀性。

我国研制成功的耐海水低合金钢有 10CrMoAl、NiCuAs、08PVFRE、10MnPNbRE、12Cr2MoALRE 等，稀土元素的加入可以改善局部腐蚀性能。

四、不锈钢

不锈钢是"不锈耐酸钢"的简称，是指在空气及各种侵蚀性较强的介质中耐蚀的一类钢种。不锈钢在具有优良耐蚀性能的同时，还具有良好的力学性能及工艺性能（冶炼、加工、焊接等），因此自 20 世纪初问世以来，获得了迅速的发展，在化学、石油化工、核能、轻纺、食品等现代工业中得到了极广泛的应用。不锈钢的种类繁多，但 Fe-Cr 合金是不锈钢的基础。为了提高不锈钢的性能，还可添加三个方面进行分类。根据钢中所含的主要合金元素，可分为 Cr、Cr-Mo、C-Ni、Cr-Ni-Mn、Cr-Mn-Ni 及其他合金元素。

因此，从组织上可以把不锈钢分为奥氏体、铁素体、马氏体等不锈钢的成分与组织单相，以及奥氏体铁素体或铁素体马氏体等复相的关系。

下面将简要介绍不锈钢中主要合金元素及其作用。

第一，虽然 Cr 在热力学上不稳定，但极易钝化，不锈钢的耐蚀性能取决于它的钝化性能。不锈钢中一般含 Cr 量都在 12%（质量分数）以上，Cr 含量越高，耐蚀性越好，但一般不超过 30%。如果过高，易于生成 σ 相，从而降低钢的韧性。

第二，在热力学上，Ni 比 Fe 稳定，钝化性能好，因此加 Ni 能提高不锈钢的热力学稳定性。但更重要的是，加 Ni 能扩大奥氏体区，获得单一的奥氏体组织，提高韧性和加工性能。

第三，研究表明，Mo 能降低致钝电流，可使致钝电位负移、维钝电流降低，并能使点蚀电位正移，由此，Mo 可显著地改善不锈钢的钝化性能，能显著提高不锈钢耐全面腐蚀与局部腐蚀的能力。

第四，在 Fe-Cr-Ni 不锈钢中加 Si，可显著提高不锈钢耐点蚀、在含氯化物介质中耐应力腐蚀及耐热浓硝酸腐蚀的能力。原因是 Si 和 Mo 在表面钝化膜中富集，改善了钢的钝化性能。然而钢中 Si 含量不宜过高，否则会显著降低钢的加工性能。

第五，Cr 和 Ni-Cr 合金都属于钢中重要的构成要素，也是奥氏体形成的重要元素。钢中 Cr 含量增多就会形成碳化物，因此提高了钢对晶间腐蚀的敏感性，Ni 是奥氏体形成元素的重要元素，在钢中加入适当的 Ni，可以提升钢的耐蚀性，主要是因为 Ni 在钢中会形成氮化物，容易产生蚀点。

经过大量的实践证明，不锈钢中降低这两种元素的含量，也可以达到提高耐蚀性的目的。如高纯铁素体不锈钢，具有较好的耐应力腐蚀和局部腐蚀（点腐蚀、晶间腐蚀等）能力。

（一）奥氏体不锈钢

奥氏体不锈钢是在 18-8 型 Cr-Ni 钢的基础上发展起来的。为了提高耐蚀性，在这种钢中通常会加入铁素体，提高 Cr 的含量，降低碳的含量，这是最常见的方法，奥氏体不锈钢耐腐蚀的性能主要取决于钢中以下合金元素的含量：

Ni、Mo、Cr、Si。

由于在氧化性或有氧化剂存在的介质中，不锈钢易于钝化，因此使得 Cr-Ni 奥氏体不锈钢在硝酸的制造中得到了广泛的应用。不锈钢在硝酸中之所以耐蚀，是因为其腐蚀电位处于钝化区。如果钢处于活化或局部钝化状态，则将发生强烈腐蚀。当硝酸的氧化性提高（如浓度和温度提高或添加氧化剂）时，则电位移向过钝化区，发生过钝化溶解，腐蚀显著加速。因此，一般不锈钢只耐稀的和中等浓度的硝酸腐蚀，而不耐浓硝酸腐蚀。在这种强氧化性介质中能提高钢的耐蚀性的合金元素是 Si。但对腐蚀条件非常苛刻的热硫酸，则需采用 Ni 合金，如 Ni70M27V。奥氏体不锈钢在碱液中的耐蚀性能一般都相当好，且随含量升高而提高。

在热处理或焊接过程中，沿晶界易析出碳化物相，从而产生晶间腐蚀。因此 18-8 型 Cr-Ni 钢通常采用 900 ～ 1000 ℃的淬火热处理工艺（即固溶处理），使钢的组织为均匀的单相奥氏体，具有最高的抗晶间腐蚀性能。

除此之外，还可以通过限定钢中最高碳含量在质量分数 0.03% 以下的情况中，加入适当的强碳化合物形成原宿，之后再进行稳定化的处理，避免奥氏体不锈钢的晶间腐蚀的现象出现。

奥氏体不锈钢的缺点比较突出，就是对应力腐蚀破裂敏感，可以引起奥氏体不锈钢应力腐蚀破裂介质的种类很多，但是总的来说就是 80℃以上高浓度氯化物水溶液、硫化物溶液、热的浓碱以及高温（150 ～ 350 ℃）高压水。

此外，在含有氯化物的水溶液中，奥氏体不锈钢比较容易发生点蚀和缝隙腐蚀。经过实践表明，合金元素中的 Cr、Mo、Ni 都可以有效地提升不锈钢的耐蚀性，可以根据规定适当地加入。

（二）铁素体不锈钢

这种不锈钢可以分为 Cr25-28 型、Cr16-19 型以及 Cr3 型三种类型。

高 Cr 铁素体钢的出现比较早，而且具有很强的屈服强度，导热系数比较大，最重要的是性价比高，因此应用的范围也比较广泛，但是它的脆性比较大，耐腐蚀性能不好，对于缺口的敏感性比较高，因此与奥氏体不锈钢相比，应用的范围还是比较狭隘的。

铁素体不锈钢产生晶间腐蚀的热处理工艺与奥氏体不锈钢不同，甚至相反，但二者的本质却是一样的，都是由于过饱和固溶体分解，在晶界析出含 Cr 的 C、N 化合物，而引起附近固溶体中贫铬所致。与含等量的 C、Cr 的 Cr-Ni 奥氏体不锈钢相比，普通纯度的铁素体不锈钢更易遭受敏化，从而具有更高的晶间腐蚀倾向，原因是铁素体钢中 Cr 的 C、N 化合物的析出远比 CrNi 奥氏体不锈钢快得多。因此，铁素体钢不仅在强腐蚀性的介质中具有晶间腐蚀的倾向性，而且在弱介质（如自来水）中也是如此。增加 Cr 含量，降低 C、N 量，以及加入稳定化合金元素 Ti 等，可减小或消除铁素体不锈钢的晶间腐蚀倾向。另一种较有效的方法是在 700 ~ 800 ℃下进行中温退火铁素体不锈钢耐氰化物 SC 性能比奥氏体不锈钢高得多，这是由于体心立方点阵的（112）（110）（123）等晶面都容易滑移，容易形成网状的位错结构，不易形成线状蚀沟，因而难于发生穿晶破裂。但是铁素体不锈钢可以发生起源于晶间腐蚀或点蚀的应力腐蚀破裂，对此，在钢中加 T 可有效防止。

铁素体不锈钢中加 Mo，在 Cr 和 Mo 的交互作用下，耐点蚀性能会有显著提高。如进一步用精炼工艺降低 C、N 等杂质含量，减少非金属夹杂物，就可得到高纯耐点蚀铁素体不锈钢。

（三）马氏体不锈钢

马氏体不锈钢是在室温下具有马氏体组织的含铬不锈钢，该类钢除了含有较高的 Cr 外，还含有较高的 C，代表性的钢种是 2Crl3、3Cr3、4Cr3 及 9Cr18 等。马氏体不锈钢在正常淬火温度下是纯奥氏体组织，冷却至室温则为马氏体组织。随碳含量的提高，马氏体钢的强度、硬度和耐磨性均显著提高，但耐蚀性下降。因此，这类钢主要是用于制造力学性能较高并兼有一定耐蚀性的器械及量具。

Crl3 型马氏体钢在大气中具有优良的耐全面腐蚀性能。室温下，在弱有机酸或盐溶液中，以及其他弱腐蚀性介质中，也具有较好的耐蚀性。马氏体钢的耐蚀性与其组织有关。即使碳含量不同，淬火后的耐蚀性也是一样的。低于 450 ℃以下的回火对其耐蚀性影响不明显。由于高温回火后形成了 Cr 的碳化物而使固溶体贫铬，从而降低了钢的耐蚀性。当回火温度升高到 700 ~ 750 ℃时，由于 C 在铁素体中的浓度差降低，其耐蚀性又有所提高。随着钢中碳含量增加，铁素体相中 Cr 的贫化程度也增加，因此在退火状态下，钢的耐蚀性下降。为了提高马氏休钢的力学性能和耐蚀性，常加入 Ni、V、Co、Si、Cu 等元素。提高 Cr 含量，是提高马氏体钢耐蚀性的一条途径，但必须相应提高碳含量，才能获得马氏体组织。用 N 代替 C 可获得同样效果，因此 Cr17Ni 便成为耐蚀性能最好的马氏体钢。

（四）复相不锈钢

为了综合不同组织所具有的性能，人们发明了复相不锈钢，如马氏体铁素体钢及奥氏体铁素体钢等双相不锈钢。马氏体铁素体钢的代表性钢种为 Cr13，其耐腐蚀性接近马氏体钢，但硬度较低，塑性与韧性较高，具有良好的焊接性能。奥氏体铁素体钢的特点是腐蚀疲劳性能好、缝隙腐蚀性能好、价格便宜、晶间腐蚀不敏感、膨胀系数小以及导热系数大。

除了双相不锈钢外，在复相不锈钢中还有一类沉淀硬化不锈钢，其主要目的是通过适当添加合金元素及热处理，在马氏体或奥氏体组织中形成沉淀硬化相以获得超高强度的不锈钢。

五、耐热钢及高温合金

在介绍了金属高温氧化和腐蚀的基本原理后，这部分内容将简要介绍一些耐热钢种及耐热合金。有必要进行说明一下，钢在高温的条件下，不仅要具备一定的耐高温腐蚀性能，还要有很强的组织稳定性、抗蠕变性等。如何兼顾高温力学性能和耐高温腐蚀性能，通常是耐热钢及高温合金需要探讨的问题。

（一）耐热铸铁

合金铸铁具有一定的耐热性，如 S 铸铁，S 就是铸铁中的石漠化元素，这种铸铁可以用于制造一些炉子或者是炉条的其他设备的零部件，在 850 ℃以下都有良好的耐热性。典型硅铸铁的化学成分（质量分数）是 2.5%C、5%10%Si、0.5%Mn。

NiSi 铸铁典型的化学成分（质量分数）为 1.7% ~ 2.0%C，5% ~ 7%S，1.8% ~ 3.0%Cr，13% ~ 20%N，0.6% ~ 0.8%Mn。这种铸铁的耐热性比较好，尤其是在高温的条件下可以有很强的强度与韧性，也比较适合用于加工。高铸铁的各主体的硬度高，不适合冷加工。

（二）耐热钢

耐热钢是指在高温下工作的钢材。随着各类动力装置使用温度不断提高，工作压力不断加大，环境介质也更为复杂、苛刻，耐热钢的使用温度范围已从200 ℃发展到800 ℃，工作压力也发生了变化，自然工作环境也需要做出改变。根据钢不同的特点可以划分出不同类型的钢，下面就对根据组织结构进行划分的钢进行介绍。

1. 珠光体型耐热钢

这种类型的钢在室温下是珠光体，因此称为珠光体型耐热钢，一般含有少量的铬元素、钼元素等合金元素，合金元素总的质量分数不超过5%，属于低合金钢。这种类型的钢应用范围比较广泛。第一种是锅炉用低碳钢，因为它的抗氧化效果比较好。第二种是低合金耐热钢，主要的构成元素有 Mo 钢、二元合金化的 CrMo 钢、三元合金化的 CMoV 钢以及多元复合合金化的低合金耐热钢。

后者以我国研制的 12Cm2 MoWVTiB 为代表，以 W、Mo 复合固溶强化，V、Ti 复合时效强化，B 的微量晶界强化，同时以提高 Cr、Si 含量以增加其抗高温氧化性能。这种钢热强性和使用温度（600 ～ 620 ℃）超过国外同类钢种，已在我国高参数大型电站锅炉上成功应用多年。

2. 高铬铁素体型耐热钢

高铬铁素体型耐热钢是铬的质量分数高于12%，室温下具有铁素体组织的耐热钢。这类钢不含 Ni，只含少量 Si、Ti、Mo、Nb 等元素。按 Cr 含量又可分为 Crl3 型（lCr13Si3）、Cr17 型（如 1Cr18Si2）以及 Cr2530 型耐热钢（如 lCr25S12）。这种类型的钢也有一定的缺陷，高温力学性能不佳，还存在一定的脆弱性，因此不能用于热强钢，但是可以用作抗高温氧化钢。

3. 马氏体型耐热钢

这类钢是在 Cr13 型马氏体不锈钢基础上发展的，但 1Cr13 钢由于马氏体稳定度低，只能用于制造温度低于 450 ℃的汽轮机叶片，因而发展了加有钼元素、钒元素、铌元素等的强化马氏体耐热钢。这种类型的钢在工程中比铁素体耐热钢的应用范围更加广泛。

4. 奥氏体型耐热钢

这类钢以 Ni、Cr、Mn 等元素合金化，通过固溶强化、析出相强化和晶界强化以及在表面形成耐蚀表面膜等途径来提高其综合的高温力学性能和高温耐蚀性能。一般可分为以下三类。

第一类，18-8 型 Cr-Ni 奥氏体耐热钢如 1Cr18N9Ti，钢中有一定量的碳，既可获得较为稳定的奥氏体相，又可在时效过程中析出碳化物强化相。这类钢在 700 ℃以下具有良好的抗氧化性，在 600 ℃以下有较好的热强性，因此获得了广泛的应用。

第二类，25-20 型 Cr-Ni 奥氏体耐热钢由于显著增加了 Cr、Ni 含量，因而热强性与耐高温腐蚀的性能均明显用于 18-8 型钢，如 1Cr5Ni20Si 的使用温度最高可达 110 ℃，可用于制造加热炉的各种构件和炉管。

第三类，多元合金化奥氏体耐热钢。18-8 型和 25-20 型钢虽然有良好的抗高温腐蚀性能，但由于成分组织较简单，其热强性并不理想，因此在钢中添加一些固溶强化元素（W、Mo）、碳化物或金属间化合物形成元素（V、Ni、Ti）以及一些晶界强化元素（B、RE），可大幅度提高钢的热强性。其中以碳化物为主要强化相的奥氏体耐热钢，如 4Cr14Nil4W2Mo，在 700 ℃ 以下具有良好的热强性，广泛用于柴油机进、排气阀；以金属间化合物为主要强化相的奥氏体耐热钢，如 1Cr2Ni2O3Ba，富 Ni 高 Ti，基体组织是 γ+y 相，y 相是金属间化合物 Ni2Ti，具有与 γ 固溶体相同的晶体结构，但点阵间距不同，使基体强化，因而可作为 750 ℃ 以下承受负荷较高的部件。

（三）高温合金

高温合金主要是为了满足航空燃气轮机不断提高的工作温度和复杂应力的严酷要求发展起来的。高温合金根据不同的要求可以划分为不同种类，常见的合金元素有 As、Ti、N、C、W、M、Ta、Co、Zr、B、Ce 等。Fe 基和 Ni 基高温合金中常见的析出相有金属间化合物、碳化物、硼化物。

（四）Ni 及 Ni 合金

Ni 及 Ni 合金具有优良的耐蚀性，而且强度高、塑性大，易于冷热加工，因此是很好的耐蚀材料。但是，由于资源少、成本高，它的应用受到了很大限制。

1. 耐蚀性

作为结构材料，纯 Ni 在工程中的使用是很有限的，作为镀层材料的应用却极为广泛。Ni 的主要用途是作为不锈钢、耐蚀合金和高温合金的添加元素或基体材料。

Ni 的标准电极电位是 -0.25 V，在电位序中较氢负。从热力学上看，它在稀的非氧化性酸中应进行析氢腐蚀，但实验上，其析氢速度极其缓慢，这是因为 Ni 的阳极反应过电位很高，使腐蚀电池的电位差降到非常低，因而它在非氧化性酸中稳定。若酸中存在氧，虽然阳极反应不受影响，但大大提高了腐蚀电池的起始电动势，因此腐蚀速率将显著增大。Ni 的氧化物溶于酸而不溶于碱，故其耐蚀性随溶液 pH 值的升高而增大。与 Cu 相比，Ni 具有显著的钝化倾向，在强氧化性介质中，特别是含有 Cr 时，Ni 及其合金转入钝态而趋向稳定。

Ni 在干燥和潮湿的大气中非常耐蚀，但在含有 SO_2 的大气中却不耐蚀，因为此时在晶界生成硫化物，会发生晶间腐蚀。在室温下，Ni 在非氧化性的稀酸中（如浓度小于 15% 的 HCl、浓度小于 70% 的 H_2SO_4 和许多有机酸）相当稳定。但在增加氧化剂（$FeCl_3$、$CuCl_2$ 和次亚氯酸盐）浓度和通气或升高温度时，其腐蚀速率显著增加。Ni 在硝酸等氧化性介质中很不耐蚀，在充气的醋酸和蚁酸中也不稳定。Ni 在充气的氨水溶液中因形成可溶性的 N（NH_3）+ 络离子而受到腐蚀。

Ni 的一个突出特点是，在高温或熔融的碱类溶液中完全稳定。因此，Ni 是制造熔碱容器的优良材料之一。但是，在高压、高温（300 ～ 500 ℃）和高浓度（75% ～ 98%）的苛性碱或熔融碱中，承受拉应力的 Ni 容易发生晶间腐蚀，故使用前应进行退火处理。

2. Ni 基耐蚀合金

Ni 的耐氧化性酸的能力不强，耐还原性酸的能力也不行，因此有必要加入一些合金元素，由此形成了 Ni 基耐蚀合金与 FeNi 基耐蚀合金，它们的耐蚀性比较好，也是比较重要的耐蚀合金材料，可以解决一些不锈钢与其他金属不能解决的问题，主要的应用范围包括航天、航空、化工、石油、原子能以及湿法冶金和海洋开发。

在任何浓度和温度的纯盐酸中，两种合金都相当耐蚀。若盐酸中通入氧或含有 Fe^{3+}、C^{2+} 等氧化剂，都将加速腐蚀。此外哈氏合金对硫酸磷酸及氢氟酸也有良好的耐蚀性，但不耐硝酸腐蚀。一般地，Hastelloy B 在固溶态耐蚀，当经过焊接后在甲酸、乙酸、盐酸或硫酸中使用，会在焊缝处及热影响区内出现晶间腐蚀。原因是焊缝处会经过 1200 ～ 1300 ℃和 600 ～ 900 ℃两个敏化区。后来改进的 Hasteloy 2 降低了 C 和 Si 的含量，Fe 的含量也不超过 2%（质量分数），因而解决了焊接引起的晶间腐蚀问题。Hastelloy 合金耐局部腐蚀性能较好。

（五）Cu 及 Cu 合金

在我国 Cu 及 Cu 合金的出现与应用时间都很早，我国有一个历史时期被称为青铜时期，这就足以说明铜及铜合金的出现时间以及重要性了，至今为止，它们的应用范围都没有被削减。

浓硫酸是氧化性酸，使钢耐蚀，使 Cu 腐蚀速度增加。当溶液中有氧化剂存在时，可能产生两种截然相反的结果：一方面氧化剂的还原有可能促进阴极反应加速 Cu 腐蚀；另一方面也可能在阳极进行氧化作用，阻碍腐蚀的进行。若介质能溶解这种保护层，则阳极的阻滞作用又会消失。

在大气中，Cu 是很耐蚀的，一方面是由于其热力学稳定性高，不易氧化；另一方面是由于长期暴露在大气中的 Cu 先生成 Cu_2O，然后逐渐生成 $CuCO_3$。在海洋大气中生成 $CuCl_2$，在淡水、海水、中性盐水溶液中及从中性到 pH<12 的碱溶液中，由于氧化膜的生成，Cu 呈现钝态，Cu 因而耐蚀。Cu 在海水中的年腐蚀率约为 0.05 mm。

此外，铜离子有毒，使海生物不易黏附在 Cu 表面，避免了海生物的腐蚀，故常用于制造在海水中工作的设备或船舰零件。当海水流速很大时，由于保护层难形成，以及海水的冲击、摩擦作用，加速了 Cu 的腐蚀。溶液中溶有的氧能促进难溶腐蚀产物膜的生成，所以增加溶氧量反而会使腐蚀速度降低。但若水中含有氧化性盐类（如 Fe^{3+} 或铬酸盐），则 Cu 的腐蚀加速。当溶液中有氧或氧化剂时腐蚀更严重。此外，Cu 还不耐硫化物（如 H_2S）腐蚀。

纯 Cu 的力学性能不高，铸造性能差，且许多情况下耐蚀性也不能令人满意。为了改善这些性能，常在 Cu 中加入 Zn、Sn、Ni、Al 和 Po 等合金元素。为了某些特殊的目的，有时还加入 Si、Be、Ti、Mn、Fe、As、Te 等。合金化所形成的 Cu 合金，有比纯 Cu 更高的耐蚀性，或是保持 Cu 的耐蚀性的同时，提高了力学性能或工艺性能。

（1）黄铜（Cu-Zn 合金）

依所加合金元素种类和含量的不同，黄铜可分为单相黄铜、复相黄铜及特殊黄铜三大类。特殊黄铜是在 Cu-Zn 的基础上，又放入了 Sn、Mn、Al、Fe、Ni 等。

黄铜在大气中腐蚀很慢，在纯水中腐蚀速度也不大，为 0.0025～0.025 mm/a，在海水中的腐蚀稍快，为 0.0075～0.1 mm/a。水中的氯化物对黄铜的腐蚀影响较大，碘化物影响则更为严重。在含 O_2、CO_2、H_2S、SO_2、NH_3 等气体的水中，黄铜的腐蚀速度剧增。在矿水尤其是含 Fe_2SO_4 的水中极易腐蚀。

黄铜中含 Zn 量越高，越容易产生应力腐蚀破裂。Zn 的质量分数低于 20% 的黄铜在自然环境中一般未发现应力腐蚀破裂倾向。通常在黄铜中加 Si 能提高耐应力腐蚀破裂能力，加入 As、Ce、Mg 等合金元素也能使耐应力腐蚀破裂能力提高。退火消除残余应力无疑是一种有效措施。

（2）青铜

传统的青铜是指 Cu-Sn 合金，现在把不含 Sn 的铸造 Cu 合金也称为青铜，如铝青铜、铍青铜、砷青铜、硅青铜、锰青铜等。Sn 的质量分数低于 13.8%

的锡青铜的组织是固溶体，一般锡青铜中 Sn 的质量分数有 5%、8% 和 10% 三种。锡青铜耐蚀性能随 Sn 含量增加而有所提高，力学性能、耐磨性和铸造性能较 Cu 好，且耐蚀性能也比 Cu 高。锡青铜在大气中有良好的耐蚀性，如 Cu-Sn 在大气中的腐蚀速率只有 0.00015 ~ 0.002 mm/a，在淡水和海水中也很耐蚀，腐蚀速率 <0.005 mm/a。在稀的非氧化性酸以及盐类溶液中，它也有良好的耐蚀性，但在硝酸、盐酸和氨溶液中，与纯 Cu 一样不耐蚀。高 Sn 含量（8% ~ 10%）的青铜有较高的耐冲击腐蚀能力。锡青铜不容易产生腐蚀，耐磨性很好，主要用于制造泵、活门、齿轮、轴承、旋塞等要求耐磨损和耐腐蚀的零件。

铝青铜的 Al 含量通常为 9% ~ 10%（质量分数），有时还加入 Fe、Mn、Ni 等元素。它的铸造性能不如锡青铜，但强度和耐蚀性均比锡青铜高。铝青铜的高耐蚀性主要是由于在合金表面形成致密的、牢固附着的 Cu 和 Al 的混合氧化物保护膜所致。当它遭受破坏时有"自愈"能力，但若合金表面存在氧化物夹杂等缺陷，则膜的完整性受到破坏，因而会发生局部腐蚀，因此铝青铜的耐蚀性与其制造工艺有关。铝青铜在淡水和海水中都很稳定，甚至在矿水中也耐蚀。在 300 ℃ 以下的高温蒸汽中非常稳定。在酸性介质中，铝青铜有很高的耐蚀性。它在硫酸中，甚至在高浓度（75%）硫酸和较高温度下都非常耐蚀；它在稀盐酸中也有很高的耐蚀性，但在浓度较高（室温下浓度为 20% 时）或温度较高时不稳定；在硝酸中不耐蚀；但在磷酸、醋酸、柠檬酸和其他有机酸的稀溶液中耐蚀。在碱溶液中，因碱能溶解保护膜，因而使铝青铜发生了严重腐蚀。铝含量较高的铝青铜有应力腐蚀破裂，主要是由于铝在晶界偏析，引起了沿晶界的选择性氧化，在应力作用下促使氧化膜破坏。加入质量分数在 0.35% 以下的 Sn，或消除应力的低温退火，可以防止应力腐蚀破裂。

硅青铜有低 Si 及高 Si 两类。前者的力学性能与 70Cu-30Zn 黄铜类似，极易冷加工变形，而耐蚀性与纯 Cu 相似；后者具有很高的强度，耐蚀性又较纯 C 好，高硅青铜中常含有 1%（质量分数）的 Mn。硅青铜的最大优点是具有很好的铸造及焊接性能，常用来制造储槽及其他压力下工作的化工器械。硅青铜在撞击时不发生火花，因此特别适用于有爆炸危险的地方。

（3）白铜（Cu-Ni 合金）

白铜中通常含 Ni 不超过 30%（质量分数），其耐海水腐蚀和耐碱腐蚀性能随 Ni 含量增加而提高。Cu-Ni 二元合金称为普通白铜，若再加入 Fe、Mn 等元素，则分别称为铁白铜、锌白铜、铝白铜、锰白铜等。白铜在工业 Cu 合金中耐蚀性能最优，但由于含大量 Ni，限制了其应用。与其他金属材料相比，白铜对碱有相当好的耐蚀能力，如在无氧化性杂质的熔融碱中，其腐蚀深

度 <1 mm/a。白铜耐冲击腐蚀的能力高于铝青铜，抗应力腐蚀破裂性能好，对高速海水的耐空蚀性能也良好。放少量 Fe 后可进一步改善耐空蚀性能。质量分数为 20% 或 30% 的白铜是制造海水冷凝管的最好材料。

（六）Al 及 Al 合金

1. Al 的特性

Al 的密度为 2.7 g/cm^3，是应用最广泛的轻金属。纯 Al 具有优良的导热及导电性能，强度为 88～120 MPa，形变后可达 147～245 MPa，可塑性比较强，冷热加工均可，因此应用范围比较广泛，但是 Al 的标准电极电位是常用的金属材料中电位最低的。单从热力学上看，Al 并不属于稳定的一种金属，会产生严重的腐蚀。

依生成条件不同其厚度可在很大范围内变化。在干燥大气中，能生成厚度为 15～20 mm 的非晶态氧化物保护膜，同基体牢固结合，成为保护 Al 不受腐蚀的有效屏障。在潮湿大气中，能生成水化氧化物膜，膜的最终厚度随湿度增加而增厚。当相对湿度 >80% 时，最厚可达 100～200 nm。膜虽然增厚了，但保护性能却降低了。当温度高于 500 ℃时，生成失去屏障作用的晶质膜。钝化膜的形成使 Al 的电极电位显著变正。在中性溶液中 Al 的电极电位为 -0.5～-0.7 V，比平衡电位高约 1 V。但是 Al 上的保护膜有两性的特征，它既容易溶解在非氧化性的强酸中，又特别容易溶解在碱中。Al 在酸性溶液中腐蚀，生成离子；在碱性溶液中腐蚀，生成 AlO_2 离子。

Al-Si 系合金的优点比较突出，适合在常温的条件下使用，因此主要用于生产各种比较复杂的铸件，典型牌号是 ZAS7Mg（代号 Z01）（6%～8%S，0.2%～0.4%Mg）。

Al-Cu 系合金的特点是有较高的热强性，宜于制造在高温下工作的部件，但铸造及耐蚀性都较差。典型牌号是 ZACu5Mn（代号 ZL201）（4.5%～5.3%Cu，0.6%～1.0%Mn）。具有很强的耐蚀性，一般在化学工业中应用，典型的牌号是 ZAMg0（代号 Z301）（45%～55%Mg）。

Al-Zn 系合金有自淬火效应，适于制造尺寸稳定性较高的铸件，但密度较大，耐热性也低。典型牌号是 ZAn117（代号 Z401）（9%～13%Zn，6%～8%Si，0.1%～0.3%Mg）。

2. 变形 Al 合金

Al-Mn 变形合金的典型牌号是 3A21（代号 LF21）。在合金中加质量分数为 0.8% ~ 1.3% 的 Mn 可使 Al 合金强度提高到 176 MPa。但含 Mn 过高或存在 Fe、Si 等杂质，合金中都容易析出脆性化合物，致使合金在深冲或弯曲时表面粗糙或出现裂纹。Al-Mg 防锈合金的 Mg 的质量分数不超过 5%，当 Mg 的质量分数超过 5% 时，塑性下降，焊接性能变坏。与 Al-Mn 合金相比，Al-Mg 系合金的强度高，在海水和大气中的耐蚀性也较佳，与纯 Al 相当，但在酸性和碱性介质中耐蚀性略差。

硬 Al 属于时效强化性合金，主要为 Al-Cu-Mg-Mn 系合金，其化学成分为 2.5% ~ 6.0%Cu，0.4% ~ 2.8%Mg，0.4% ~ 1.0%Mn，杂质（Fe+Si）的质量分数不超过 1.0%。根据合金化程度的不同，硬 Al 可分为 Al-Cu-Mg 系、Al-Cu-Mn 系。

如果 Mg 含量过多则会降低 Mg-Si 在 Al 中的溶解度和时效强化效果，所以一般合金中 Si 含量略高一些。这种合金具有优良的热塑性，主要用于生产锻件。Al-Mg-Si 合金无应力腐蚀破裂敏感性，焊接性能好，焊接后耐蚀性不变。在合金中加入不同含量的 C 和 Mn，可形成不同型号的锻 Al 合金。

3. Al 合金的局部腐蚀

点蚀是这种合金最容易出现的腐蚀性形态，容易出现点蚀的条件如海水、淡水、大气、中性溶液、近中性水溶液。

提高水温以减少溶解氧，或使水流动以减少局部浓差和利于再钝化，都能减缓点蚀。水中含 Cu 离子是 Al 合金发生点蚀的原因之一，为此，必须尽量去除水中的 Cu 离子。从材料角度来看，高纯 Al 一般难产生点蚀，含 Cu 的 Al 合金耐点蚀性能最差，Al-Mn 系或 Al-Mg 系合金耐点蚀性能最佳。

晶间腐蚀纯 Al 一般不产生晶间腐蚀。Al-Cu 系、Al-Cu-Mg 系及 Al-Zn-Mg 系合金常因热处理不当，而具有较大晶间腐蚀敏感性。Al-Cu 和 Al-Cu-Mg 合金热处理时在晶界上连续析出富 C 的 Cu-Al 相，导致邻近的固溶体中贫 Cu，贫 Cu 区电位低，为阳极，发生晶间腐蚀。

具有晶间腐蚀倾向的铝合金在工业大气、海洋大气或在海水中都可能产生晶间腐蚀。Al 合金的晶间腐蚀可通过适当的热处理消除晶界上有害的析出物加以解决，也可采用复合板或喷镀牺牲阳极金属加以防止应力腐蚀破裂。高强 Al 合金，如 A1-CuA1Cu-Mg 是含 Mg 高于 5%（质量分数）的 Al-Mg 系合金，以及含过剩 Si 的 Al-Si 合金，特别是 Al-Zn-Mg 和 Al-MgCu 等高强度合金，应力腐蚀破裂倾向较大。

Al 合金的应力腐蚀破裂均为晶间型的，说明 Al 合金的应力腐蚀破裂与晶间腐蚀有关。实践证明，对晶间腐蚀敏感的 Al 合金对应力腐蚀破裂也是敏感的。

温度和湿度越高，Cl⁻浓度越高，pH 值越低，则应力腐蚀破裂敏感性越大。此外，在不含 Cl⁻ 的高温水和蒸汽中也会发生应力腐蚀破裂。

从材料的角度来看，含 Cu、Mg 量高的 Al 合金对应力腐蚀破裂的敏感性最高。热处理对 Al 合金的应力腐蚀破裂会产生很大的影响，有效地消除 Al 合金应力腐蚀破裂的措施比较简单，就是进行适度的热处理，采取合金化消除参与的部分，这是最常见的措施，也是最有效的措施。

剥层腐蚀（剥蚀）是形变 Al 合金的一种特殊腐蚀形态，此时形变 Al 合金像云母似的一层一层地剥离下来。Al-Cu-Mg 合金产生剥蚀的情况最多，Al-Mg 系，Al-Mg-Si 系合金也有发生。剥层腐蚀多见于挤压材，这是由于挤压材表面已再结晶的表层不受腐蚀，但结晶层以下的金属要发生腐蚀，因而使表层腐蚀，因此，剥层腐蚀与组织有关。曾认为这是伸长了的变形组织的晶间发生了腐蚀，而现在认为它是沿加工方向伸长了的 Al-Fe-Mn 系化合物发生的腐蚀，同晶界无必然的关系，且与应力无关。采用牺牲阳极保护防止剥层腐蚀较为有效，使用适宜的热处理也能收到一定的效果。

Al 合金的电偶腐蚀。Al 及 Al 合金的电位低，当与其他金属材料接触时，在腐蚀介质中组成电偶，常引起 Al 及 Al 合金的电偶腐蚀。从电位来看，比 Al 电位低的常用金属只有 Mg，因此，Al 及 Al 合金同大多数金属接触都会引起或加速腐蚀。为了防止电偶腐蚀，当 Al 和 Al 合金必须与其他电位较高的金属材料组装在一起时，应注意电绝缘。

（七）Mg 及 Mg 合金

Mg 是密度小（1.74 g/cm³）、活性高的金属结构材料。Mg 及 Mg 合金是航空工业中应用最广的结构材料之一，目前它们是最活性的保护屏材料。Mg 的平衡电位非常负，为 -23 V。Mg 在 29.3 g/L 的 NaCl 中的稳定电位也是合金中最负的，约为 -1.45 V。Mg 的电位虽然很负，但有相当好的耐蚀性，因为 Mg 极易钝化，其钝化性能仅次于 Al。Mg 的耐蚀性低于 Al 的原因是电位较负以及钝化能力比 Al 弱。

Mg 在酸中不稳定，但在铬酸和氢氟酸中却耐蚀，这是因为 Mg 在铬酸中进入钝态，而在氢氟酸中表面生成了不溶解的 MgF_2 保护膜。Mg 及其合金在有机酸中不稳定。在中性盐溶液中，甚至在含一定量 CO_2 的纯蒸馏水中，Mg 能溶解并放出氢。水中 pH 值降低能显著加速 Mg 的腐蚀。水溶液中的活性离子，特别是铝离子，能加速 Mg 的腐蚀，铝离子浓度增加 Mg 腐蚀加速。

当温度低于 50～60 ℃时，Mg 在氨溶液或碱溶液中是稳定的。因此水溶液碱化时，即使有铝离子也能降低 Mg 的腐蚀速率。氧化性阴离子，特别是铬酸盐、重铬酸盐以及磷酸盐，与 Mg 能够生成保护性膜，从而显著提高 Mg 及其合金在水和盐类水中的耐蚀性。

由于 Mg 的平衡电位和稳定电位非常负，因此，与 Al 相比，Mg 中含杂质元素及与其他金属相接触时，腐蚀速率增高的倾向更大。一般地，纯 Mg 中即使含有极少量的氢过电位低的金属，如 Fe、Ni、Co、Cu，其耐蚀性将显著降低。然而，Mg 中含有氢过电位较高的金属，如 Pb、Zn、Cd，以及负电性很强的金属如 Mn、Al 等时，则影响不大。Mg 在水溶液中和大气条件下的腐蚀特征迥异，前者几乎全是氢去极化，而后者即使是在薄的水膜情况下也主要是氧去极化。在金属表面上的水膜越薄或者空气中的相对湿度越低，氧去极化的成分就越大。

在高温时，Mg 在空气中极易氧化，氧化动力学曲线是直线型的，说明 MgO 在高温下是无保护性的。加 Cu、Ni、Zn、Sn、Ce，甚至加 Al，都能增强 Mg 在大气中抗高温氧化的能力。加入稀土元素也有利于 Mg 在空气中的氧化速率的降低。Mg-Al、Mg-Zn 和 Mg-Mn 合金是工程中应用最广泛的 Mg 合金。

Mg 合金可分为铸造和变形两类。铸造 Mg 合金有高温下使用的 Mg-Zr 稀土和常温下使用的 Mg-Zn 和 Mg-Zn-Zr 合金。铸造镁合金经氧化处理后耐蚀性能尚好，铸件应进行阳极化处理，表面深层保护。不允许 Mg 合金直接与 Al 合金、Cu 合金、Ni 合金、钢、贵金属木材和胶版等直接接触，如必需时，应绝缘变形。Mg 合金包括 Mg-Al、Mg-Zn-Zr 合金。某些阴离子也会加速 Mg 合金的应力腐蚀破裂。合金元素对 Mg 合金的应力腐蚀破裂有一定的影响。例如，Mn-Al-Zn 合金具有很高的应力腐蚀破裂敏感性，且随着 Al 含量的增加而增高，特别是薄壁件应力腐蚀破裂敏感性更大。因此，只有在应力小于屈服极限的 60% 并用无机薄膜和涂料保护才能使用。不含 Al 的 Mg 合金应力腐蚀破裂敏感性低或无敏感性。

（八）Ti 及 Ti 合金

虽然就概念上来讲，Ti 并不熟悉，但是它是热力学上很活泼的金属，它的平衡电位比较接近 Al 的平衡点位，但是却与 Al 有很大的区别，在众多的介质中，它的耐蚀性非常好，具有很强的钝化能力，可以促进稳定电位远远地偏向正值。

在 25 ℃的海水中，Ti 比在同样介质中的铜以及铜合金的电位都要正，它的钝化膜愈合性非常好，因此可以在破损之后尽快愈合，形成新的膜。Ti 可以在含氧的溶液中保持稳定钝态，也可以在含有不同浓度的铝离子的含氧溶液中保持钝态。Ti 的钝化特点比较鲜明，包括致钝电位低、稳定钝化电位区间宽度以及 Cl 存在时钝态也不受破坏。

Ti 对于含氯离子的氧化剂溶液也有高度的稳定性（如 100 ℃的次亚氯酸钠溶液、氯水、含有过氧化氢的氯化钠溶液）等。Ti 对某些氧化剂也是稳定的，如对沸腾的铬酸、100 ℃的低于 65% 浓度的硝酸以及 40% 浓度的硫酸和 60% 浓度的硝酸。在稀盐酸、氢氟酸、硫酸和磷酸中，Ti 的溶解比 Fe 缓慢得多。随着浓度的增加，特别是温度的升高，溶解速度显著加快。在氢氟酸和硝酸的混合物中 Ti 溶解得很快。

除了甲酸、草酸和相当浓度的柠檬酸之外，Ti 在所有的有机酸中都不被腐蚀；在浓度低于 20% 的稀碱中，Ti 是稳定的；在较浓的碱中，特别当加热时，可缓慢地放出氢并生成钛酸盐。

由此不难看出，Ti 是化学工业中最耐蚀、最有应用前景的材料。遗憾的是 Ti 的价格过高。此外，这种元素在高温的状态下并不是很稳定，因此需要引起注意，其很容易与其他的元素结合。

第三节　典型的非金属耐蚀材料

一、塑料

塑料是以合成树脂为基础，加入各种添加剂，在一定的条件下塑制成的型材或制品。根据受热后的树脂性质，可将塑料分为热塑性塑料和热固性塑料两大类。

热塑性塑料是受热时软化或变形，冷却后又坚硬，这一过程可多次反复，仍不损失其可塑性。这类塑料的分子结构是线型或支链型的，如聚氯乙烯、聚乙烯或氟塑料等。热固性塑料固化成形后，再加热时不能再软化变形，也不具有可塑性。这类塑料的分子结构是立体网状形的，如固化后的环氧树脂、酚醛树脂等。在选用塑料时要考虑力学、物理及加工性能，也要考虑其耐蚀性能。下面主要介绍防腐过程中常用的工程塑料。

（一）热塑性塑料

1. 聚氯乙烯

聚氯乙烯塑料是以聚氯乙烯树脂为主要原料，加入一定的添加剂制成的塑料。根据添加增塑剂的数量，可将其分为软聚氯乙烯和硬聚氯乙烯塑料。聚氯乙烯具有较高的化学稳定性。硬聚氯乙烯塑料能耐大部分酸、碱、盐类以及强极性和非极性溶剂的腐蚀，但对发烟硫酸、浓硝酸等强氧化性酸，芳香胺，氰代碳氢化合物及酮类不耐蚀。聚氯乙烯的耐热及耐光性能较差，使用温度一般低于 50 ℃。

硬聚氯乙烯具有一定的机械强度，可进行成形加工和焊接；还具有一定的电绝缘、隔热阻燃等性能，广泛用作塔器储罐、运输槽与泵、阀门及管件等。软聚氯乙烯质地柔软，富有弹性，广泛用于设备衬里、包装材料以及电线、电缆的绝缘层。

2. 聚乙烯

聚乙烯是乙烯单体的聚合物。根据聚合工艺条件不同，可分为高压、中压和低压聚乙烯。高压聚乙烯的分子结构中支链较多，结晶度较小，密度较小，所以又称低密度聚乙烯。低压聚乙烯中支链很少，结晶度较大，密度较高，故也称高密度聚乙烯。中压聚乙烯居于二者之间。

聚乙烯的耐蚀性与硬聚氯乙烯差不多，常温下耐一般酸、碱、盐溶液的腐蚀，特别是可耐 60 ℃以下的浓氢氟酸的腐蚀。室温下，脂肪烃、芳香烃和卤代烃等能使之溶胀。在内或外应力存在时，有些溶剂能使聚乙烯产生环境应力而开裂。高密度聚乙烯的耐蚀性、强度和模量等性能比低密度聚乙烯要好。聚乙烯塑料强度较低，往往不能单独用作结构材料。聚乙烯是用量最大的塑料品种，广泛用作薄膜、电缆包覆层。高密度聚乙烯可做设备与储槽、衬里、管道、垫片和热喷涂层等。

3. 聚丙烯

聚丙烯是目前商品塑料中最轻的一种，比强度高，允许使用温度为 110～120 ℃，没有外力时，允许使用到 150 ℃。但其耐寒性较差，在 -10 ℃时即变脆。

聚丙烯具有优良的耐腐蚀性能。除发烟硫酸、浓硝酸和氯磺酸等强氧化性介质外，其他无机酸、碱、盐溶液甚至到 100 ℃，都对它无腐蚀作用。室温下几乎所有有机溶剂均不能溶解聚丙烯。它对大多数羧酸也具有较好的耐蚀性，还具有优良的耐应力龟裂性。但某些氯化烃、芳烃和高沸点脂肪烃能使之溶胀。聚丙烯可用作化工管道储槽、衬里等。

4. 氟塑料

含氟原子的塑料总称氟塑料，主要品种有聚四氟乙烯、聚三氟氯乙烯和聚全氟乙丙烯等。聚四氟乙烯是线型晶态、非极性的高聚物分子，结构中稳定的 C—F 键以及 F 原子对 C—C 主链的屏蔽保护作用，使聚四氟乙烯具有极优良的耐腐蚀性能。它完全抗王水、氢氟酸、浓盐酸、硝酸、发烟硫酸、沸腾的苛性钠溶液的腐蚀。

除某些卤化胺、芳香烃可使氟塑料轻微地溶胀外，酮类、醚类、醇类等有机溶剂对它均不起作用；此外，它耐气候性极好，不受氧或紫外光的作用，所以有"塑料王"之称。耐高温低温性能优于其他塑料，在 230 ～ 260 ℃下可长期连续工作，在 -70 ～ 80 ℃保持柔性；应用温度为 -200 ～ 260 ℃。摩擦系数极小，并具有很好的自润滑性能。但它经不起熔融态的碱金属、三氟化氯及元素氟的腐蚀，加工性能也较差。

在防腐蚀领域，聚四氟乙烯可用作各种管件、阀门、泵、设备衬里及涂层。在机械工业上，可做各种垫圈、密封圈和自润滑耐磨轴承活塞环等。聚三氟氯乙烯和聚全氟乙丙烯比聚四氟乙烯的耐蚀性稍差，使用温度不如聚四氟乙烯高，但其加工性能要好些。

5. 氯化聚醚

氯化聚醚又称聚氯醚，是一种线型、结晶、非极性的高聚物，氯化聚醚的耐蚀性很高，仅次于聚四氟乙烯，除发烟硫酸、发烟硝酸、较高温度氧水、醋酮、苯胺等极性大的溶剂外，它能耐大部分酸、碱和烃、醇类溶剂及油类，其吸水性极低。因此常用于制造设备零部件，如泵、阀门、轴承、化工管道、衬里、齿轮及各种精密机械零件，也可制成保护涂层，还可做隔热材料。

（二）热固性塑料

1. 酚醛塑料

酚醛塑料是酚醛树脂与一定的添加剂制成的热固性塑料。酚醛塑料具有较高的机械强度和刚度，良好的介电性能、耐热性（使用温度为 120 ～ 150 ℃），较低的摩擦系数。常用来制作各种电器的绝缘零部件、汽车刹车片及铁路闸瓦等。

酚醛塑料化学性能比较稳定，可耐盐酸、稀硫酸、磷酸等非氧化性酸及大部分有机酸的腐蚀，但对氧化性酸如浓硫酸、硝酸和铬酸等不耐蚀，也不耐碱侵蚀。在化学上常用来制作各种耐酸泵管道和阀门等。

2. 环氧塑料

环氧塑料由环氧树脂和各种添加剂混合制成。它具有较高的机械强度、高的介电强度及优良的绝缘性能；具有突出的尺寸稳定性和耐久性且耐霉菌，可在苛刻的热带条件下使用。它能耐稀酸、碱和某些溶剂，耐碱性优于酚醛树脂、聚酯树脂，但不耐氧化性酸。未固化的环氧树脂对各种金属和非金属具有非常好的黏接能力，有"万能胶"之称。环氧塑料可作管、阀、泵、印刷线路板、绝缘材料、黏接剂、衬里和涂料，以及塑料模、精密量具等。

3. 有机硅塑料

常用的有机硅塑料主要是由有机硅单体经水解缩聚而成的，为体型结构。大分子链由 O—Si 键构成，有较高键能，所以耐高温老化和耐热性很好，可在 250 ℃长期使用；耐低温（-90 ℃）、耐候性、电绝缘性能好；能耐稀酸、稀碱、盐水腐蚀，对醇类、脂肪烃和润滑油有较好的耐蚀性；但耐浓酸及某些溶剂如四氯化碳、丙酮和甲苯的能力差。此外，制品强度低，性脆。有机硅塑料主要用于电绝缘方面，尤其用于制作既耐热又绝缘和防潮的零件，也可制成耐高温和抗氧化涂层。

二、橡胶

（一）天然橡胶

天然橡胶由橡胶树割取的胶乳制成，主要成分为异戊二烯的顺式聚合物。天然橡胶是线型结构，机械性能较差，主链上含有较多的双键，易于被氧化，所以要进行硫化处理使其大分子链之间得到一定程度的交联，从而使其弹性、强度、耐腐蚀性等得到改善。根据硫化程度的不同，可分为软橡胶、半硬橡胶和硬橡胶，含硫量越多，橡胶越硬。软橡胶弹性好、耐磨、耐冲击，但耐蚀性、抗渗性比硬橡胶差；硬橡胶因交联度大，所以耐腐蚀性、耐热性及强度比软橡胶好，但耐冲击性不如软橡胶。

天然橡胶具有很强的抗蚀能力，尤其是对非氧化性酸、碱等，但是经不起浓硫酸等氧化性酸的腐蚀，也经不起溶剂腐蚀，因此在使用过程中需要加强注意，在防腐工程中，橡胶还有很多应用的地方。

（二）丁苯橡胶

丁苯橡胶是丁二烯和苯乙烯的共聚物，在合成橡胶中产量最大。随硫化程度不同，可制成软胶和硬胶版，硬胶的耐蚀性较好。它对强氧化性酸以外的多种无机酸、碱、盐、有机酸、氯水等有良好的抗蚀性。软胶不耐醋酸、甲酸、乳酸、盐酸及亚硫酸腐蚀。耐油性不好，但耐磨损，且和金属的粘接良好，主要用作槽和管的衬里。最高应用温度为 77 ～ 20 ℃，最低是 54 ℃。丁苯橡胶的耐蚀性接近天然橡胶，可做天然橡胶的代用品。

（三）氯丁橡胶

其物理力学性能与天然橡胶相似，但其耐热性、耐氧和臭氧、耐光照、耐油、耐磨性都超过天然橡胶。耐辐射，对稀非氧化性酸和碱耐蚀，不耐氧化性酸、酮、醚、酯、卤代烃和芳烃等腐蚀。耐燃性好，耐高温可达 93 ℃，耐低温至 40 ℃。可做涂料和衬里。

（四）丁腈橡胶

丁腈橡胶是丁二烯和丙烯腈的共聚物。其强度接近天然橡胶，耐磨性和耐热性良好，可长期用于 100 ℃。耐低温性能和加工性能也良好，具有良好的耐油性，其耐油和耐有机溶剂性能超过丁苯橡胶，而其耐腐蚀性能与丁苯橡胶相似。广泛用于接触汽油及其他油类的设备。

（五）硅橡胶

硅橡胶是二甲基硅氧烷与其他有机硅单体的聚合物。主链只含硅和氧原子，不含碳原子。它的特点是既耐热又耐寒，是工作范围最大的橡胶材料，在 -100 ～ 350 ℃保持良好性能。对于光、氧、臭氧的老化作用有很强的抵抗力，很强的电绝缘性。缺点也比较突出，包括耐磨性差、耐酸碱性差、强度差等。

（六）氟橡胶

氟橡胶是含氟原子的橡胶通称。它具有优良的耐高温，耐酸、碱、盐，耐油性能，耐强氧化剂；但耐溶剂性不及氟塑料。使用温度 -50 ～ 315 ℃。氟橡胶价格较高，主要用于飞机、导弹、宇航方面，做胶管、垫片、密封圈、燃烧箱衬里，在化工方面可用于耐高温和强腐蚀环境。

三、天然耐蚀硅酸盐材料

天然耐蚀硅酸盐材料主要应用在工地上，构成元素是各种硅酸盐、铝硅酸盐等，是化工防腐的重要材料之一。用它制成的石块在化工上用作地面、地沟和设备的防腐蚀面层；用它制成的粉料、砂子、石子是耐酸胶泥和混凝土的主要填料，主要有以下几种。

（一）花岗岩

花岗岩中平均含有 $w(SO_2)=70\%\sim75\%$，$w(Al_2O_3)=13\%\sim15\%$ 以及质量分数为 $7\%\sim10\%$ 的碱及碱土金属氧化物；主要矿物组成为长石和石英。其缺点是热稳定性不高，质地不均匀，优点是耐酸性好、耐碱、耐风雨侵蚀以及耐冻能力较好。

（二）石棉

石棉是纤维状含水硅酸镁矿物的总称。其主要有蛇纹石棉（温石棉）和角闪石棉（蓝石棉或青石棉）两种。蛇纹石棉的总量大，是石棉开采的主体部分，主要的化学成分是含水硅酸镁。最大的缺点就是不耐酸，在酸性的环境很容易被溶解。

对碱稳定，脆性较大，一般用作绝热和耐火材料。角闪石棉的化学组成主要是含水钙镁硅酸盐，SO_2 质量分数为 $51\%\sim61\%$，其纤维有伸缩性和韧性，具有耐火性、耐酸性（除氢氟酸和氟硅酸外）；但纤维太短。$600\sim800$ ℃，超过 800 ℃就会丧失其弹性和强度。由于石棉耐火、耐酸（角闪石棉）、耐碱（蛇纹石棉）、导热系数小、纤维强度高，可加工成织物，主要用作法兰垫片、填料、滤布等。此外还做塑料的加强填料，著名的品种有酚醛石棉塑料。

四、陶瓷

陶瓷是以天然或人工合成的化合物粉体为原料，经成形和高温烧结制成的无机非金属材料。在腐蚀工程中主要应用的有化工陶瓷高铝陶瓷和氮化硅陶瓷等。

（一）化工陶瓷

化工陶瓷又称耐酸陶瓷，是以天然硅酸盐矿物为原料而制成的，属于普通陶瓷。其原料成本低，用量大，主要成分为 SO_2 含 $60\%\sim70\%$，Al_2O_3 含 $20\%\sim30\%$，含有少量 CaO、MgO 等，所以它能耐各种浓度的酸（氢氟酸和热磷酸除外）和有机溶剂的腐蚀，但耐碱性较差。在化工陶瓷表面可通过上一层盐釉，来进一步提高其抗渗透和耐蚀性。化工陶瓷主要用于制作一些瓷砖、容器、耐酸罐道管道。化工陶瓷因为导热性差、强度低不会出现在大规模机械冲击的场合。

（二）高铝陶瓷

顾名思义，高铝陶瓷的成分是铝，而且是含量在 46% 以上的陶瓷。Al_2O_3 含量为 90.0% ~ 99.5% 时，称为刚玉瓷。Al_2O_3 含量越高，陶瓷的力学和化学性能越好。因 Al_2O_3 具有酸碱两重性，所以高铝陶瓷耐酸性非常好，耐碱性也很好，因此高铝陶瓷主要适用于制作一些耐腐蚀、耐磨损的零部件。

（三）氮化硅陶瓷

氮化硅陶瓷是一种新型的工程陶瓷材料。它的特点是热胀系数小，耐温度急变性好；硬度高，摩擦系数小，并有自润滑性，因此其耐磨性极好；强度较高，并在高温下（1200 ~ 1350 ℃）仍可保持强度不变，是极好的电绝缘材料。氮化硅的性能综合来讲还是不错的，除了氢氟酸之外所有的无机酸腐蚀都可以抵挡得住，抗氧化的温度可以达到 1000 ℃，还经得起有色金属熔体的侵蚀。因此经常用来制造一些耐腐蚀、耐磨损的部件，或者是耐高温的热电偶管与涂层。

五、玻璃

玻璃是日常生活中经常看到与使用的一种材料，本质上来讲玻璃属于非晶的无机非金属材料，主要成分是一些氧化物。SO_2 含量的增加，碱金属氧化物含量的降低，均会使玻璃的稳定性提高。在防腐蚀领域中应用较多的玻璃是石英玻璃、硼硅酸盐玻璃和低碱无硼玻璃，其中后两者应用较多。

（一）石英玻璃

石英玻璃是通过各种纯净的天然石英熔化形成的，它的耐酸性特别强，强到什么地步呢？除去氢氟酸、热磷酸之外，不管是在高温还是低温的情况下，对于不同浓度的无机酸与有机酸都可以具有耐腐蚀的特点，但是它的耐碱性并不好。温度高于 500 ℃的氯溴碘对它也不起作用。热胀系数小，热稳定性高，就算是长期使用在 1100 ~ 1200 ℃，短期也可以形成 1400 ℃。由于其熔制困难，成本较高，目前的应用范围有限，主要用于制造实验室仪器，或者是特殊的高纯度产品的提炼。

（二）硼硅酸盐玻璃

硼硅酸盐玻璃是把普通玻璃中的 R_2O（Na_2O、K_2O）和 RO（CaO、MgO）成分的一半以上用 B_2O_3（一般其质量分数不大于 13%）置换而成。加

入适当的 B_2O_3 使玻璃的热稳定性大大提升。其对氢氟酸、高温磷酸、热浓碱溶液之外的无机酸、有机酸、有机溶液等介质的腐蚀都可以抵挡，一般用于制作实验室仪器、化工上的一些零部件等。

（三）低碱无硼玻璃

低碱无硼玻璃的主要特点是不使用价格较高的硼砂，但由于低碱和铝含量的增加，保证了它的化学稳定性和强度。此种玻璃焊接性能较差，但成本低廉，主要用作输送腐蚀性介质的玻璃管道。

六、混凝土

混凝土是砾石、卵石、碎石或炉渣等在水泥或其他胶结材料中的复合体。为了增加强度，通常内部加入钢筋，是用途最广泛的材料之一。在防腐蚀领域中应用较多的混凝土有耐碱混凝土、耐酸混凝土、硫黄混凝土和聚合物混凝土等。

通常所说的混凝土多指以普通硅酸盐水泥为胶结材料的水泥混凝土。普通水泥也称波特兰水泥，其中含有大量的氧化钙，呈碱性，所以对碱有一定的耐蚀能力。当它与具有较高耐碱性的石灰石类骨料相结合，并加入适当的外加剂等时，就制成了耐碱混凝土。

耐碱混凝土对于常温碱溶液有很强的耐蚀力，耐水性也比较强。在使用的过程中磷酸盐与水中的钙对混凝土的结构造成破坏，因此耐酸混凝土是以水玻璃（酸钠水溶液）为胶结材料的混凝土。

耐酸性比较好，但是不适用于氢氟酸、高级脂肪酸、碱性介质，对于一些强氧化性酸的场合的适应好，在水的作用下会被溶解，不适合在有水的情况下长时间适用。

适合在长时间浸水的工程中的是硫黄混凝土，其组织致密，孔隙率低，组成中又无水分子，它的抗水性能较好，抗冻能力也不错，具有很强的耐酸性，但是耐火性不加。

生产、运输、浇筑等环节要保证衔接的顺畅和合理。机械化程度要符合施工项目的实际需求，尽可能保证混凝土和机电安装之间存在的相互干扰尽可能少。聚合物混凝土就是聚合物为胶结材料的混凝土，渗透性好，但是要在特定的环境下才可以体现出，混凝土广泛用于建筑物、地板、墙板及大型储槽和管道。

七、复合材料

（一）玻璃纤维

玻璃纤维对我们来讲可能有些陌生，但是玻璃钢就比较熟悉了，其实它们是一种物质，是以玻璃纤维为增强相，通过手糊、模压、喷射等成形工艺制成的复合材料。它质轻，比强度高，耐腐蚀，因此应用范围比较广。

玻璃钢的耐蚀性主要取决于基体树脂的耐蚀性，因此要根据使用环境选用合适的树脂作为基体。例如，环氧树脂耐酸碱腐蚀、酚醛树脂耐水介质的侵蚀。玻璃纤维的耐蚀性对玻璃钢的耐蚀性也有影响。玻璃纤维耐除氢氟酸、热磷酸以外的几乎所有无机酸、有机酸的腐蚀，但其耐碱性较差。所以即使以耐碱性较好的环氧树脂为基的玻璃钢，在碱性介质中也可能受到腐蚀。玻璃钢的耐蚀性还与树脂与纤维之间黏结的好坏有关。结合不好时在界面处会留有孔隙，使水和腐蚀介质易渗入材料内部，从而影响甚至破坏材料的耐蚀性。

（二）碳纤维增强塑料

碳纤维具有比强度高、比刚度高、导热性好、热稳定性高、耐腐蚀性好等优点。碳纤维可与环氧酚醛、不饱和聚酯等树脂复合而成增强塑料。这类复合材料不仅保持了玻璃钢的许多优点，而且在许多性能方面还超过了玻璃钢，是目前比强度和比模量最高的复合材料之一。它的优点主要包括：耐磨、耐热、耐蚀、抗冲击等。

在航空航天工业应用广泛，如宇航飞行器外表面防护层、发动机叶片、卫星壳体、机翼大梁等承载、耐磨以及耐热零部件。在防腐领域，碳纤维一般用于制作管道容器、动力密封装置的零件。

第七章　材料腐蚀试验

材料的腐蚀情况实际上是相当复杂的，材料的耐蚀性能不仅会受到材料因素的影响，同时也会受到介质因素的影响。因此，要想有效地对腐蚀加以控制，就需要借助一系列科学的腐蚀试验。本章就将从腐蚀试验目的、分类与条件，腐蚀试验的设计与条件控制，材料腐蚀试验方法，材料腐蚀评定方法四方面做较为详细的阐述。其主要包括试验的分类与条件、设计与控制、各种试验方法等内容。

第一节　腐蚀试验目的、分类与条件

一、试验目的

不管是在哪项腐蚀研究与腐蚀控制施工中，几乎都包括腐蚀试验、检测以及监控。一般来说，腐蚀试验的目的主要有以下几点：①包含检验性地对生产工艺管理与产品质量控制的试验，一般情况下就是对一些材料质量的例行试验；②对在特定腐蚀介质中适合使用的材料进行选择；③对于已经被指定的介质体系或金属，要使用最合适的使用量以及缓蚀剂；④而面对已经确定下来的材料/介质体系，就需要对材料的使用寿命进行预估；⑤对产品因为腐蚀才造成污染可能性或是已经被污染的程度进行确定；⑥在事故发生后找到事故产生的原因以及解决办法；⑦采用效果良好的防腐措施，同时对最终取得的收益和效果进行估计；⑧将新型的耐蚀材料研制出来并发展；⑨采用监视性的方式检测工厂设备的腐蚀状态，进一步对腐蚀的发生、发展进行控制；⑩研究腐蚀的规律和机理。

二、试验分类

（一）实验室试验

有目的地在实验室里和在人工受制、配制的环境介质条件下，将专门制备的小型试样进行腐蚀试验。其优点主要是可以对实验室设备控制和仪器测验的精确性，以及试验时间、条件的灵活性进行充分利用；可以对试样的形状、大小等进行自主选择；对相关因素可进行严格把控；相对较短的试验时间和较好的试验结果重现性。这是腐蚀工作者广泛应用的主要腐蚀试验方法。

实验室试验通常分为两类，即模拟实验与加速试验。其中，不需要加速的长期试验即为模拟实验，就是尽量准确地在小型的模拟装置中，对自然界、工业生产中会遇到的条件、介质等进行模拟，虽然介质和环境条件的严格重现是困难的，但主要影响因素要充分考虑。这种试验周期长、费用大，但实验数据较可靠，重现性也高。

加速试验是一种强化的腐蚀试验方法。即把对材料腐蚀有影响的因素（如介质浓度、化学成分、温度、流速等）加以改变，使之强化腐蚀作用，从而对整个试验过程进行加速。该方法不仅能够将材料发生腐蚀倾向的情况在短时间内进行确定，还能在指定条件下确定若干材料的相对耐蚀顺序。在进行加速实验时应注意，只可以对一个或是少数几个控制因素进行强化。除了特殊的腐蚀试验，通常是不会将不存在于实际条件下的因素引入进来的，同时也不能因为加速因素的引入，而对实际状态下本来的腐蚀特征、行为等加以改变。

（二）现场试验

在现场实际环境中，对专门制备的试样进行腐蚀试验的过程即为现场试验。对于该试验来说，环境条件的真实性就是其最大特点，并且试验本身是相对简单的，其得出的结果也较为可靠。但是，有很多环境因素在试验中是避免不了的，所以有时可能会出现试验周期长以及所得结果重现性差等问题，最终导致实物状态与试验所用试样之间有差异性存在。

（三）实物试验

在现场将试验材料制作成试验设备、部件或是小型的试验性装置，并在实际应用之下将其投入进行腐蚀试验，这一过程即为实物试验。这种试验不仅解决了实验室试验及现场试验中难以全面模拟的问题，并且包含了在加工过程之中结构件受到的影响，可以将在使用条件下材料的耐蚀性进行较为全面且正确的反映。但实物试验所需要的费用是比较大的，且有着较长的试验周期，所以在进行试验时不能同时包含好几种材料。所以，这类试验只能是基于现场试验、实验室试验来进行的。

三、试验条件

（一）试样准备

1. 试样材料

对所用试样原始资料的了解都应当尽量详细，其中包含了材料的化学成分、牌号等，金属方面还应当包含试样的冶金、加工的热处理、工艺特征与金相组织等。只有了解了这些资料，才能对腐蚀结果有进一步的分析。

2. 试样的形状与尺寸

试验的方法、目的、时间、装置以及材料的性质等，都决定了试样最后的尺寸与形状。而在外形方面，试样的要求是十分简单的，这样做的目的也是为了能对表面积进行精确测量、对腐蚀产物进行清理及加工。为了消除边界效应的影响，试样表面积与边缘面积之比要尽量大些，试样表面积与试样质量之比也要尽量大些，通常采用矩形、圆盘形及圆柱形等。实验室通常所用的试样尺寸为：矩形 50 mm × 25 mm ×（2～3）mm；圆盘形（30～40）mm ×（2～3）mm；圆柱形 10 mm × 20 mm。

3. 试样的表面处理

对腐蚀试验结果的可比性、重现性有很大的影响的重要因素，无非就是试样的均一性、表面的粗糙程度和洁净程度，所以在试验之前都会对其表面进行严格处理。试样的形成一般就是切取原材料，再经过适当的机械加工，以及研磨抛光等制作而成，之后再经统一的清洗使之具有接近的表面状态。

（二）腐蚀暴露事件

1. 腐蚀介质

腐蚀介质可直接取自生产现场，或按照现场的介质成分进行人工配制。使用化学纯试剂和蒸馏水对试验溶液进行的精确配制，应当发生在自行对腐蚀介质配制期间，并且要注意严格地对试液成分加以控制。在进行试验时，应当避免因为溶液蒸发或是其他原因而导致的介质体积、成分及浓度的变化，以免影响介质的腐蚀性能和结果的可靠性。

2. 试验温度

腐蚀试验温度应尽量模拟实际腐蚀介质的温度。实验室试验常在能控制温度的水浴、油浴或空气恒温箱中进行。整个试样的表面温度即为应当控制的温度，但是为了方便一些，控制对象常常会被设为试液温度。

3. 试验时间

材料的腐蚀速度很少是恒定不变的，经常会随时间而不断变化，所以在通常情况下，材料的腐蚀速度通常决定了试验时间。一般材料因为腐蚀速度较低所以时间会长一些，而有些材料由于腐蚀速度较大，所以时间也会相对较短。实验室中，试验一个周期的时间一般是在 1 ～ 7 天内。

4. 试样暴露的条件

在实验室中进行试验，常常会因为有着不同的试验目的，而将试样间断地暴露（间浸）、部分（半浸）或全部（全浸）在腐蚀介质之中，这些情况是在模拟实验的应用中经常会碰到的。

5. 试样安放与涂封

在安放试样的过程中，应当时刻确保试样和容器、试样和试样、试样和支架间是与电绝缘的，并且不会有缝隙产生；保持介质与试样表面的充分接触。并且，在装取试样时还应确保牢固可靠和便捷；支架本身耐蚀等。所以通常安放试样有两种常用方法，即悬挂式与支架式。

为了保证试样有恒定的暴露面积，防止可能发生的水线腐蚀，往往用绝缘材料将试样部分表面涂封遮蔽。在进行电化学测试时，必须在试样上引出导线，导线和试样的结点必须涂封，以防电偶腐蚀的干扰，涂封要求绝缘好、牢固、简便。常用的绝缘材料有环氧树脂、清漆、聚四氟乙烯和石蜡松香等。

第二节　腐蚀试验的设计与条件控制

一、腐蚀试验设计

金属腐蚀试验至少包含五个方面的内容，即确定研究目标、选择试验方法、控制试验条件、测量试验参数和解析试验结果。

没有万能的腐蚀试验方法，因此在进行试验前确定研究的对象、目标等是十分重要的，所以这些都对试验的内容、用途等起着决定性作用。对于工厂来说，经济与安全的问题常常是其选择的目标与对象，所以实行腐蚀试验一般都会围绕失效风险的防护与评价、分析运行部件的状况以及确定检修策略等进行。腐蚀试验不仅会涉及经济与安全问题，还与健康和环境、法律和法规等问题有关。

金属腐蚀研究的具体目标不同，采用的试验方法和测量技术就可能不同，试验条件的控制和结果的解析方法等也会有所不同。确定了研究目标和对象以后，首要的问题是设计（或选择）试验方法。

设计腐蚀试验必须考虑许多因素。例如，①试验的目的是什么，要测定哪种类型的数据；②试验中包括哪些影响因素，哪些影响因素间存在有相互作用，哪些是影响材料腐蚀行为的控制因素；③现有多少试样，它们的生产方式如何、试样是否均匀、其代表性如何；④试验过程中要进行哪些控制；⑤试验能得到哪些信息，如何把这些信息与较早的试验或其他试验的结果结合起来，应该怎样解释试验结果；⑥设计时引入各种人为误差的可能性大小如何；⑦试验是否是破坏性的，费用如何。

如此众多的问题和五花八门的试验方法，使试验方案的设计变得复杂起来。把试验目标（即需求）与主要试验参数联系起来是简化试验方案设计的重要方法。

与腐蚀机理相符合的现代科学理论，是设计（或选用）腐蚀试验方法时应最先考虑的，以便其能够按照腐蚀类型、机理的不同来对具体的仪器装置、腐蚀试验方法等进行确定。另外，数据分析的统计学基础也应当在腐蚀试验设计中被反映出来，将统计方法用于腐蚀试验设计至少有以下优点：①节约时间和经费，利用较少的试验得到比较严格的结论；②简化数据处理，可将数据以容易再使用的形式分类；③建立较好的相关性，将变量与它们的作用分开；④对试验结果的准确性进行提升。

而相较于应用统计方法来说，试验设计会更加复杂一些，这是因为在试验设计之中，能够将需要的有效信息提供出来，一般会同时采用两种方法，即统计分析法、经济分析法。

对于各种金属-环境组合的评价方法的设计并不排除把某些试验和评价方法标准化。标准化的试验方法在许多相同或类似的条件下可以被直接选用，按统一规范进行试验后所收集到的信息更适合于相互比较和交流。标准化的试验方法还能为许多腐蚀试验的设计提供有益的借鉴。巴博扬（Baboian）所编著的《腐蚀试验和标准》就总结了腐蚀试验和评价领域的 400 多位专家的研究成果，对腐蚀试验设计是非常有价值的信息来源。

材料、环境条件与介质等许多因素都逐渐影响着材料的腐蚀行为，并且还会有协同、交互的作用围绕在这些因素之间。因此应当对其中最关键的影响因素进行寻找，同时将相关因素严格把控起来，从而确保实验结果的重现性与可靠性。

不管是哪种试验方法，都有理论问题夹杂其中，因此应当对所使用的实验技术、限制条件与试验方法原理等做正确理解，这样才能进一步将试验参数正确地测量出来。经腐蚀试验所获取的试验数据通常还需要经过去伪存真的逻辑分析和统计数学处理，求取某些参数或将其转化为有用的信息。最简单的情况是，还可以使用极限简化法、解析法来解析试验结果，并在计算某些参数时搭配恰当的作图方式，或者是通过计算机来进行模型的建立与模拟解析，以及通过拟合最优化曲线等方式求解参数等。计算机在数据采集、加工、分析、检索和发布等方面均具有重要作用。

二、腐蚀试验条件控制

腐蚀试验的试样、试验介质、环境条件和试验周期等均会影响试验结果的可靠性、准确性和重现性。下面将简要介绍上述条件控制的意义与做法，相关内容对所有腐蚀试验均有普遍的指导意义。

（一）试样

1. 试验材料

在设计腐蚀试验时，除了要考虑金属材料的基本性质（这些性质与化学组成、结构和表原面光洁度有关）外，还必须考虑材料的生产过程和最后的成形、加工、焊接及热处理等对腐蚀试验结果的影响，因为后者往往也会影响材料的耐蚀性，如以下情况。

①成形：成形会影响金属材料的组织结构。例如，成形所产生的内应力可能导致应力腐蚀破裂；成形引起铝合金的组织结构变化可能导致晶间腐蚀。在成形的过程中，金属表面还经常会被腐蚀性物质或对后续的涂镀工序有害的物质（如脂肪酸酯）污染。

②加工：加工（包括打磨、喷砂和抛光）会影响金属的表面结构和性质。加工作业中经常会出现局部高温和使用冷却剂，这往往会改变金属材料的显微

组织和表面性质。加工过程中工件表面会吸附或残留那些来自冷却剂、研磨材料和喷砂介质的组分，会改变金属表面的化学成分。例如，不锈钢在切削或喷丸过程中其表面可能被碳钢颗粒污染，电化学加工过程（特别是电化学去毛刺过程）往往会造成活性阴离子在表面残留，这些都会影响腐蚀试验结果。

③焊接：焊接可能会改变金属的组织结构，并能对金属的腐蚀行为产生很大的影响。例如，在焊接金属、热影响区和母板之间可能引发电偶腐蚀；不锈钢焊接热影响有可能被敏化；加热和冷却有可能在结构中形成残余应力等。

④热处理：人们发现，对于许多铁基合金，当用其生产轧制产品（板、薄板、管、棒）时，如果合金暴露在某些温度下（即在晶界优先出现固态反应的温度），由于合金元素的偏析，特别是碳化物、氮化物和其他金属间化合物的沉淀，会造成晶界成分的改变，并在许多工况下发生严重的晶间腐蚀。以上例子说明，材料的热经历可能会改变其微观组织和微区电化学行为。

鉴于以上原因，进行腐蚀试验之前应尽量将用在制备试样中试验材料的各种原始资料做较为详细的掌握，如试验材料的名义化学成分、生产批次和实际取样部位的化学成分等；另外对试验材料的金属学性质、工艺特征与热经历等也要适当地进行了解。

2. 试样的形状和尺寸

试验的方法、目的、环境和周期，介质的腐蚀性，材料的性质与数量以及试验的评定方法、指标等，都决定了腐蚀试验需要用到的试样尺寸、形状等。通常情况下，为了可以对受到腐蚀的表面积进行精确测量，都会希望试样能相对简单，从而方便对试样进行加工与制备，还能让重复试验、平行试样的结果有较好的重现性，这样也能更方便地将腐蚀产物去除。用得最多的是矩形和圆形的板状试样以及圆棒试样。根据实际需要，有时也需把试样制成较为复杂的形状，如应力腐蚀试样等。

试样尺寸应视试验方法和评定方法而定。从某些评定方法（如质量损失法）的精度考虑，或从腐蚀概率与面积的关系考虑，或从阴/阳极面积比对电偶腐蚀的影响考虑，一般认为应选用尺寸较大的试样。尽管如此，在实验室试验中却往往采用小试样，其优点是可以使材料消耗尽可能减少，以及让试验装置简化，并通过对平行试样数量的增加而让统计的结果贴近实际。

因为是试样暴露表面和介质的相互作用才形成了腐蚀过层，所以增大试样的暴露表面面积与其自身质量之比，可以提高测量精度。此外，相比于大面积的表面，试样的边棱部位会更容易被腐蚀，其中最为敏感的就是孔蚀与晶间腐蚀。而实际条件下的边棱部位是不多的，因此应尽可能增大试样暴露面积与边棱面积之比，并尽量使试样的尺寸规范化。

3. 试样制备

在对腐蚀试验结果会产生影响的因素中，最重要的就是试样表面的粗糙程度、均匀性和洁净度等。通常会将试样在原始材料的中心切开，并为了防止应力影响将残余的部分进行消除。同时为了将试样表面的污垢、氧化皮与缺陷等进行消除，往往还需要对试样进行表面处理，除去表面薄层，提供规范化的表面。常用的方法有机械切削、喷砂、酸洗、用磨料研磨和抛光等。抛光包括机械抛光、（电）化学抛光和机械-化学抛光。为了进一步去除试样表面黏附的残屑和油污，可用自来水和去离子水冲洗，或用软毛刷或软布擦洗，或用超声波清洗；脱脂可用洗涤剂或无水乙醇、丙酮等化学溶剂清洗试样，也可用高压喷雾进行清洗，并让已经清洗干净的试样干燥之后，放在干燥器中放置 24 h。

4. 平行试样的数量

为了对试验结果的偶然误差进行控制，以及将测量结果准确性以提升，都会在每次试验时提出要求，即使用一定数量的平行试样（在同一试验条件下进行试验和测量的完全相同的试样）。平行试样数量越多，结果的准确性就越高。

实际上，每次试验所使用的平行试样数量与试验目的、个别试样预期试验结果分散度、所需的平均结果精度以及设备容量、试验材料的价格与均匀性等都有着密不可分的联系。

5. 试样标记

在进行腐蚀试验时，常常会遇到试样的尺寸与形状相一致的情况，如果对试样不能进行准确的识别，那么就一定引发结果混乱。因此，为了对试样进行准确的区分与识别，就应将标记在试验之前就标好，准确地说明各个试样的状态、成分与试验条件。同时标记应当非常容易被人们辨别，尽可能地做在非腐蚀面上或影响较小的部位上。

直接在试样上标记的方法有如下几点：电刻、化学蚀刻、将数字或字母用钢字头打印以及通过一定规律在试样上钻孔或加工缺口。为了防止标记在试验过程中被腐蚀掉和减少标记对试验的影响，可用石蜡或清漆覆盖保护标记；而间接标记的方式就是将标记加在试样的支架上或者夹具上。

6. 试样的暴露技术

进行腐蚀试验时试样以一定的方式暴露于腐蚀介质中。暴露技术取决于试验目的、设备装置及试样的形状和尺寸，并直接影响试验结果的可靠性。

在腐蚀试验中，腐蚀介质可以暴露出金属试样的部分、全部等，而对于可能会在模拟实际应用中遇到的情况，即为全浸试验、半浸试验和间浸试验。半浸试验对于研究水线破坏具有特殊价值，而间浸试验用于模拟干、湿交替条件下的金属腐蚀。

试样往往是通过悬挂或支架支撑的方式固定在腐蚀介质中。一般要求：①支架或是悬挂物的放置要保证试样能自由地接触到腐蚀介质，试样与支架、容器壁之间应保持点接触或线接触，尽可能减少屏蔽面积；②支架或悬挂物是惰性的，在试验中既不能因腐蚀而失效，也不能因腐蚀而污染溶液；③保证试样和试样间、试样和容器、支架之间不通电，防止有缝隙产生；④便捷地装取试样，牢固且可靠；⑤同一容器之中的金属试样不会相互造成干扰。

为确保试样有恒定的暴露面积，经常需要将试样的非工作面封闭隔绝。对封闭材料的一般要求是，耐腐蚀；不污染试验介质；与试样间不产生缝隙；操作简便。常用的封闭材料有蜂蜡、环氧树脂、聚四氟乙烯和密封胶等。

（二）试验介质

由于腐蚀试验的研究对象和目标不同，因此试验中会涉及多种环境介质，其中许多介质因素会对腐蚀过程和腐蚀试验结果产生影响，所以在腐蚀试验中要对介质因素进行控制。一般说来，影响腐蚀过程的介质因素主要有：①介质类型、杂质成分、主要成分和分布等；②介质导电率；③溶液的 pH 值；④有腐蚀产物的性质形成在试验过程中；⑤拥有固体粒子的尺度与数量；⑥介质容量等。一般情况下，在开始腐蚀试验之前都会按照研究的目的来认真分析研究体系，找出影响腐蚀过程的主要因素，并严格对试验过程加以控制。

在对实际的腐蚀问题进行解决时，应当尽量对实际应用中的介质进行使用，或者是将试验介质在实验室中进行模拟配制。有时为了对试验过程以简化，还可以使用纯溶液。而为了加速腐蚀试验过程，有时还会采用强化的加速腐蚀试验介质。

应当用化学纯、蒸馏水等化学试剂对试验溶液进行精确配比，以及对溶液成分进行严格把控。腐蚀试验中的腐蚀速度、试样面积与试验周期等决定了其需要用到的介质容量，从原则上说，是不能因为进行着腐蚀而减少介质中的腐蚀性组分，且其介质中积累的产物也不应该有明显的改变。因此在试验的前后过程中都要时刻对溶液成分进行检查，从而对在蒸发、稀释、催化或是腐蚀反应中的变化进行确定。为了对水分蒸发而引起的变化进行控制，一般会使用回流冷凝装置或恒定水平装置，必要时也可将蒸馏水定时地采取人工添加的方式。

（三）环境条件

1. 温度及温度控制

通常情况下，腐蚀过程中温度会造成的影响有以下几种：①对化学的反应速度进行改变；②对水溶液介质中气体的溶解度加以改变；③对一些腐蚀产物的溶解度、溶液黏度进行改变；④在进行大气暴露试验时，金属表面的干湿状态会被改变；⑤对流的情况会在介质有温度差异时存在，而这将会对腐蚀产物的转移、腐蚀介质的供应都产生一定的影响。

溶液介质的温度经常被看作腐蚀试验的控制对象。而这种在金属表面一致于介质温度基础上的试验即为等温试验。一般就是对空气恒温箱、水（油）浴恒温器等对试验温度进行控制，或者有时还会直接在腐蚀介质中插入自动恒温的浸泡加热器；而有些试验在试验溶液的沸点下进行，所以可以采用有回流冷凝器的装置，从而有效阻止水分蒸发。

腐蚀介质和金属间实际上是有传热过程存在的，介质的界面、金属和介质本体的温度梯度十分明显，所以这种类型的试验也就是传热试验。

2. 金属与介质的相对运动

这种相对运动会影响液体中的腐蚀组分，如金属表面的供应以及腐蚀产物的冲洗和脱除，因此对于处于扩散控制或电阻控制的腐蚀过程有重要影响。此外，高流速下可能出现磨蚀和空泡腐蚀，使腐蚀类型发生改变。

在腐蚀试验中，为了实现金属/介质间的相对运动，可根据试验目的设计金属相对于溶液转动，或在金属表面流动的溶液，又或是两者都在进行着相对运动。搅拌器、圆环、流体管道系统以及旋转圆筒、圆盘等都属于经常会用到的试验装置。

3. 充气与去气

在大气中敞露进行腐蚀试验时，通常空气会溶解到试验溶液中，而空气中的氧和二氧化碳等可能对试验结果产生很大的影响。氧是重要的去极化剂，对某些体系也可能成为钝化剂，试验溶液中是否含溶解氧通常会影响腐蚀规律和腐蚀试验结果。二氧化碳气体对中性溶液的 pH 值会产生影响。

充气和去气是控制试验溶液中气体最简单的方法。其中，充气的含义就是将氧气提供到溶液之中，保证直接供氧，也可以供以空气，或者供以氧气/惰性气体的混合气体；而去气指的是在溶液中加入惰性气体，从而将其本来存在的氧气驱除出去，或是充分结合起抽真空与惰性气体的充入等方式。

向溶液中通入气体时应注意：①鼓入的气泡应尽可能小而弥散，通气管端常用烧结陶瓷或烧结玻璃制成的多孔塞；②通气流量取决于溶液体积、试样面积和腐蚀速度，应按照要求控制通气量；③在研究介质中氧含量的影响时，应采取改变和控制通入气体的成分（氧与惰性气体的比例）的方法，而不是改变气体的总流量，以保持相对运动状态稳定；④通入气体应经过纯化处理；⑤气体通入溶液前，应预热到与试验介质相同的温度。

当充气、去气被认为在设计腐蚀试验中是合理的情况下，就应当适当地开始控制溶液中气体的状态。而在化工系统的许多现场试验中，往往是在系统的固有气氛下进行试验，一般并不要求充气和去气。

4. 试样暴露程度

金属试样在实验室的腐蚀试验中，因为对实际应用的模拟会出现各种状况，即间浸、半浸和全浸试验。间浸试验是用以模拟材料表面干、湿交替的情况。试验会将试样按照预定的循环变化程序，交替着在溶液中浸入和提出。同时，应当保证每一次交变的进入、提出时间没有变化，且对环境的温度、湿度等也需严格把控。半浸试验是有特殊价值存在于水线腐蚀的研究之中的。溶液表面在试验过程中应当保持恒定，从而使水线一直停留在固定位置之上，特别是水线上下的金属面积更要保持恒定。

全浸试验一般在对待一些影响因素时会做较为严格的控制，如流速、温度与充气状态等。为了对恒定的供氧状态进行确定，通常会让试样的浸入深度大于 2 cm。

5. 试验持续时间

材料的腐蚀速度与试验持续时间是存在直接关系的。一般说来，试验时间会随着金属腐蚀速度的升高而变得越来越短，并且在试验中能够有保护膜、钝化膜形成的体系，其时间是相对较长的。在进行腐蚀的过程中，由于时间的变化，所以介质的侵蚀性与材料的腐蚀速度也是会发生变化的。就腐蚀体系的不同，介质的侵蚀性与腐蚀速度很可能在不同的时间中出现不一样的规律。在设计腐蚀试验和评定试验结果时，应了解材料腐蚀速度及介质的侵蚀性随时间变化的情况，即了解时间对腐蚀的影响规律。这有利于确定试验周期、分析腐蚀现象和评定试验结果。

第三节　材料腐蚀试验方法

一、腐蚀试验方法的任务

腐蚀试验方法的任务通常可以对以下方面进行归纳：①在金属 / 介质体系已经被确定的情况下对金属的使用寿命进行预估；②介质被金属腐蚀所形成的可能性、污染程度等要进行确定；③有腐蚀事故出现后，找出发生的原因和解决方法；④进行有效防腐蚀措施的选择，并且对效果进行预估；⑤在现有的合金、金属中，将被指定的用于腐蚀介质中的材料进行选择，或者对可能适合金属材料的介质进行确定；⑥面对金属 / 介质体系已经被指定的情况，对缓蚀剂和最佳用量的选择方面一定要准确合适；⑦新型耐蚀材料的研制与发展；⑧对产品质量控制与管理生产工艺进行检验性试验；⑨对腐蚀规律和腐蚀机理进行研究。

二、金属材料腐蚀的试验方法

（一）表面观察法

这种方法基本分为两种，即宏观检查与显微观测。其中，在腐蚀前后和腐蚀产物被去除的前后，对金属材料的形态变化进行肉眼的观察即为宏观检查。同时，还应对腐蚀产物的分布、形态，以及它们的厚度、颜色、附着性与致密度等加以重视；腐蚀介质中产物在溶液里的颜色、形态、数量和类型，还有溶液的颜色等都应重视起来，即使这些观察并不详尽，但这在精细调查之前都是要去做的。

而在试样受到腐蚀后进行断口分析，或是采用一系列微观组织结构，如透射电镜、扫描电镜和电子探针等进行分析的，就是所谓的显微观测。由此就可以对微细的事故特征、腐蚀过程动力学等进行研究。

表面观测法主要是定性的，腐蚀形态的记述显著地受到人为因素的影响，不同的腐蚀工作者之间较难加以比较。为此，有人提出应有统一的标准，用规定的标准术语描述腐蚀特征和程度。

（二）重量法

1. 基本原理

因为金属会受到腐蚀，所以其质量也会相应地发生一些变化，而为了通过金属试样在腐蚀前后质量发生的变化来对腐蚀速度进行表达的方法，就是重量法。其一般可以分为两种，即增重法和失重法。

增重法通常用在试样表面有腐蚀产物附着的情况之下；而失重法用于腐蚀产物在金属表面容易被清除干净，并且还不会因此对金属基体造成破坏的情况。并且，由于增重法是在腐蚀试验后连同全部腐蚀产物一起称重的，所以增重法的数据具有间接性，需要经过换算才能知道金属的腐蚀速度。而且因为存在复杂的腐蚀产物，因此其换算起来也十分复杂；而失重法是清除全部腐蚀产物后将试样称重的，因此能直接表示由于腐蚀而损失的金属量，不需进行换算，故失重法较为直观。

2. 腐蚀产物的清除

应用失重法测腐蚀速度的关键操作之一是试验结束后清除腐蚀产物。在进行清除时，应当将试样表面的腐蚀产物最大程度地进行消除，同时还不能对试样基体造成损害，一旦有操作不当的情况出现，那么就会有严重的错误。常用的清除腐蚀产物的方法有以下几种。①机械法。用毛刷或软橡皮、滤纸等擦洗，这种方法可在腐蚀产物疏松的情况下应用。②化学法。为了能够快速溶解腐蚀产物，应当选择一种合适的去膜条件和去膜剂，这样操作起来就会十分简便，且空白的失重较小，在被浸洗之后就可以使用刷子或橡皮来对腐蚀产物进行清除。③电化学法。即将试样作为阴极，接在直流电源的负极，在适当膜液中选择一个适宜当作辅助的阳极去通电。而阴极方向介质的氢离子还会将部分氢气析出，在机械作用下剥落腐蚀产物，残留的疏松产物用机械方法即可除净。

（三）电化学试验方法

1. 极化曲线的测量原理

理论极化的曲线是不能在金属中被测出来的，并且在测出后实际只是实测的极化曲线。而在对极化曲线进行测量时，通常要先将体系的腐蚀电位测出来，之后再用一个恒定外加的电流将体系输入进去，让其极化。而极化曲线图的产生，就是外加的电流密度对应极化定位数值所做出的。

恒电流法与恒电位法是主要极化曲线测量的两种方法。其中，恒电流法就是将自变量看作电流，接着再对电流与电极电位的函数关系进行测量，并且在测量时，电极会接通一定的恒电电流，从而将其相应的电极电位测出，将电流值改变，再测出电极电位，就这样连续测量得出的电极电位与电流关系，即为恒电流极化曲线。

而恒电位法是将自变量看作电位，接着对电流、电极电位之间的函数关系进行测量。并且在测量时，促使电位在某种方法之下在一定数值恒定，从而以测得相应电流值，之后再对电位值进行改变，再将电流值测出，这样连续测量而得到的电流关系就是恒电位极化曲线。

准稳态测量法、稳态测量法与连续扫描法等全都是可以测试出恒电位、恒电流的，而这里先只对稳态测量法进行介绍。该方法就是在自变量已经给定的状态下，相应响应信号与稳定状态之间的差距是非常大的。想要其参数在测量技术中始终保持不变是很难做到的，所以这时就要对实验要求与仪器精读进行考量，对相应信号的稳定要求可以规定为一定范围内的时间变化不会有所超过。一般情况下，都是因为逐点测量才得出了稳态极化曲线，而这样的测量方法也可以叫步进法。

2. 测量仪器及装置

三电极系统通常就是用来对极化曲线进行测量的。三电极，一般指的就是研究电极、辅助电极和参比电极。其中，研究电极也可以称为工作电极，制成试样，通常会被要求处理表面，同时还有一定的面积暴露。所以封装试样要在测试之前完成；辅助电极常采用的是石墨与铂，其作用就是同研究电极一起将电流通路构成，所以一般使用的都是惰性材料，防止和电解质之间有反应产生；参比电极的作用就是和研究电极共同将测量电池组织成功，从而让其成为参考比较电极电位测量的标准。一个良好的参比电极需要满足的要求有很多，如有较大交换电流密度，基本不会发生极化现象；有较好的稳定性和较小的温度系数；虽然会有少量电流在测量时流入电极，但是数值并不会发生改变。

现在，随着电子技术的发展，已普遍使用电子恒电位仪。现代电子恒电位仪具有结构简单、体积小、输出电流大、输入阻抗高、响应速度快和控制精度高等优点，它具有自动控制恒电位的能力，先进的恒电位仪还具有自动补偿溶液电阻和自动跟随腐蚀电位的功能，并可配上微机实现全自动测量。恒电位仪既可进行恒电位测量，也可进行恒电流测量。

三、非金属材料腐蚀试验方法

（一）塑料腐蚀试验方法

1. 重量法

塑料在腐蚀介质作用下，其中某些组分被分解、溶解，同时又会将一部分的腐蚀介质吸收进来，试样也就因此发生溶胀，所以在其被腐蚀之后会将重量的增加、减少等情况表现出来，这样为了对塑料的耐蚀性能加以评定，就可以对试样被腐蚀前后的质量变化率进行观察而得出。

因为试样有着不同的材料运输、存储条件，其初始状态也会发生变化。为了试验的精确性，应在相同的温度和湿度条件下进行预处理。国际标准化组织（ISO）推荐三种处理方法：①一般地区（20±2 ℃），相对湿度65%±5%，处理时间88～94 h；②美国（23±2 ℃），相对湿度50%±5%，处理时间48 h；③热带地区（27±2 ℃），相对湿度65%±5%，处理时间88～94 h。

在试验中所用到的介质，一般都应该与使用材料接触到的条件相接近，一定情况下还可对生产系统中的介质直接进行采用。介质的组成在试验过程中，会因为蒸发或者是其他原因发生一定变化，这种情况下应该对介质进行更换。

在试验结束后，要先对试样进行观察，看其有没有分层、起泡、分解、溶解等现象出现，将体积变化率作为依据，或是将对单位表面积的质量变化与质量变化率的评定作为依据。

腐蚀前后试样的质量变化率 K_W，单位表面积的重量变化 W，体积变化率 K_V 表示分别为下列公式。

$$K_W = \frac{m_1 - m_2}{m_1} \times 100\%$$

$$W = \frac{m_1 - m_2}{S}$$

$$K_V = \frac{V_2 - V_1}{V_1} \times 100\%$$

式中：m_1——试样预处理后未经腐蚀的质量，g；

m_2——试样腐蚀后的质量，g；

S——试样的表面积，m^2；

V_1——预处理后未经腐蚀的体积，m^3；

V_2——试样经过腐蚀之后的体积，m^3。

2. 力学性能比较法

在腐蚀介质的作用之下，塑料的力学性能会发生这样那样的变化，所以在对其耐蚀性能进行评定时可以依照的是在腐蚀前后力学性能的变化率。

对塑料腐蚀前后发生改变的试样力学性进行测定，一般会测量抗拉强度、抗弯强度等。同重量法一样，试验前后对试样进行预处理，且在试验结束后，对其耐蚀性能的评定需要依照的是塑料腐蚀前后的强度变化与质量变化。通常质量变化和强度越小，其耐蚀性能越好。

（二）玻璃钢腐蚀试验方法

一般会对静态浸泡法进行使用，也就是指将试样在自由状态下于一定温度的腐蚀介质中浸泡，并在规定的时间内取样将质量变化和机械性能变化率测定出来，之后再依照变化率的大小来对材料耐蚀性能进行评定。因为玻璃纤维之间的黏合度是存在很大关系的，所以主要是靠其抗弯强度的变化来确定耐蚀性能。

（三）涂料腐蚀试验方法

通常是试样在经过了表面处理之后，按照要求将待测涂料涂上去，同时按照规定的干燥时间对其烘干，然后将试样暴露于大气中或浸入特定的腐蚀介质中。其已经浸入的金属试样在该过程中应当每昼夜都观察两次，一旦发现试液具有较强的侵蚀作用，就应多次检验被测定的漆膜，并且其发生的任何变化（如光泽的损失、斑点及气泡的出现、漆膜剥落的开始等）都要详细地进行记录，并在试验结束之后，将该涂料按照产品标准中所规定的指标进行评定，评定其在特定腐蚀介质中的耐蚀性能。

（四）硅酸盐材料腐蚀试验方法

由于硅酸盐材料在腐蚀介质作用下，其中某些组分会浸析出来，使试样质量减少，因此它的耐腐蚀性能通常用腐蚀前后的质量变化率来表示。耐酸度就是其在经过酸的腐蚀之后产生的质量变化率，而耐碱度是被碱腐蚀之后的质量变化率。

想要测定硅酸盐材料的耐酸度与耐碱度，可用磨细了的颗粒状试样或整块试样，在处理了试样并称重之后，将其放到指定的介质中进行腐蚀，等过了一定时间后取出、处理并称重，再按下式计算耐酸度 K 和耐碱度 R。

$$K = \frac{m_2}{m_1} \times 100\%$$

$$R = \frac{m_3}{m_1} \times 100\%$$

式中：m_1——试样腐蚀前的质量，g；

m_2——试样经过酸腐蚀后的质量，g；

m_3——试样经过碱腐蚀后的质量，g。

还有很多实践证明，在大多数情况下，耐酸度与耐碱度只经过一次的测定是根本不可靠的，尤其是对耐酸度低于95%的材料，更应该经过多次试验。

第四节 材料腐蚀评定方法

一、表观检查

（一）宏观检查

该检查就是在腐蚀过程中、腐蚀中的前后形态，对金属材料与腐蚀介质通过肉眼或是低倍放大镜进行仔细观测，同时也包含观测金属材料在将腐蚀产物去除之后，其前后的形态。这种检查方法是比较粗略的，并且还伴随主观性，但是也是十分方便的，且这种定性方法也拥有一定的价值。

在试验前必须仔细地观察试样的初始状态，标明表面缺陷。试验过程中如有可能应对腐蚀状况进行实时原位观测，观察的时间间隔可根据腐蚀速度确定。选择观察时间间隔还须考虑：①能够观察、记录到可见的腐蚀产物开始出现的时间；②两次观察之间的变化足够明显。一般在试验初期观察频繁，而后间隔时间逐渐延长。

进行宏观检查时，最应当注意的是进行观察与记录：①材料表面的颜色与状态；②腐蚀产物在材料表面的形态、颜色与附着情况分布；③腐蚀介质会发生颜色、数量及形体的改变及溶液颜色的改变等；④对其腐蚀的类型加以判别，如果是局部腐蚀就对其类型、部位和腐蚀的程度进行确定；⑤观察重点部位，如材料加工变形及应力集中部位、焊缝及热影区、气/液交界部位、温度与浓度变化部位、流速或压力变化部位等。当发现典型或特殊变化时，还可拍摄影像资料，以便保存和事后分析之用。为了更仔细地进行观察，也可使用低倍

（2～20倍）放大镜进行检查。

（二）微观检查

宏观检查虽然存在较强的直观性与代表性，但是其并不能完全将腐蚀的真实过程与本质进行揭示。而微观检查的方法就能够被用于对微观的信息进行获取，从而揭示出其过程的本质与细节，并进一步对宏观检查进行补充。

在微观检查中，光学显微镜是其重要的工具，不仅能够用在对材料腐蚀前后的金相组织进行检查，还可以用其对腐蚀程度进行确定、对腐蚀类型进行判断、将腐蚀事故的起因调查明白、对腐蚀和金相组织的关系进行分析等。

近代科学的发展与学科间始终都是在慢慢渗透的，微观检查也被利用在很多表面分析与现代物理研究方法上，大大丰富和深化了其内容。而这些方法基本都可以用在以下情况：①对化学信息的方法进行获取，如将其用在元素的分布、鉴别元素与定量分析、价态与吸附分子结构等；②可观察形貌，如对组织、断口、晶体缺陷形态、原子象和析出物等进行观察；③分析晶体结构与测定物理参量等。

二、质量法

质量法在对腐蚀进行评价时，离不开因为腐蚀而在单位面积和单位时间内，材料质量所发生的各种变化。该方法是非常直观和简单的，且同时适用于现场试验与实验室，属于评定腐蚀定量最为基本的方法可分为以下两种。

（一）质量增加法

当试样上被附着上了腐蚀产物，且试验条件下其在溶液介质中基本是溶于且不挥发的状态，同时也不会被外界的物质污染，因此这时最为合理的做法就是通过质量增加法对腐蚀的破坏程度进行评定。钛、锆等耐蚀金属的腐蚀、金属的高温氧化就是应用这种方法的典型例子。不管是在晶面腐蚀还是全面腐蚀，都是可以使用质量增加法的，但是不能对其他类型的局部腐蚀进行评定。

质量增加法的试验过程为，将预先按照规范制备（已经做好标记、除油、酸洗、打磨和清洗）试样的尺寸量好，质量称量之后再放置到腐蚀介质中，等到试验结束再取出，并加上腐蚀产物再进行一次称量。尺寸测量建议保留三位有效数字，而质量测量建议保留五位有效数字。试验后试样的质量增加代表了材料的腐蚀程度，对于腐蚀试验是在溶液介质中进行的，其试样在试验后的干燥程度会对实验结果的精度产生一定的影响，所以应当在干燥器中把试样先储存三天，之后再称量质量。

对于质量增加法，腐蚀的时间曲线通常只会对一个试样提供数据点，且仅有一个。当腐蚀产物在试样的表面牢固附着且有着恒定组成时，就能够周期性或是连续性地在同一试样上对质量的增加进行测量，从而得到一个完整的腐蚀时间线，因此这也对腐蚀随时间变化规律方面的研究更加适用。质量增加法在数据的获取方面存在一定的间接性，也就是在数据中涵盖着腐蚀产物质量，应当清楚腐蚀金属的量，并按照腐蚀产物的化学组成来进行。

（二）质量损失法

这种腐蚀测量方法是非常简单且直接的。其要求将腐蚀产物在腐蚀试验之后全部清除掉，接着再进行称量试样的终态质量，所以质量损失是在遵循了试验前后样品的质量计算得出的，其是对金属量被腐蚀而受到损害的直接表示，并不需要进行最后的换算。同时，这种方法对材料表面附着的腐蚀产物并没有牢固等方面的要求，在腐蚀产物的可溶性方面也是不需要进行过多的考虑。

腐蚀产物得以消除的方法大致有化学方法、机械方法与电解方法等三类。而较为理想的将腐蚀产物去除的结果，应该就是只对腐蚀产物的表面予以消除，对基体金属也不会造成损伤。因为基本上所有将腐蚀产物进行去除的方法都会对腐蚀产物造成破坏，从而丢失掉腐蚀产物中涵盖的信息，因此在去除腐蚀产物前最好能提取腐蚀产物样品。这些样品可以用于各种分析，如用 X 射线衍射确定晶体结构，或用于化学分析，寻找某些腐蚀性组分等。

消除腐蚀产物的化学方法就是在被指定的溶液中浸入腐蚀试验之后的样品，这也将会被设计成对腐蚀产物有去除功能的溶液，从而最大程度地将基体金属的溶解性降低。用于去除腐蚀产物的清洗溶液均应用试剂水和试剂级的化学药品配制。为了确定去除腐蚀产物时基体金属的质量损失，可采用未经腐蚀的试样作为控制试样，应用与试验样品同样的清洗方法对其进行清洗。清洗前后称量控制样品的质量，由于清洗造成的基体金属损失量可被用于校正腐蚀质量损失。

清洗严重腐蚀的样品时，使用控制试样的方法可能并不可靠。此时需对腐蚀后的表面重复进行清洗，即使表面已没有腐蚀产物，还会不断地有质量损失。这是因为腐蚀后的表面常常比新加工或打磨的表面对清洗方法造成的腐蚀更敏感，特别是对于多相合金。下面确定清洗步骤造成的质量损失的方法更为可取：①对试样进行多次重复清洗，每次清洗后称量试样，确定质量损失；②以质量损失对清洗的周期数作图，其中每次清洗的周期相同。

在用化学方法将腐蚀产物进行去除的前后过程中，可以将试样使用超声波清洗或是用非金属的毛刷轻轻刷洗，这样除了能够清除其表面松散的腐蚀产物外，还能帮助其将紧密的腐蚀产物加以去除。

在对腐蚀产物的去除状态进行观察时，常常可以使用低倍显微镜，这对于有孔蚀的表面来说是非常好用的方法，在这些孔中都会保留住那些腐蚀产物。在将腐蚀产物全都去除之后，应当对试样进行彻底的清洗以及放置干燥后，再将干燥的试样放入干燥器后进行称重。

电解（电化学）方法也可用于去除腐蚀产物。电解方法需选用适当的电解质溶液和阳极，同时将试样看作阴极并在外部加直流电进行电解。电解时腐蚀产物更容易被阴极表面产生的氢气泡剥离。在清洗了电解之后应当对试样进行超声清洗，将其表面产生的沉积物、残渣等进行去除，最大程度地减少因为可还原腐蚀产物的还原而引起的金属再沉积，不然就很容易造成表面质量损失的减少。

去除腐蚀产物的机械方法包括擦洗、刮削、超声清洗、机械冲击等。而这些方法都常常被用在腐蚀产物的严重结壳去除中。机械清洗如果过于强烈就会损失一部分基体金属，所以在操作时应当更加小心，并且只有在没有其他合适方法的情况下才会考虑使用这种方法。如同去除腐蚀产物的其他方法一样，需对由清洗方法造成的质量损失进行校正。

（三）质量法测量结果的评定

质量法通常是用试样在单位时间内、单位面积上的质量变化来表现平均腐蚀速度的。通过测定试样的初始总面积和试验过程中的质量变化即可计算得到腐蚀速度。对于质量增加法，其计算公式如下。

$$V_+ = \frac{m_1 - m_0}{A \cdot T}$$

式中：A——试样面积；

T——试验周期；

m_0——试样的初始质量；

m_1——腐蚀试验后带有腐蚀产物的试样质量。

对于质量损失法来说，则体现为以下公式。

$$V_- = \frac{K \times \Delta m}{A \cdot T \cdot D}$$

式中：K——常数；

T——试验周期，h；

A——试样的初始面积，cm^2；

Δm——腐蚀试验中试样的质量损失，g；

D——试验材料的密度，g/cm^3。

由质量损失法所得出的腐蚀速度一般只能对试验周期内的平均腐蚀速度进行表示。基于质量损失估计腐蚀侵入深度可能会严重低估由于局部腐蚀（如孔蚀、开裂、缝隙腐蚀等）所造成的实际穿透深度。

在质量损失测量中应该对合适的天平做出选择，对其标准化与校准，防止出现测量误差。一般来说，用天平测量质量很容易达到 ±0.0 mg 的精度，因此质量测量通常不是引起误差的决定性因素。但是，在去除腐蚀产物操作中，如果腐蚀产物去除不充分或过度清洗都会影响精度。

测定腐蚀速度时，试样面积的测量一般是对精度影响最小的步骤。卡尺和其他长度测量装置的精度变化范围很宽，但是为确定腐蚀速度所进行的面积测量，一般说其精度无须好于 ±1%。

在大多数实验室试验中，暴露时间通常可控制得好于 ±1%。但是对于现场试验，腐蚀条件可能随时间明显变化，对现存腐蚀条件能持续多久的判断有很大的可能产生误差。此外，腐蚀过程随时间的变化未必是线性的，因此所得到的腐蚀速度可能并不能预示未来的情况。

三、失厚测量与孔蚀深度测量

（一）失厚测量

腐蚀过程与测量腐蚀这两种时刻的试件厚度，可以直接得到腐蚀造成的厚度损失，且腐蚀在单位时间内的厚度就是侵蚀率。对于不均匀腐蚀来说，这种方法实际上是非常不准确的，所以可以在测量试件厚度时可以使用一些仪器装置和计量工具直接测量，如螺旋测微器、带标度的双筒显微镜、测量试件截面的金相显微镜等。由于腐蚀引起的厚度变化经常会牵扯出其他性质变化，由此再发展出其他无损侧厚的方法。

（二）孔蚀深度测量

孔蚀的危害很大，但存在很大的困难去进行孔蚀的表征与测量，为了将其严重程度表现出来，应当对孔蚀直径、密度和深度等进行综合评定。其中为了表征孔蚀的范围使用的是前两项，而孔蚀强度的表征体现在后一项，且后者的实际意义会更大。另外，也可以用孔蚀系数表征孔蚀。孔蚀系数是最大孔蚀深度与按全面腐蚀计算的平均侵蚀深度的比率。孔蚀程度会随着其系数数值的变大而越来越严重。

测量孔蚀深度的方法包括：用配有刚性细长探针的微米规探测孔深；在全相显微镜下观测横切蚀孔的试样截面；以试样的某个未腐蚀面为基准面，通过机械切削达到蚀孔底部，根据进刀量确定孔深；显微镜分别在未受腐蚀的蚀孔边缘与蚀孔底部聚焦，按照标尺确定孔蚀深度等。

四、气体容量法

（一）析氢测量

若氢去极化的过程为金属腐蚀的阴极过程，那么就可以对析出的氢气量进行测定，并且将金属的腐蚀量推算出来。在测定析氢时，通常会使用量气管来对腐蚀试样上方析出的氢气进行收集。而为了计量准确，常常会将一个有着确定口径的漏斗倒置在量气管口下方。在规定的试验周期终了时，以 mL/cm^2 计量单位面积金属上由于腐蚀所析出的氢气体积，并可通过计算得出金属腐蚀量。为了提高灵敏度，可用压力计代替量气管，压力计管越细，灵敏度越高。由于气体体积与温度有关，所以测量时必须严格控制恒温。

（二）吸氧测量

如果金属腐蚀与环境中氧的消耗存在确定的化学计量关系，则可以通过测定环境中氧的消耗量来确定金属的腐蚀量。这无论是对水溶液中的氧去极化腐蚀，还是气相氧化均是成立的。但应该注意的是，只有当腐蚀产物的组成恒定不变时，才可能由氧的消耗量来推算金属的腐蚀量。有些多价金属在腐蚀产物中呈现多种价态，且彼此间的比例也不断发生变化，从而给金属实际腐蚀量的确定带来困难。

从耗氧量测定金属腐蚀的方法包括：①把试样放在气相中，测量由于腐蚀引起的气相中含氧量的变化；②把试样放在含有溶解氧的溶液中，用化学分析方法测定由于腐蚀引起的溶液中含氧量的变化；③把试样放在溶液中，测量上部封闭体积中氧浓度的变化。

第八章　材料腐蚀的防护技术

加强对材料腐蚀防护技术的研究，提升材料的质量。本章从选材与设计中的防腐控制、电化学保护、腐蚀环境处理与缓蚀剂的应用、表面镀层与改性技术四个方面进行论述，主要内容有：结构设计材料腐蚀控制、电化学保护的意义、腐蚀环境的处理等。

第一节　选材与设计中的防腐控制

一、材料腐蚀控制简介

研究腐蚀的目的是防止和控制腐蚀的危害，延长材料的使用寿命。由于各种工程材料，从原材料加工成产品直到使用，以及长期储存过程中都会遇到不同的腐蚀环境。产生不同程度金属腐蚀的过程是一个自发的过程，完全避免材料的腐蚀是不可能的。因此，人们提出了腐蚀控制的问题。

腐蚀控制也称为控制腐蚀，是指人们在掌握金属在化学介质或其他环境中的破坏规律和腐蚀反应机理的基础上，使其腐蚀破坏限制在一定的范围内，或降低到最小的腐蚀程度，而使金属材料保持在正常的使用状态。

腐蚀控制涉及的面很广，其核心是防腐蚀技术与科学的管理相结合。为了有效地进行腐蚀控制，还必须考虑技术上的可行性、经济上的合理性和管理上的有效性。腐蚀控制主要由以下两大部分组成。

①产品设计生产中施行全面的腐蚀控制，其中包括设计过程中的腐蚀控制、加工制造过程中的腐蚀控制以及安装、运行及维护保养过程中的腐蚀控制。

②运用专门的防腐蚀技术的腐蚀控制，其中分为全面正确地选用耐蚀材料、应用腐蚀电化学理论进行电化学保护、采用腐蚀介质处理、添加缓蚀剂保护、

使金属与介质隔离，选用适当的金属或非金属覆盖层保护以及金属产品的防锈、封存和包装技术。

全面的腐蚀控制是指产品设计（正确选材、合理设计）试制生产、使用维护保养和储存过程中各个环节的腐蚀控制。其中产品结构设计过程中的腐蚀控制是首要的环节，这是由大量的腐蚀问题产生于产品设计过程中不正确选材和不合理设计所造成的。

二、结构设计过程中的腐蚀控制

产品结构设计过程中的腐蚀控制主要包括正确选材、合理设计。

（一）正确选材

正确选材，是指根据产品设计的使用性能、不同的介质和使用条件，选用合适的金属材料或非金属材料。

正确选材是一项细致而又复杂的技术。它既要考虑材料的结构性质及使用中可能发生的变化，又要考虑工艺条件及其生产过程中可能发生的变化；既要满足产品性能的设计要求，又要考虑技术上的可行性和经济上的合理性，力求做到设计的产品所选用的材料要经济可靠和耐用。正确选材的原则和步骤是至关重要的，因此正确选材有以下的基本原则。

1. 全面考虑材料的综合性能

优先搞好腐蚀控制，防止和减轻产品腐蚀。除了考虑材料的力学性能（强度、硬度、弹性等）、物理性能、耐热性、导电性、光学性、磁性、加工性能（冷加工、热加工工艺）和经济性外，尤其应重视其在不同状态和环境介质中的耐蚀性。对于关键性的零部件或经常维修或不易维修的零部件，应该选用耐蚀性高的材料。对于提高材料强度而耐蚀性有所下降的情况，应考虑其综合性能。在强度尚可允许的情况下，有时宁可牺牲某些力学性能也要满足耐蚀性的要求。

（1）按产品（设备或零部件）的工作环境条件和特殊要求进行正确选材

这是选材首要考虑的问题，必须掌握产品使用时所处的介质浓度、温度压力流速等特定条件。例如，在干燥的环境或严格地控制介质的情况下，许多材料都可使用，一般都采取保护措施。如在污染的大气中，像不锈钢一类金属都不加保护措施。但是，在较苛刻的潮湿环境中，常采用相对廉价的材料（如软钢等），施加辅助性保护，而不用昂贵金属，一般是比较经济的。对于十分苛刻的腐蚀环境，采用耐蚀材料比采用廉价材料附加昂贵的保护更可取。

（2）按腐蚀介质正确选材

可选用一些通常具有最高的耐蚀性和最低费用的金属材料，如钢用于浓硫酸；铝用于非污染大气；锡和镀锡层用于蒸馏水；铅用于稀硫酸；铜和铜合金用于还原性介质和非氧性介质；钛用于热的强氧化性溶液；镍和镍合金用于碱性介质；耐盐酸的镍合金用于热盐酸；不锈钢用于硝酸；蒙乃尔合金用于氢氟酸；哈氏合金用于热盐酸；钽用于除氢氟酸和烧碱溶液外几乎所有的介质。以上列举的并不代表唯一的材料与腐蚀介质的组合，在许多情况下可以使用更便宜或更耐蚀的材料（如非金属材料等）。

按产品的类型结构和特殊要求正确选材。选材时要考虑产品（或设备）的用途、工艺过程及其结构设计特点，如泵材要求具有良好的耐磨性和铸造性；换热器用材除要求具有良好的耐蚀性外，还应有良好的导热性能，表面光滑以及在其表面上不易生成坚实的垢层；枪炮身管用材则要求具有耐高温、耐高压、耐烧蚀的性能；医药、食品工业中的用材不能选用有毒的铅，而应选用铝、不锈钢钛搪瓷及其他非金属材料等。

按防止产品出现全面腐蚀或局部腐蚀而正确选材。产品在腐蚀环境中出现全面均匀腐蚀时，除可考虑选材的腐蚀余量或选用耐蚀材料解决外，还应特别注意可能产生的电偶腐蚀、点腐蚀、缝隙腐蚀、丝状腐蚀、晶间腐蚀、选择性腐蚀、剥蚀、应力腐蚀断裂、氢脆（氢损伤）腐蚀疲劳和磨损腐蚀等局部腐蚀。应针对不同的局部腐蚀形式选用合适的耐蚀材料或进行正确的冷、热加工，热处理后，以获得最佳的耐蚀材料。对选用的新材料，更应注意其可靠性、工艺稳定性、供应的可能性。

2. 综合考虑选材的经济性与技术性

选材时必须在使用周期内保证性能可靠的基础上，尽量设法降低成本，保证经济核算的合理性。因此，产品的选材还必须考虑产品的使用寿命、更新周期、基本材料费用、加工制造费、维护和检修费，以及停产损失、废品损失费用等。

一般对于长期运行的设备，为减少维修次数、避免停产损失等，或者是为了满足特殊的技术要求、保证产品质量，采用完全耐蚀材料是经济合理的。对于短期运行、更新周期短的产品，只要保证使用期的质量，选用成本低、耐蚀性也较低的材料是经济合理的。

3.选择恰当的选材方案

为了确定一个恰当的选材方案，必须具备工程设计和防腐蚀设计两方面的专门知识，针对产品设计性能要求认真地收集选材的性能与有关实验的数据和资料，进行综合整理，分析评定既要满足设计、防腐蚀要求，又要满足加工制造工艺适应性的要求。为此，需要设计、防腐和材料工作者的通力合作做出最佳的选材方案。正确选材的基本步骤如下。

第一，明确产品生产和使用的环境与腐蚀因素，这是选材的基本依据。因此，确定使用环境、调查项目是选材的第一步。

第二，查阅有关资料。应首先查阅有关手册（如腐蚀与防护手册）上各种介质的选材图和腐蚀图中给出的耐蚀性数据与机械性能、物理性能数据，再深入查阅有关文献和会议资料。

第三，应调查研究实际生产中的材料使用情况。由于材料的生产、加工制造和使用的条件是千变万化的，尤其是在成功的经验或发生事故的实例得不到及时发表的情况下，实地调查研究收集有关数据和资料（尤其是材料生产厂的数据）作为参考资料是十分重要的。

第四，做必要的实验室辅助实验。在新产品开发时，常会遇到查不到所需要的性能数据的情况，这时必须通过实验室中的模拟实验数据和现场实验的数据来筛选材料，或者研制出新材料。这样，选材或研制出的新材料才能符合产品设计性能的耐蚀要求。

第五，在材料的使用性能、加工性能、耐用性能和经济价值等方面做出综合评定。这里强调三点：一是选材的方案力争实现用较低的生产投资来生产出较长使用年限的产品，即产品要经济耐用；二是在不能保证经济耐用的情况下，要求保证在使用年限内的可用年限且经济；三是在苛刻条件下，宁可使用价格贵些的材料也要保证耐用，为了经济选用不耐用材料是最不可取的。

第六，为了延长产品的使用年限，选材的同时应考虑行之有效的防护措施。对于选用经济而不耐蚀的材料，如果能采用既经济又合理的防护措施达到耐蚀和满足性能要求的目的，也是选材中可取的方案。

（二）合理设计

合理设计是指在确保产品使用性能的结构设计的同时，全面考虑产品的防腐蚀结构设计。合理设计与正确选材是同样重要的，因为虽然选用了较优良的金属材料，由于不合理设计，常常会引起机械应力、热应力、液体或固体颗粒沉积物的滞留和聚集，金属表面膜的破损、局部过热、电偶腐蚀电池的形成等现象，造成多种局部腐蚀而加速腐蚀，严重腐蚀会使产品过早报废，因此合理设计已成为生产优质产品的主要因素。

对于均匀腐蚀，进行一般产品结构设计时，只要在满足机械和强度上的需要后，再加一定的腐蚀裕量即可。但对局部腐蚀，上述防腐措施是远远不够的，必须在整个设计过程中贯穿腐蚀控制的内容，针对特殊的腐蚀环境条件，应做出专门的防腐蚀设计。

1. 防腐蚀结构设计的一般原则

①结构设计在形式上应尽量简单、光滑、表面积小。如圆筒形结构比方形或框架形结构简单、表面积小，便于防腐蚀施工和检修。

②要避免残液滞留，固体杂质、废渣、沉积物的聚集而造成腐蚀的发生，设计时应使这些物质自然通畅排出。

③要避免结构组合和连接方法的不当，防止腐蚀加剧。

④应避免异种金属的直接组合，防止产生电偶腐蚀。应对不同的腐蚀类型，采取相应的防腐蚀设计。

2. 表面外形的合理设计

产品的结构、复杂的外形、表面的粗糙度常会造成电化学不均匀性而引起腐蚀。在条件允许的情况下，采取结构简单、表面平直光滑的设计是有利的，而对形状复杂的结构，应采取圆弧的圆角形设计，它比设计或加工成尖角形更耐蚀。在流体中运动的表面最好为流线型设计，它是符合流体力学和防腐要求的，如轮船、飞机的外形设计都为流线型设计。

3. 防止残留液、冷凝液和堆积物腐蚀的结构设计

为了防止停车时容器内残留液、冷凝液引起的浓差电池腐蚀，废渣、沉积物引起的点蚀和缝隙腐蚀，设计槽或其他容器时应考虑易于清洗，并将液体、废渣沉积物排放干净，槽底与排放口应有坡度，使槽放空后不积留液体和沉积物等。

4. 防止电偶腐蚀结构设计

为了避免产生电偶腐蚀，在结构设计中应尽量采取在同一结构中使用同一种金属材料的方法，以避免异金属材料直接组合。如果必须选用不同的金属材料，则应尽量选用电偶序中电位相近的材料，两种材料的电位差应小于 0.25 V，但是在使用环境介质中如果没有现成的电偶序可查，则应通过腐蚀试验确定其

电偶序电位及其电偶腐蚀的严重程度。设计中使用不同金属直接组合时，切忌大阴极小阳极的危险组合，如属于阳极性的铆钉、焊缝相对于母材是危险的。而大阳极小阴极的组合，应考虑到介质的导电性强弱。若介质导电性强，电偶腐蚀危害不大，则对阴极性铆钉、焊缝是可取的。若介质导电性弱，阴阳极之间的有效作用范围小，则电偶腐蚀集中在阴阳极交界处附近，会造成危害性大的腐蚀。

电偶腐蚀过程若有析氢，则电偶不能使用对氢脆敏感的材料，如低合金高强钢、马氏体不锈钢等，以免发生氢脆腐蚀破坏事故。

设计中防止电偶腐蚀的有效方法是将不同金属部件彼此绝缘和密封。例如，钢板与青铜板连接时，两块板之间采用绝缘垫片（多用硬橡胶、夹布胶木、塑料、胶粘绝缘带等不吸水的有机物材料）隔开，螺钉、螺母也用绝缘套管及绝缘片与主体金属隔开，防止电偶腐蚀。为避免不同金属连接形成缝隙而引起的腐蚀，这种腐蚀比单独的电偶腐蚀和缝隙腐蚀更严重，因而在连接后的部分采用胶粘剂涂覆密封缝隙，防止电解液从连接缝进入，可防止电偶腐蚀。

在设计时，如果不允许使用绝缘材料隔开，则应注意不要仅把阳极性材料覆盖上，而且应把阴阳极材料一起覆盖上，这样做主要是为了有效地保护阳极性材料。

阴极保护设计，应根据需要可采用牺牲阳极保护，也可采用外加电流保护使被保护金属成为阴极而防止腐蚀。

5. 防止缝隙腐蚀的结构设计

在设计过程中，尽量避免和消除缝隙是防止缝隙腐蚀的有效途径。在框架结构设计中不应留有窄的夹缝。在设备连接的结构设计中尽可能不采用螺钉连接及铆接结构，而采用焊接结构。焊接时尽可能采用对焊、连续焊，不采用搭接焊、间断焊以免产生缝隙腐蚀，或者采取锡焊敛缝、涂漆等将缝隙封闭，法兰连接处密封垫片不要向内伸出，应与管的内径一致，防止产生缝隙腐蚀或孔蚀。

6. 防冲刷腐蚀的结构设计

设备设计时应特别注意介质的流动方向及流速的急剧增加，保持层流，避免严重的湍流和涡流引起的冲刷腐蚀。

设计时考虑增加管子直径是有助于降低流速保证层流的，管子转弯处的弯曲半径应尽可能大，通常以流速合适为准。一般要求管子的弯曲半径最小为管径的3倍，不同金属要求也不相同，钢管、铜管为3倍，在高速流体的接头部位，不要采用 T 形分叉结构，应优先采用曲线逐渐过渡的结构，在易产生严重冲刷腐蚀的部位，设计时应考虑安装容易更换的缓冲挡板或折流板以减轻冲击腐蚀（防止应力腐蚀破裂的结构设计）。

设计过程中，防止应力腐蚀破裂必须根据产生应力腐蚀的三个条件（应力、环境和材料）和腐蚀机理考虑设计方案。在结构设计中，最重要的是避免局部应力集中，尽可能地使应力分布均匀。如零件在改变形状和尺寸时不要有尖角，而应有足够的圆弧过渡避免承载零件在最大应力点由于凹口、截面突然变化等而削尖角应力。大量的应力腐蚀事故分析表明，由残余应力引起的事故比例最大，因而在冷热加工、制造和装配中应避免产生较大的残余应力。结构设计中应尽量避免间隙和可能造成废渣残液留存的死角，防止有害物质如 C 的浓缩可能造成的应力腐蚀破裂，尤其是在应力集中部位或高温区热应力产生的应力腐蚀。

7. 其他的防腐蚀设计

其他过程的防腐蚀设计，主要包括加工制造、储运安装、开车运行和停车维修等。但从产品结构设计角度讲，只是提出各种规定和要求，但应引起足够的重视。出于某些产品还需专门的防腐蚀设计，它与设备的结构设计应紧密配合、相互补充。它们各自的使用范围很大程度上取决于它们相对的经济价值。只有这样，才能取得完善的合理设计。专门防腐设计包括电化学保护、涂层保护和改善环境介质条件保护等。

三、加工制造过程中的腐蚀控制

（一）冷加工

冷加工成形过程中，如在冷锻、冷轧、冷拔、冷旋压、弯曲、校形、钻孔、剪刀、机械加工（车、铣、磨、刨等）等都可能使零件表面产生残余拉伸应力，它可能是促使产生应力腐蚀破裂的重要因素。如采用冷加工把碳钢管弯曲为 U 形管时，部分弯曲区所具有的拉伸残余应力接近 150 MPa。经调查表明，奥氏体不锈钢设备的应力腐蚀破裂事故中，由于冷加工残余应力造成的事故占首位。

因此，消除冷加工残余应力不容忽视。其方法包括：热加工代替冷加工成形，适当热处理消除应力，低应力松弛喷丸强化等。其中以采用热加工成形和热处理消除应力为最多，而且行之有效。出厂前不能进行整体热处理的，可进行部分热处理机械加工，最好选用将金属材料在退火状态下进行表面机械加工、弯曲、冲压成形的工艺，加工后的制件的残余应力较小，再进行消除应力的热处理，则可防止或减轻腐蚀。

（二）热加工

热加工过程，如锻造、铸造、热处理、焊接、表面处理等，因热加工不当也会加大残余应力，为此应考虑消除应力的热加工。

1. 锻造加工

锻件设计要避免在短横向上承受大的使用应力，因在短横向上应力腐蚀最为敏感，其强度和塑性最小，尽量减小或消除流线外露。短横向受力时，应注意锻件的各向异性。

2. 铸造加工

要选择合理的铸造工艺，尽量减少砂眼、孔洞等缺陷，否则，可能成为产生应力腐蚀、氢脆、腐蚀疲劳的危险区。表面缺陷还影响镀层质量。钢铸件不采用化学氧化，铝铸件如果针孔超过三级，则只采取铬酸阳极化。

3. 热处理加工

要按照零件热处理目的，合理选用热处理工艺，避免因热处理不当引起的晶间腐蚀和应力腐蚀等。钛合金、高强度钢要避免在含氢气中热处理。可采用真空热处理或热处理保护涂层，防止零件过度氧化和腐蚀。

4. 焊接加工

在可能的情况下以胶接代替焊接，以连续焊代替点焊。对氢敏感的材料避免在能产生氢原子的气氛中焊接。带有镀锌、镀镉层等易引起基材产生熔融金属脆断镀层的零件，严禁镀后焊接。焊接所用的焊条成分应与基体成分相近，或者可以使用电位更正一些的材料作为焊条，以保证焊缝与基体成分基本一致，避免加速腐蚀。防止焊缝两侧热影响区（即敏化温度范围）产生的晶间腐蚀，采用固溶淬火的热处理，使碳化物重新溶入固溶体中，快速水中淬火冷却，使碳化物来不及析出，消除敏化后的晶间腐蚀，但不适用于大设备固溶处理。或者选用超低碳奥氏体不锈钢，选用稳定化奥氏不锈钢，在 $850 \sim 950\ ℃$ 保持 $2 \sim 4\ h$ 进行对氮元素的稳定化处理。

防止焊缝选择性腐蚀应选用合适的母材和焊接材料。防止焊缝的缝隙腐蚀，应保证焊缝质量，防止出现缝隙。焊接所形成的残余应力比冷加工形成的更大，能达到材料本身的屈服点。而消除焊缝残余应力、防止焊缝应力腐蚀最有效的方法是，根据不同类型的不锈钢采取不同的热处理措施。对奥氏体不锈钢采用消除应力热处理、稳定化热处理和固溶热处理。消除应力热处理原则上适用于含碳量低于 0.03% 的超低碳不锈钢及稳定化不锈钢的焊缝区的残余应力。防止焊接裂缝，对马氏体钢可利用预热的方法，焊接后必须进行焊后热处理，即在 700 ～ 760 ℃进行马氏体回火。利用喷丸处理抵消残余拉伸应力，在一些工业发达的国家已成功地应用于工业中。

5. 表面处理加工

许多构件都要进行电镀、氧化涂装等各种表面处理之后才投入使用。表面处理应注意产生腐蚀隐患。镀涂前的除油、酸侵蚀要求既要达到零件表面清洁无污物，又要保证所用的酸碱化学介质不会使零件产生腐蚀和渗氢的危害。电镀后零件要清洗干净，不允许留有酸、碱、盐等腐蚀性液体。抗拉强度在 883 MPa 以上的钢零件，电镀后必须进行除氢处理。加强度钢在电镀前要消除应力，电镀后应除氢处理消除应力。带有螺纹连接压合、搭接、铆接的组合件，要先电镀后组合，涂漆烘烤温度选择要适当，否则可能产生局部腐蚀。

四、安装、运行及维护保养过程中的腐蚀控制

（一）安装

第一，设备安装或装配的零件材料大于 1235 MPa 的合金钢零件，要注意控制安装或装配应力。冲压、热压配合、校形装配等都可能在零件上造成残余拉应力，应当注意避免，如果不能避免，则应采取诸如消除应力的热处理选择最优晶粒取向、喷丸、加垫等措施。采用提高设计精度减少公差适当加垫等方法，减少装配应力。

第二，设备安装与装配时应按要求严格施工，特别是不锈钢设备、表面不得划伤，并保持干净，否则会造成腐蚀。严禁赤手装配精密产品，安装紧固件的应力要适中，应力过大易产生应力腐蚀；应力过小，则安装不符合要求，配管结构要避免应力集中。

第三，在已经进行表面处理或涂覆防护层的表面上的任何损伤都应当修复。

第四，组装后的整体件要清除残留物和灰尘，特别注意排水及电器绝缘间隙的清理。

第五，因普通铅笔含有石墨，不能给金属零件做标记，应当选用非石墨化铅笔。

（二）运行

第一，试车过程中保持设备运行条件的稳定（如温度流速、流体组成），对防腐也非常有效。

第二，防止生产运行中的腐蚀。由于生产运行中工艺操作对设备腐蚀的影响很大因此严格控制工艺操作条件，改善工艺操作（如去除有害杂质，加入缓蚀剂，控制原料成分、pH值、温度、压力、流速等），以降低介质对设备的腐蚀。

第三，防止停车时腐蚀。停车时常常由于停滞残留物引起腐蚀，因此停车放空时尽量将残留物排放干净，可采用充氮封闭。

（三）维护保养

第一，在维护修理机械产品时，要特别根据该产品的使用环境条件及运行条件制定检查维修规范。

第二，作为维护人员必须勤于观察，尽早发现腐蚀，并及时予以排除。对易产生腐蚀的部位必须定期和不定期检查腐蚀程度，重点部位要测定壁厚，普遍检查是否存在孔蚀和应力腐蚀等局部腐蚀。

第三，可以借助涡流法、超声波检验法、X射线照相法、着色渗透法、磁粉探伤法等检测手段对腐蚀造成的损伤（点蚀、晶间腐蚀、应力腐蚀、氢脆开裂、腐蚀疲劳裂纹等）程度做出估计。

第四，应根据腐蚀损伤程度以及零件本身性质承载情况，确定维修的种类、范围和最大修理极限来进行维护修理。

五、注意事项及储存运输

（一）注意事项

①进入不锈钢设备内，不能用铁梯子，不能穿脏鞋，以免划伤弄脏，对检查出的损伤部位，不能用粉笔画标记（因粉笔中含有Cl）。

②设备清洗，应根据设备不同情况，选用机械清洗或化学清洗（加有表面活性剂的碱洗和加有缓蚀剂的酸洗）使设备清洁干净，减缓腐蚀。

③清除铝合金或镁合金的腐蚀产物时，严禁使用钢丝刷子或钢丝绒，不准使用强碱性除锈剂。

④超高强度钢的腐蚀产物，严禁使用酸性除锈剂进行清除处理。

⑤禁止使用镀镉工具装配含钛合金零件的组装件。

（二）储存运输

对于临时和长期储存或装运过程中的所有零件、组装件、半成品、成品都要有适当的封存包装，以防止腐蚀或物理损伤，军用武器、弹药尤为重要。

不使用易挥发有机腐蚀性气体的材料（新鲜木材，某些塑料、油漆等）用于储运成品或半成品。

对零备件、组装件的中央库房，特别是成品库要严格控制湿度与温度，保持库房干燥、清洁、无污染。

第二节　电化学保护

一、电化学保护的意义

电化学保护是一种有效控制腐蚀的方法，其主要有两种，一种是阴极保护，另一种是阳极保护。通过电化学保护有效地预防了金属腐蚀，获得了良好的社会效益与经济效益。电化学保护主要应用于水下构筑物、地下构筑物、化工以及海洋工程和石油化工设备等方面。

二、阴极保护

阴极保护就是金属在外加阴极电流的作用下，发生阴极极化作用，金属的阳极溶解速度降低，有时可以极化到非腐蚀区，实现金属完全不腐蚀的效果，实现阴极保护的目的。

保护电流密度的大小与被保护金属的种类、表面状态、有无保护膜、漆膜的损失程度，腐蚀介质的成分、浓度、温度、流速等条件，以及保护系统中电路的总电阻等因素有关，造成保护电流密度在很宽的范围内不断地变化。例如，在特定的环境中未加涂层的钢结构，采用涂层和阴极保护联合保护时，保护电流密度可从裸钢的几十分之一降低到几分之一。实践表明，航行中船舶的保护电流密度约为停航时的 2 倍，高速航行的舰艇其保护电流密度则可达停航时的 3 ～ 4 倍。也就是说，在阴极保护的设计中，需要考虑的因素有很多，不能只依靠单一的因素进行分析。

铝不能作为牺牲阳极材料。铝合金阳极在海水及其他含氯离子的环境中，铝合金阳极性能良好；保护钢结构时有自动调节电流的效果。阴极保护的应用日益广泛，既经济效果又不错，成了很多人的选择，主要用途有水闸、舰船、热交换器、码头、水管线、污水处理设施、海底管线、海洋平台以及给水系统和地下电缆等。

三、阳极保护

（一）阳极保护的原理

阳极保护的基本原理在金属腐蚀电化学理论基础中已探讨过。对于具有钝化行为的金属设备与溶液体系，使用外电源对其进行阳极保护，促使电位进入钝化区，保持钝化的状态，降低腐蚀的速度，使之得到阳极的保护。

（二）阳极保护系统

①直流电源。

②辅助阴极。

③恒电位仪。

④测量和控制保护电位的参比电极。

（三）阳极保护参数

①致钝电流密度。

②钝化区电位范围。

③维钝电流密度。

（四）阳极保护的实施方法

阳极保护的实施过程主要包括金属致钝和金属维钝。

1. 金属的致钝方法

①整体致钝法。

②逐步致钝法。

③低温致钝法。

④化学致钝法。

⑤涂料致钝法。

⑥脉冲致钝法。

2. 金属的维钝过程

阳极保护维钝方法可分为两大类：第一类属手动控制，通过手动调节直流电源的电压获得维钝所需要的电流，如固定槽压法；第二类是自动控制维钝方法，采用电子技术将设备的电位自动维持在选定的电位值或电位域内，包括固定槽压法、恒电位法、连续恒电位法、区间控制法、间歇通电法、循环极化法等多种方法。

（五）阳极保护的应用

①铁路槽车。

②纸浆蒸煮锅。

③硫酸槽加热段管。

④碳化塔冷却水箱。

⑤废硫酸槽。

四、金属镀层保护

金属表面采用覆盖层，就是为了保护金属防止被腐蚀。覆盖层的种类比较多，大体上可以分为两种：金属镀层与非金属镀层。下面简单地介绍金属镀层保护的主要方法。

阳极性镀层如果存在空隙，并不影响它的防蚀作用。阴极性镀层则不然，如锡镀层，在大气中发生电化学腐蚀时，它的电位比铁高。阴极性镀层只有在没有缺陷的情况下才可以起到机械隔离环境的作用。

阳极性镀层只有在特定条件的作用下才会转变为阴极性镀层。为了提高阴极性镀层的耐蚀性形成了多层金属镀层，而为了提高镀层的保护力度，需进一步提升金属的耐蚀性。合金化可以提高镀层的耐蚀性，这是提高镀层的有效的方法之一，对于提高镀层的耐蚀性也具有很好的效果。

第三节　腐蚀环境处理与缓蚀剂

一、腐蚀环境的处理

（一）温度

腐蚀介质的温度对材料的腐蚀速率有明显的影响，在一般情况下，许多介质随着温度升高而对材料的腐蚀性增强，因此在许可的情况下，采用降低温度的措施可以使腐蚀速率降低。但对于温度与其他因素有相互影响的情况（如降低温度的同时增加了水溶液中氧的溶解度），简单的降温不一定能达到预期效果，有时甚至出现事与愿违的情况。此外，温度还常常会影响腐蚀的机理和腐蚀产物膜的稳定性，此时要谨慎处理温度变化，但有时也会加速材料的腐蚀，所以对于存放原材料、半成品和成品的仓库，一般都有在一定范围内保持恒温的要求。

（二）流速

腐蚀介质的流动速率对金属腐蚀的影响可分为几种不同的情况，可以根据不同的情况，采取控制流速的办法来进行腐蚀的控制。

在很高的介质流速下，某些金属材料会出现磨损腐蚀。在这种情况下，如果允许降低介质的流速，则可以减轻或避免磨损腐蚀。

对于有扩散控制的耗氧腐蚀，提高流速或搅拌速率可加大氧的扩散流量，因此会使腐蚀加快。在这种情况下，如果降低流速，则可以减缓腐蚀；但需依靠扩散的氧来维持钝化的状态。

保持一定的流速，可保证金属钝化所需的氧，则可以使金属具有较好的耐蚀性。对于析氢腐蚀，由于腐蚀速率受电化学极化控制，因此改变介质的流速对腐蚀速率没有明显的影响。

（三）氧和氧化剂

耗氧腐蚀是最普遍的一种腐蚀形式，它是由于氧的存在而发生的腐蚀。去除环境介质中的氧可以减轻或防止腐蚀，因此脱氧成为控制锅炉等设备腐蚀的重要措施，一般要求水中氧的体积分数低到 10^{-9} 的数量级。脱氧的方法有物理方法和化学方法两种。常用的物理脱氧方法是蒸汽法；化学方法中较为有效的有离子交换树脂法、联胺脱氧法等。

对于一些可钝化的金属与合金，要加入一定的强氧化剂，加速金属的钝化转变，如果强氧化剂的含量不足，则不能实现金属的钝化转变；如果强氧化剂的含量足够，就会实现金属的钝化，还会很好地控制腐蚀，此外，氧化剂含量过高有时反而使金属处于过钝化状态，即腐蚀又加速了。

（四）介质的成分与浓度

当采用通过改变介质浓度的方法来进行腐蚀控制时，要针对不同的情况采用不同的措施。例如，对于可发生钝化的金属铅，当硫酸浓度在一定范围内变化时，由于在铅上生成了硫酸铅保护膜，因此浓度变化对腐蚀影响不大。但当硫酸浓度过高时，硫酸铅保护膜会溶解，因此铅的腐蚀速率会急剧增大，在这种情况下，为了减少铅的腐蚀，硫酸的浓度不能太高。在硫酸介质中的不锈钢或铁，还有在醋酸或硝酸中的铝，则与铅在硫酸中的情况完全不同。当酸的浓度不够高时，金属腐蚀速率比较快；而当酸的浓度很高时，由于酸的电离度比较小，金属的腐蚀速率急剧降低；当酸的质量分数达到 100% 时，在中等温度下对金属没有腐蚀作用，即用铁基等金属容器储浓酸是安全的。

除了合理地控制环境介质的浓度和 pH 值外，对有害成分如铝离子等必须加以严格控制。此外，由于金属材料的应力腐蚀对环境介质有特殊的选择性，因此，实际中应尽可能避免敏感环境与材料的接触。

（五）湿度

潮湿空气是产生大气腐蚀的重要条件，如果能通过排除湿气的办法来改变环境的湿度，从而使金属处于干燥的环境之下，则可以减轻或防止金属腐蚀。排除湿气可以采取通风、密封和包装，利用干燥剂防潮等措施，有时也可用抽真空或抽真空后充以惰性气体的办法来去除腐蚀性介质氧和水等，保持环境干燥。

（六）材料的相容性

一种材料与另一种材料接触时，实际上也是一种腐蚀环境问题。例如，两种材料接触时会产生电偶腐蚀和缝隙腐蚀，有些材料会挥发出有机腐蚀性气体，有些相互接触的材料会引起化学腐蚀等。这些不相容的材料如果没有防护措施，则不能在一起共同使用。

二、缓蚀剂的类型

缓蚀剂是一种减少腐蚀的化学物质，还可以理解为集中化学物质的混合物，缓蚀剂的出现就是为了预防金属以及合金在环境介质的作用下发生腐蚀的现象，缓蚀剂技术可以有效控制腐蚀。

在日常生活与工业中，提高经济效益，预防腐蚀已经成为一种必要的选择，缓蚀剂因为其自身的优势，被广泛地应用。缓蚀剂的用量一般很小，基本上都是千万分之几到千分之几，个别情况下用量达百分之几。在许多情况下，金属表面常产生点蚀等局部腐蚀。此时，评定缓蚀剂的有效性除其缓蚀效率外，尚需测量金属表面的点蚀深度等。

实验室中，缓蚀率的测试方法主要有质量法，各种电化学测试方法如塔菲尔直线外推法、线性极化法、交流阻抗法等。近年来有人用光电化学法、谐波分析法、电化学发射谱法、电子自旋共振技术等新方法来测试缓蚀剂的缓蚀率。

鉴于缓蚀剂的种类繁多，使用原理复杂，因此没有形成系统的方法对其进行准确的分类，分类标准也没有统一，为了实现研究的目的，一般会根据具体的目的进行分类。

1. 按化学组成分类

①无机缓蚀剂。
②有机缓蚀剂。

2. 按缓蚀剂的作用机理分类

①阳极型缓蚀剂。
②阴极型缓蚀剂。
③混合型缓蚀剂。

三、缓蚀剂的选择和应用

（一）缓蚀剂的选择

采用缓蚀剂防腐蚀具有设备简单、使用方便、投资小、收效大的优点，因而得到广泛应用。缓蚀剂还有一个显著的特点就是具有明显的选择性，会依据金属与介质等条件进行选择，选出最合适的缓蚀剂。

1. 考虑腐蚀介质

在应用的过程中，要根据实际的情况对缓蚀剂进行慎重的选择，不同 pH 值的水介质中的金属腐蚀原理不同，差异也不同，在选择缓蚀剂的种类时就需要区别对待，在使用缓蚀剂时，关于腐蚀介质的考虑因素就是缓蚀剂与腐蚀介质的相溶性问题。在实际应用中可添加适当的表面活性剂，以增加缓蚀物质的分散性；另外也可通过化学处理加以改良。

2. 考虑金属

不同金属原子的电子排布不同，因此它们的化学、电化学和腐蚀特性不同，它们在不同介质中的吸附和钝化特性也不同。许多钢铁用高效缓蚀剂对铜的效果不好，而铜的特效缓蚀剂，如巯基苯并噻唑（MBT）或苯并三唑（BTA）对钢铁的缓蚀效果也较差。如果需要防护的系统由多种金属组成，则单的缓蚀物质难于全面满足要求。对于这种系统，要考虑使用兼顾多种金属腐蚀的复配缓蚀剂。

3. 缓蚀剂的用量和复配问题

缓蚀剂的应用并不是越多越好，只要可以产生防护作用，自然是越少越好，没有必要加大用量，缓蚀剂用量会改变介质的性质，用量太多或者太少都不能起到应有的效用。不同体系的临界浓度选择缓蚀剂时都需要进行测量，而且是预先测量，这样才可以判断出使用量。

金属腐蚀情况比较复杂，现代缓蚀剂很少会使用一种缓释物质，经常是多种物质混合在一起，因为这样的效果比较好，兼顾不同金属的复配等，这方面正是提高缓蚀剂效率的研究重点。

4. 缓蚀剂的整体运行效果及环境保护

缓蚀剂的使用不仅要考虑是否可以起到防腐的目的，还要考虑工业系统的综合效果，不能因为缓蚀剂的应用而破坏原有的生态环境，很多缓蚀剂是有毒的，这样它们的适用范围就会受到限制，因此在缓蚀剂的开发与使用中要考虑对环境的影响，不能以破坏生态逆境为代价。

（二）缓蚀剂的应用

应用最为广泛的一种缓蚀剂就是阳极型缓蚀剂，在应用的过程中要严格地遵循用法与用量，一旦使用量不足，就不能完全地覆盖住阳极表面，而加速金属的腐蚀速度。因此阳极型缓蚀剂又被称为"危险性缓蚀剂"，而阴极型缓蚀剂与之正好相反，用量不足并不会加速腐蚀的速度，因此阴极型缓蚀剂又称为"安全缓蚀剂"。混合型缓蚀剂对于阴极与阳极都有抑制作用。

缓蚀剂在工业领域有着广泛的应用，具体如下。

1. 化学清洗中缓蚀剂的应用

①柠檬酸酸洗缓蚀剂。
②氢氟酸酸洗缓蚀剂。
③硝酸酸洗缓蚀剂。
④盐酸酸洗缓蚀剂。
⑤磷酸酸洗缓蚀剂。

2. 中性介质中缓蚀剂的应用

①复合缓蚀剂。
②有机缓蚀剂。
③无机缓蚀剂。

3. 石油工业中的应用

①采油。

②采气。

③储存。

④输送。

⑤提炼。

第四节　表面镀层与改性技术

一、金属覆盖层

（一）电镀

电镀又被称为电沉积工艺，经过电镀的金属零件可以得到更好的应用，但是电镀只适合小型零部件，大型设备的维修就需要使用电刷镀。电镀一般对温度的要求不高，电镀的优点有可焊性、耐磨损、金属外观漂亮、电性能较好以及防护性能较好等。

（二）化学镀

常用的化学镀有两种：化学镀镍与化学镀铜，通过这两种化学镀所获得的非晶体镀层的硬度都非常高，空隙少，提升了金属的耐磨性，化学镀与电镀一样，存在高强度钢和钛合金等对氢脆敏感性高的制品发生氢脆破坏的隐患，必须注重这类产品的承受载荷，如果承受载荷过大，就必须格外注意。

二、非金属覆盖层

（一）搪瓷涂层

为了提高搪瓷涂层的耐蚀性，可以适当地加入一些二氧化硫。耐蚀搪瓷一般会用于各种化工容器的衬里，可以抵挡住一部分有机酸与无机酸的侵蚀，搪瓷材料属于脆性材料，要防止机械中的冲击，避免涂层被破坏。

（二）陶瓷涂层

陶瓷涂层主要适应于高温环境，它的优点有耐热震性、绝缘性、耐腐蚀、耐气体冲蚀以及耐高温和抗氧化等。

三、表面机械形变强化处理

应力作用下的腐蚀破坏（应力腐蚀、腐蚀疲劳、氢脆、微动损伤等）是应力和腐蚀环境协同作用造成的。对于这种类型的腐蚀控制问题，除采用前面所介绍的防护方法外，联合表面机械形变强化工艺技术可以取得更为显著的效果。

随着塑性变形量的增加，金属形变抗力不断增大的现象称为形变强化，或加工硬化形变强化是通过位错在变形过程中的大量增值，以及位错间的复杂交互作用造成的。表面形变强化工艺技术就是借助改变材料的表面完整性来改变疲劳断裂（包括常规疲劳腐蚀疲劳、接触疲劳、微动疲劳）抗力、应力腐蚀破裂抗力及高温抗氧化的能力。被改变材料的表面完整性包括表面粗糙度、表层的组织结构与相结构、表层的残余应力状态及表层的密度等。表面机械形变强化处理技术主要有以下三种方式。

（1）孔冷挤压强化

孔冷挤压强化是指利用比被挤压材料硬度高的特定工具(棒衬套、模具等)，在零件孔的内壁、孔角、沉头窝及孔周边，连续、缓慢、均匀地挤压材料。这是基于三个保护原理进行的，即隔离环境、电化学保护、缓蚀。

（2）塑料涂层

①层压法将塑料薄膜直接黏接在金属表面形成塑料涂层。

②塑料粉末喷涂在金属表面，经热固化形成塑料涂层。

（3）硬橡皮覆盖层

在橡胶中加入质量分数为30%～50%的硫进行硫化，就可以得到硬橡皮，硬橡皮可以很好地抵挡腐蚀，因此成为很多化工设备的衬里，硬橡皮也不是没有缺点的，只能在50℃以下使用，使用条件有限。

第九章 化工行业中的腐蚀

根据化工系统行业分类的情况，我们选取典型的几个行业，就其生产过程中出现的腐蚀以及防护进行详细说明。本章分为化工行业的腐蚀特点与现状、化工行业中的腐蚀类型、化工介质中的腐蚀三部分。其主要内容包括：化工系统行业划分、腐蚀特点及现状；无机酸腐蚀、有机酸腐蚀、碱腐蚀、盐腐蚀；化工介质的类型、硫及硫化物的腐蚀、氯及氯化物的腐蚀、硝酸溶液的腐蚀、氢氧化钠和碱溶液的腐蚀、尿素溶液的腐蚀以及炼油和石化介质的腐蚀等。

第一节 化工行业的腐蚀特点与现状

一、化工系统行业划分

化工系统行业的分类目前没有一个完全统一的标准，大体可以分为以下几类。

（一）无机化工

1. 酸类

在化工业，一直都有"三酸二碱"的说法，其中"三酸"指的就是盐酸、硝酸和硫酸。

（1）盐酸

它是用作制造氯化物的原料，常见的就是用于制造氯化铵和氯化锌等；也可以用于染料和药物以及聚氯乙烯、氯丁橡胶和氯乙烷的合成；还可以用于湿法冶金和金属表面处理，并且在石油中也被广泛使用。此外，它还可以被用在印染、制糖、皮革制造等工业，以及离子交换树脂的再生。目前，全国年产量已经超过了 500 万 t。

（2）硝酸

硝酸是一种广泛使用的化学基础原料，它可用于制造化肥、染料、炸药、医药、照相材料、颜料、塑料和合成纤维等，并且在制造过程中，它还是一种非常重要的原料。2015 年，国内正在建设的硝酸项目生产能力就达到了 479 万 t，在全部硝酸项目都投入生产以后，总生产能力就已经达到了 2057 万 t。但是，我国国内在 2015 年的硝酸总需求量却仅为 1523 万 t。

（3）硫酸

硫酸是非常重要的一种基本化工原料。总的来说，我国在硫酸生产方面的发展是突飞猛进的，目前产量已经排在了世界前三位，2015 年我国硫酸市场产量达 89757 万 t，同比增长 4%。

2. 碱类

"三酸二碱"中的"二碱"指的就是纯碱和烧碱，也就是碳酸钠和氢氧化钠。

（1）纯碱

纯碱作为一种基本的化工原料，在化工、冶金、国防、建材、农业、纺织、制药和食品等方面被广泛应用，并且需求量也非常大，属于大宗化工产品。我国纯碱的产量在世界上也排在了前三名。

（2）烧碱

氯碱工业已有近 100 年的历史。它不仅是基础化学工业，而且是经历了重大技术变革并日趋成熟的大吨位产品工业。烧碱在化学工业中用于生产硼砂、氰化钠、甲酸、草酸、苯酚、纤维素浆粕、肥皂、合成洗涤剂、合成脂肪酸、玻璃、搪瓷、皮革、医药、染料、农药等。目前，全国年产量约为 1000 万 t。

3. 无机盐及化合物类

此类产品有 530 余种，主要有钡化合物（15 种）、硼化合物（42 种）、溴化合物（10 种）、碳酸盐（20 种）、氯化物及氯酸盐（44 种）、铬盐（12 种）、氰化物（17 种）、氟化合物（22 种）、碘化合物（98 种）、镁化合物（7 种）、锰盐（14 种）、硝酸盐（16 种）磷化合物及磷酸盐（66 种）、硅化合物及硅酸盐（40 种）和硫化物及硫酸盐（56 种）以及钼、钛、钨、钒、锆化合物等。

4. 化肥类

其主要是氮肥、磷肥和复合肥。①氮肥。合成氨（年产 4000 万 t 左右），尿素（年产 1600 万 t 左右）。②磷肥。过磷酸钙等（年产 900 万 t 左右），钾肥（年产 150 万 t 左右）。③复合肥。硝酸磷肥（年产 85 万 t 左右），磷酸铵肥（年产 300 万 t 左右）。

（二）有机化工

1. 基本有机原料

这是有机化工产品的一个主要部分，品种较多（有 1500 种左右），产量也比较大，主要包括以下几大类。

①脂肪族化合物。其分为脂肪族烃类（如乙烯、乙炔等），脂肪族卤代衍生物（如氯乙烯、四氟乙烯等），脂肪族的醇、醚及其衍生物（如酒精），脂肪族醛、酮及其衍生物（如甲醛），脂肪族羧酸及其衍生物（如醋酸、乙酸乙烯酯等），脂肪族含氮化合物、含硫化合物及其衍生物等。

②芳香族化合物。和脂肪族一样，其包括芳香族的烃类，醇、醛、酮、酸、酯及其衍生物等各类。

③杂环化合物。如各种呋喃、咪唑、吡啶等。

④元素有机化合物、部分助剂及其他。如防老剂、促进剂、甲基氯硅烷、电石及明胶等。

2. 合成树脂及塑料

目前，我国生产的 18 个类别中约有 200 个品种，包括 7 种聚烯烃、6 种聚氯乙烯、4 种苯乙烯、4 种丙烯酸、15 种聚酰胺、13 种线性聚酯聚醚、11 种氟塑料、16 种酚醛树脂和塑料、4 种氨基塑料、9 种不饱和聚酯、4 种环氧树脂、12 种聚氨酯塑料和一些主要原料、6 种纤维素塑料、2 种聚乙烯醇缩醛、3 种呋喃树脂、7 种耐高温聚合物、13 种有机硅聚合物、20 多种离子交换树脂和离子交换膜。2015 年，我国树脂和聚合物的总产量将达到约 1600 万 t，其中三种产量最高的树脂是聚乙烯树脂约 400 万 t，聚氯乙烯树脂和聚丙烯树脂 400 万 t 以上。

3. 合成纤维

随着民用和各行各业需求的不断提高，化纤的品种和产量也在迅速增加。2015 年，我国合成纤维的产量就达 1000 万 t 以上，合成纤维聚合物逾 500 万 t，聚酯 400 万 t 左右。合成纤维中产量最大的是涤纶 800 万 t 以上，其次是胶黏纤维 80 万 t 左右和腈纶 60 万 t 以上，最后是丙纶 25 万 t、锦纶 5.5 万 t、维纶 3.5 万 t 等。

4. 合成橡胶

合成橡胶又称人造橡胶，是人工合成的高弹性聚合物，也称合成弹性体。产量仅低于合成树脂（或塑料）、合成纤维，2015年，我国合成橡胶产量达到了120万t。根据化学结构合成橡胶可分烯烃类、二烯烃类和元素有机类等，重要的品种有丁苯橡胶、丁腈橡胶、丁基橡胶、氯丁橡胶、聚硫橡胶、聚氨基甲酸酯橡胶、聚丙烯酸酯橡胶、氯磺化聚丙烯橡胶、硅橡胶、氟橡胶等。

（三）精细化工

生产精细化学品的工业称为精细化学工业，简称精细化工。我国的精细化学品包括下列各类。

1. 化学农药

化学农药主要包括杀虫剂、杀菌剂和除草剂，又分有机磷农药和有机氯农药。我国2015年化学农药产量在100万t左右，其中杀虫剂约60万t，杀菌剂逾8万t，除草剂25万t上下。

2. 颜、染料

其包括油漆、油墨、染料、涂料和颜料。目前我国油漆年产量150万t以上，油墨年产量超过20万t，染料2015年产量接近80万t，建筑涂料年产量60万t上下，颜料总产量在110万t左右。

3. 化学试剂

化学试剂是科学研究和分析测试必备的物质条件，也是新兴技术不可缺少的功能物料。该类物质的特点是品种多、纯度高、产量小。国内各种试剂的总产量不过20万t/年。

4. 助剂

助剂包括表面活性剂、催化剂、各种添加剂等。表面活性剂有很多种，通常分为阳离子表面活性剂、阴离子表面活性剂和非离子表面活性剂。另外，两性表面活性剂被广泛使用。

2015年，我国表面活性剂产量超过30万t。催化剂，也称为触媒，属于一种可以改变化学反应速度而不会进入最终产物的分子组成的物质。通常使用的是金属催化剂、金属氧化物催化剂、硫化物催化剂、酸碱催化剂、生物催化剂等。大多数具有工业意义的化学转化方法都是在催化剂的作用下进行的。

目前，我国催化剂的年产量约为 15 万 t。添加剂主要是食品添加剂和饲料添加剂，我国 2015 年这两类的添加剂的产量分别约为 50 万 t 和 60 万 t。助剂种类繁多，可分为印染助剂、塑料助剂、橡胶助剂、水处理剂、纤维纺油剂、有机萃取剂、聚合物助剂、皮革助剂、农药助剂、油田化学品、混凝土用添加剂、机械和冶金添加剂、石油添加剂、炭黑、吸附剂、电子工业专用化学品、纸张添加剂、填料、乳化剂、湿润剂、助熔剂、助溶剂、助滤剂、辅助增塑剂和溶剂等。印染助剂和橡胶助剂被大量使用，2015 年国内年产量分别约为 70 万 t 和 30 万 t，2015 年炭黑产量接近 100 万 t。

5. 胶黏剂

此类产品虽然产量不大，但是功用不小，且无可替代。胶黏剂可分为八大类，即通用黏合剂、结构黏合剂、特种黏合剂、软质材料用黏合剂、压敏黏合剂、胶黏带、热熔黏合剂、密封材料等。

（四）石油化工

石油化工即以石油和天然气为原料的化学工业。其范围很广，有很多产品。原油经过裂化（裂解）、重整和分离后可提供乙烯、丙烯、丁烯、丁二烯、苯、甲苯、二甲苯、萘等基础原料。从甲醇、甲醛、乙醇、乙醛等各种基础有机原料可以制备乙酸、异丙醇、丙酮、苯酚等。还可以合成和加工基本原料、基本有机原料，以生产合成材料，如合成树脂、合成橡胶、合成纤维、合成纸、合成木材、合成洗涤剂和其他有机化学产品，如黏合剂、药品、炸药、染料、涂料和溶剂。油田气可以直接用于生产化工产品，也可以用作裂化（裂解）原料。天然气可直接用于生产炭黑、乙炔、氰化氢和甲烷衍生物。油田气和天然气也可用于生产合成气（一氧化碳和氢气），进而合成氨和脂肪醇、醛、酮、酸等。

二、腐蚀特点及现状

（一）氯碱行业

氯碱化学工业的生产过程中混入大量腐蚀性物质，如氯和盐酸等。如果生产设备的防腐性能达不到标准，设备将被严重腐蚀，将直接影响氯碱产品的生产效率和安全性。针对这种严峻形势，氯碱化工企业已开始解决这一问题，主要是通过引进先进的生产设备和改进生产工艺来达到防腐蚀的目的，经过实践应用后取得了一定的效果。但是，为了更好地提高防腐效率，企业可以对生产过程中的腐蚀源进行调查，然后结合具体的生产工艺制定针对性的防腐对策，力求最大程度地降低腐蚀程度。

1. 氯气

氯是一种化学性质非常活泼的气体。氯在常温和干燥条件下对各种金属几乎没有腐蚀，但是一旦温度升高，氯的腐蚀程度也会同时升高，与温度呈正相关。湿氯气中的氯与水反应生成具有强腐蚀性的新物质，会腐蚀许多金属，如碳钢、铜、镍、不锈钢等。仅一小部分金属或非金属材料可以在特殊条件下抵抗湿氯气的腐蚀。氯作为氯碱化工生产中的主要原料之一，会严重腐蚀生产设备和辅助设备，属于比较大的一个腐蚀源。

2. 烧碱

与氯不同，烧碱不参与氯碱化学工业的直接生产，而是在整个氯碱生产过程中作为最终产品出现。在锅式法生产固体碱的过程中，稀释的烧碱溶液会在浓缩状态下严重腐蚀生产机械和设备。另外，烧碱本身具有较强的毒性和腐蚀性。因此，如果将烧碱放在由普通材料制成的装置中，则该容纳装置将不可避免地腐蚀成裂缝或直接破裂。所以，为了延长设备的使用寿命，应对与烧碱接触的设备采取强力的防腐措施。

3. 酸

酸像烧碱一样，酸是氯碱化学工业生产的一种产物，但它不是氯碱生产的主要产物，可以被视为副产物之一，但它具有与烧碱相同的特性，即极具腐蚀性。稀盐酸是基本化学试剂之一，尽管不能清楚地看到其腐蚀性，但这并不意味着它没有腐蚀性，实际上，它具有一定的腐蚀性，即便特别轻微。然而，从化学生产中获得的各种酸的腐蚀性是碱性化学试剂的十倍或百倍，它会严重腐蚀机械生产设备。因此，极有必要制定防腐对策。

4. 盐水

氯碱化学生产所需的盐水本身没有腐蚀性，但极易与金属形成腐蚀性电池，从而导致金属失去金属电子并溶解（在此溶解相当于腐蚀）。由此可见，在氯碱化工的生产过程中，企业还需要对盐水的储存和生产给予充分的关注，以免因自身反应而腐蚀其他物质。同时，在设计和选择材料时，企业应尽可能选择非金属材料隔离层，以保护金属设备不受腐蚀。

5. 尾气

在氯碱化工产品中，尾气占很大比例，主要是氯气、氯化氢气体、硫酸气和碱雾。但是，要知道，这些气体具有一定的腐蚀性，会腐蚀设备、工厂建筑物、管架、管道和管路等，从而造成一定的经济损失。为了降低尾气的腐蚀性，现在广泛使用涂料来保护各种工厂建筑物、管架、管道和管路等。但是，我们需要更多了解的是，这种方法只能治疗暂时的症状，而不能治疗根本原因。我们需要尽快改善生产工艺，减少生产浪费，有效控制尾气在生产的每个特定环节中的产生和扩散，从根本上减少尾气对各种设备的腐蚀。

（二）化肥行业

1. 氮肥

氮肥包括碳酸氢铵、硫酸铵、氰化铵、尿素、复合肥料和液体肥料等。氮肥中的氮主要来自氨，因此，无论是什么氮肥厂都离不开合成氨的生产。氨虽然主要用于制造氮肥，但它又是重要的基本化工原料，广泛用于制药、炼油、合成纤维、炸药和染料等工业。因此，通常将氨的生产单独称为合成氨生产，而将氨作为原料去制造化肥和其他工业用品的生产，称为氨加工生产。对于合成氨生产，中小型氮肥厂主要以煤和焦炭作原料，而合成氨的发展趋势以石油和天然气代替煤与焦炭。20 世纪 60 年代末工业发达国家早已完成了这一转变。我国则主要在新建的大氮肥厂的合成氨生产中体现这一转变。目前我国合成氨年产量为 2700 万 t。合成氨生产的设备大部分采用耐高温、耐高压腐蚀介质的金属材料，生产过程中腐蚀问题也十分突出。腐蚀最严重而且对生产影响较大的有大氮肥厂的转化炉、废热锅炉、脱碳系统，中氮肥厂的加压变换系统。

我国的氨肥厂中约有 48% 是碳酸氢铵，44% 是尿素，8% 是其他氮肥。碳酸氢铵肥效较低，绝大部分是小厂生产，生产效率低，已不再发展。今后的发展方向是以尿素为主的高浓度氮肥，并将其产量提高到总氮肥产量的 65% 以上。

尿素设备的腐蚀可按大尿素和中尿素来区分。年产 45 万 t 尿素为大尿素，我国有大尿素厂 30 多家。尿素生产设备材料主要为 316 不锈钢。尿素本身腐蚀轻，但它的中间产物氨基甲酸铵（甲铵）呈还原性，破坏很多金属的钝化。此外，尿素在高温高压条件下会产生同分异构体氰酸铵，氰酸铵离解生成的氰酸根同样具有强烈的还原性，会破坏不锈钢的钝化膜。大尿素以二氧化碳汽提法为主，主要的腐蚀设备为二氧化碳汽提塔、高压甲铵冷凝器、尿素合成塔和高压洗涤塔。这四大高压设备的腐蚀集中反映了大尿素装置的严重腐蚀问题，也是目前国内大尿素生产中腐蚀的难点和热点,因为这四台设备在大尿素装置中造价最高、维修最困难、操作最关键、腐蚀最严重。虽已采取一系列防腐蚀措施,但腐蚀控制尚未取得突破性进展,腐蚀部位大都集中在焊接和堆焊层部位。其中以晶间腐蚀、选择性腐蚀及氯化物应力腐蚀最为突出。

全国年产 11 万 t 尿素生产装置——中型尿素装置约 30 多台。在中型尿素装置中,甲铵的生成和脱水都在尿素合成塔中进行,因此,它的腐蚀都集中在合成塔上。30 多台尿素合成塔中除少数几台外,大多数处于非正常运行状态,实际年产量仅为设计能力的 60%。尿素合成塔的腐蚀介质和腐蚀特性与大尿素是一样的,但腐蚀部位和形式则表现为局部腐蚀、衬里鼓泡和衬里泄漏。

2. 磷肥

我国有 800 多家以普钙为主的小磷肥厂,绝大多数磷肥都是由湿法制成的,即用各种无机酸和磷矿石反应制取过磷酸盐或制取过磷酸盐和磷酸。我国磷肥产量按 P_2O_5 计,约 600 万 t。大部分(约 80%)是低 P_2O_5 含量的以普通过磷酸钙和钙镁磷肥为主的磷肥。

在湿法磷酸生产中,杂质对腐蚀的影响最大。例如,有害杂质 F^-、Cl^- 和游离硫酸的化学协同作用可以使合金钢在磷酸中的腐蚀速率提高 10 ~ 1000 倍。另一个重要的影响因素是浆料中包含 30% ~ 40% 的固体颗粒。磨损加剧了搅拌桨和泥浆泵等旋转设备的损坏,即物理磨损和电化学腐蚀的协同作用可使合金钢的腐蚀速率提高 15 ~ 50 倍。因此,杂质和磨损是湿法磷酸中严重腐蚀的两个主要原因。尽管半水法比目前的二水法更合理、更先进,但由于半水法的反应温度高达 95 ℃,设备的腐蚀大大加重,严重阻碍了该方法的发展,成了磷肥生产的一大难题。

3. 硫酸

硫酸工业的历史悠久,公元 8 世纪就有人用蒸馏硫酸铁的方法制得硫酸。接触法生产硫酸始于 1831 年,1918 年我国建成第一家接触法硫酸厂,现在我国硫酸产量约为 1850 万 t/年。其中以硫铁矿为原料的工艺约占 77%,以冶炼尾气为原料的工艺约占 18%,以硫黄为原料的工艺约占 3%。硫酸生产过程中的腐蚀介质为 SO_2、SO_3、稀硫酸、浓硫酸、发烟硫酸等,其腐蚀类型主要为吸氮腐蚀(氢去极化腐蚀)。

以尿素生产为例,尿素不仅是一种高效的氮肥,而且在树脂、医药、涂料、纺织、食品、饲料等工业领域作为化工原料有着广泛的应用。

在工业尿素生产中，以液氨和 CO_2 为原料，目前尿素生产主要采用的两种生产工艺：一种是水溶液全循环法，经 CO_2 压缩、NH_3 的净化和输送、尿素合成、循环、吸收解吸、蒸发造粒与储存等工序；另一种是 CO_2 汽提法，经 NH_3 和 CO_2 压缩、尿素合成、CO_2 汽提、循环、蒸发与造粒等工序。其中生产用 NH_3 和 CO_2 由合成氨系统提供。合成氨的生产工艺主要经脱硫、造气、转化、变换脱碳、氨的合成和氨的冰冻等工序。合成氨生产过程中产生的腐蚀主要源于生产过程中的各种原料及其杂质、工艺过程介质及其环境等。如高温气体（如 H_2、N_2 等）、H_2S、CO_2、水蒸气、热钾碱液及其水溶液体系、循环冷却水等对设备及管道的腐蚀，具体包括氢腐蚀、氮腐蚀、高温氧化腐蚀以及其他一些均匀腐蚀和局部腐蚀。

针对上述各种腐蚀，各生产单位一般以选用适用的设备及管道材料，在工艺上选用缓蚀剂、水处理剂以及调整工艺的方法加以控制，并采用化学分析法、冷却水的电导检测法、pH 值监测法和旁路挂片法实现腐蚀监测。

尿素生产装置中主要腐蚀问题是氨基甲酸铵、尿素溶液等的腐蚀，氨基甲酸铵是在 NH_3 和 CO_2 转化成尿素过程中生成的一种中间产物，其腐蚀在反应部位最为严重。因为在该部分的温度和压力均高于下游，其中水溶液全循环法生产系统中尿素合成塔、吸收塔和中低加热器等都很容易被氨基甲酸铵腐蚀，而 CO_2 汽提法生产系统中受尿素甲铵液腐蚀较严重的设备是合成塔、高压洗涤器、汽提塔和高压甲铵冷凝器等。特别是在温度 130～200 ℃、压力 15～25 MPa 条件下的尿素 - 甲铵溶液，对金属的腐蚀更为严重。在尿素的现代生产过程中，设备的防腐主要集中在工艺操作上。而工艺操作的控制主要以化学分析法、冷却水的电导检测法、pH 值监测法、旁路挂片法和设置检漏孔来检查设备衬里的腐蚀，以穿透法等传统腐蚀监测的结果为依据，尤其以化学分析法为主。

传统方法在现实腐蚀监测中存在一些问题，主要表现在以下两个方面。①传统分析法，分析操作周期长，不能及时地反映设备的腐蚀状态和工艺操作对设备腐蚀的影响；②设置检漏孔和分析冷却水的电导法，均不能检测设备的未穿透腐蚀，这些检测方法不是安全可靠的监测方法。上述监测法由于不能准确及时了解设备腐蚀状态，采取措施不及时，针对性也不是很强，因此，不同程度地降低了设备的使用寿命，对成品尿素的质量也有一定的影响。因此在尿素生产厂实现在线腐蚀监测具有重要的现实意义，能指导工厂进行工艺控制，以减轻工艺介质对设备的腐蚀，且能指导工厂合理使用各种缓蚀剂及水处理剂，一方面防止因药量不足，工艺介质对设备的腐蚀，另一方面防止因药量过大而产生的药剂的无谓耗损和浪费，提高经济效益。

（三）农药行业

我国农药产品主要有四大类：杀虫剂、杀菌剂、除草剂和植物生长调节剂。由于农药生产中无机酸与有机介质并存，很多产品反应温度高、介质腐蚀性强，所以腐蚀问题十分突出。

目前有机磷和非有机磷农药生产装置大多采用金属材料，如碳钢、铸铁、铅、不锈钢、钛材等。非金属材料则以石墨、搪玻璃、陶瓷、聚氯乙烯、聚丙烯、氟塑料等居多。腐蚀形态主要有管道、阀门为主的全面腐蚀、18-8 型不锈钢在酸性氯化物溶液中的孔蚀及高温浓碱碱脆为主的应力腐蚀破裂。目前，农药生产设备的防腐蚀问题，主要反映在防腐蚀产品不过关、严重阻碍农药生产的正常运行上。

农药的生产是利用有机或无机化学物质通过在特定环境（高低温、高低压）下发生化学反应而得到我们所需特殊化合物的过程。对反应环境的要求使得我们需要使用一些特定的设备来进行反应。目前为止，这些特定的设备基本都是使用金属材料制成的。由于农药生产是大型化生产，因此，设备多因体积大而露天放置，又加上原料都是化学物质，大多带有腐蚀性。因此，生产设备的腐蚀不可避免。下面简单地介绍一下农药生产中目前存在的一些主要的腐蚀。

1. 晶间腐蚀

沿着晶粒间界发生的腐蚀是很严重的破坏现象，因为这种腐蚀使晶粒间丧失结合力，以致材料的强度几乎完全消失。经过这种腐蚀的不锈钢样品，外表还是十分光亮的，但是轻轻敲击即可碎成细粉。

2. 点腐蚀

奥氏体不锈钢接触某些溶液，表面上产生点状局部腐蚀，蚀孔随时间的延续不断地加深，甚至穿孔，称为点腐蚀（即点蚀），也称孔蚀。通常点蚀的蚀孔很小，直径比深度小得多。蚀孔的最大深度与平均腐蚀深度的比值称为点蚀系数。此值越大，点蚀越严重。一般蚀孔常被腐蚀产物覆盖，不易发现，因此，往往由于腐蚀穿孔，造成突然性事故。

3. 缝隙腐蚀

缝隙腐蚀是两个连接物之间的缝隙处发生的腐蚀，金属和金属间的连接（如铆接、螺栓连接）缝隙、金属和非金属间的连接缝隙，以及金属表面上的沉积物和金属表面之间构成的缝隙，都会出现这种局部腐蚀。

4. 应力腐蚀

奥氏体不锈钢的应力腐蚀是一种腐蚀速度快，破坏严重，且往往是在没有产生任何明显的宏观变形、在不出现任何预兆的情况下发生的迅速而突然的破坏。应力腐蚀是在拉应力和腐蚀环境的联合作用下引起的腐蚀破坏过程。

5. 其他腐蚀情况简介

①氧化。氧化是指气体/金属在高温下反应生成一层腐蚀产物-氧化皮的现象，氧化可以在 O_2、空气、CO_2、蒸汽以及含这些气体的复杂工业气体中产生。

②硫化。硫化是用来描述材料在高温含硫化物气体介质中遭受的侵蚀。硫化包括在氧化性气体中发生氧化物和硫化物侵蚀或在还原性气体中（如 H_2-H_2S 混合物）发生硫化物侵蚀。硫化物介质主要有潮湿空气 H_2-H_2S、硫蒸气、含硫燃料产生的燃烧气和石油液体加氢脱硫，以及煤的汽化的气体。

③渗碳。渗碳是指合金吸收碳或金属裸露在高温含碳气体（如 CO 和 CH_4）中可能发生的表面增碳现象。当奥氏体不锈钢中碳含量超过固溶体溶解度时，则钢中 Cr 和 Fe 与其生成碳化物。渗碳引起的破坏就是由于渗碳层形成大量碳化物，导致体积变化产生局部应力，并使材料的延性和韧性降低。渗碳在高温下进行并随着温度的增加而加速。像氧化和硫化情况一样，提高合金耐渗碳性最重要的元素是 Cr，其次是 Ni、Si、Nb 等。

④氮化。原子氮可由氨高温解离而成，并渗入不锈钢中生成脆的氮化物表面层。氮化像渗碳一样可能产生脆化，奥氏体不锈钢耐氮化性取决于合金成分和氨浓度、温度等介质条件。高 Ni 量对提高耐氮化性是有益的，而在一定条件下高 Mo 是有害的。

⑤无机盐的腐蚀。原料在预处理中，其中的水分经过脱水处理，已大大减少，但仍然不能完全去除水分。这部分水分中带有一定成分的无机盐，当这部分水分工艺经加热处理，该类无机盐便会因为受热而发生水解。之后便会形成某些强腐蚀性的气体，如氯化氢气体等。这些气体随着水蒸气共同从塔顶排出，在塔顶冷却时，强腐蚀性气体会形成酸性溶液，对塔顶附近的机械系统造成酸性腐蚀，破坏其冷却功能。

⑥硫化物的腐蚀。原料中常会含有一些硫化物，常温常压下，或温度并不很高的条件下，硫化物并不会对设备产生明显的腐蚀与损害。但是，当温度接近或高于 350 ℃时，电化学腐蚀情况便尤为严重，并且其腐蚀能力会随着温度

的增高而持续加强。例如，在设备减压等条件下，该类情况下的高温对硫化物的活性起到了强有力的催化作用，腐蚀程度较高。

⑦氮化物的腐蚀。除了上述几种物质以外，原油中还存在着某些氮化物。在石油的加工过程中，该类氮化物会经过一系列反应生成氨气。该类气体或物质在石油的蒸馏过程中与水结合，也会生成腐蚀性物质，促使设备发生又一种电化学腐蚀。并且，H_2S 与氨水共同反应，会使电化学腐蚀加重，对储存罐或管道内壁涂料造成腐蚀，在石油产品生产中造成设备的故障和一些事故的发生。

（四）染料行业

染料行业包括染料、有机颜料、中间体和染整助剂行业。我国染料在 1995 年产量已达 24 万 t，居世界首位。染料行业中，大型设备不多，但腐蚀问题很严重。据某大型染料厂统计，该厂年腐蚀损失约 300 万元，占该厂年总产值的 5%。染料生产品种不同，其反应各异，但大多数反应于高温中的酸碱、盐介质条件下进行，尤其是高温稀硫酸腐蚀及某些强氧化剂如 H_2O_2 的高温腐蚀非常严重，要解决这些腐蚀难题需付出巨大的代价。

在我国纺织工业产业链中，印染行业可以说是非常重要的一部分，它对于带动纺纱织造、提升服装及家用纺织品档次和附加值做出了非常大的贡献。但是，印染行业却属于"三高"行业，也就是消耗的能源过高、用水量过高、对环境的污染程度过高。在当前能源、水资源都极度短缺的今天，在环境日益加剧恶化的今天，这些"三高"企业所面临的压力可以说是非常巨大的。并且，在生产过程中，印染设备的工作环境也是十分恶劣的，常常会受到各种染料、化学药品以及水和蒸汽的强烈腐蚀，印染设备很容易就会出现严重磨损的情况，从而对印染设备的精度造成非常大的影响，导致设备在运行的过程中始终处于一种不良的状态，增大了设备的"跑、冒、滴、漏"的可能性，这也就近一步增加了印染行业的压力。

不锈钢和碳纤维等新材料由于具有强度高、耐腐蚀、耐磨性好、隔热性好和综合性能优越等优点，不仅在航空航天、日用品等许多领域得到了应用，而且在印染机械中的应用也越来越广泛，并取得了良好的效果。例如，聚四氟乙烯具有在表面上防粘的特性，在印染过程中，各种染料和化学药品很容易在导布辊和干燥筒的表面上附着，这不仅影响织物的加工质量，而且需要大量的清水来清洗，可以说，要想去除这些污渍，操作起来是相当非常不便的，而且会花费大量的人力和金钱，而聚四氟乙烯具有抗污染和耐高温的特性，从而大大改善了干燥筒表面的污染。

（五）石油化工行业

我国石油化工行业生产装置共约 910 套。在"八五"期间 60 套达标的化工生产装置中腐蚀严重的有 13 类，共 31 套。其中氯乙烯苯乙烯、烷基苯、间甲酚、丁辛醇、乙醛／醋酸、苯酚／甲酮等七类共 12 套装置腐蚀最为严重。从腐蚀介质看，主要是三大合成材料的原料及单体生产装置中所接触的高温盐酸、高温浓稀硫酸等强腐蚀介质，主要集中在泵和热交换设备上。从腐蚀形态看，石化生产装置由于广泛接触氯离子、硫化氢、氢气等，因此，产生应力腐蚀破裂、腐蚀疲劳和氢脆等危害性很大的腐蚀破坏。

石化装置腐蚀损失巨大，仅以合成纤维为例，据 1998 年统计，我国 1997 年年产 400 万 t 合成纤维，已跃居为世界第二合成纤维大国。我国合成纤维工业的主要原料是石油。20 世纪 70 年代开始从国外引进，现已有 100 多套装置，腐蚀问题也十分严重。据统计，化纤工业每年腐蚀造成的经济损失达 10 亿元之多，这是由于合成纤维生产中很多原料、溶剂、催化剂和副产物都具有很强的腐蚀性，而且大多数生产过程都在高温高压下进行，因此设备腐蚀相当严重。

石油化工行业占比大，腐蚀情形更不乐观，造成的原因也是多方面的，如环境、设备等。下面选取环境中的大气和设备中储罐作为典型进行介绍。

1. 化工大气的腐蚀与防护

（1）化工大气对金属设备的腐蚀情况

在大气自然环境下的金属腐蚀往往被称为大气腐蚀。暴露于大气中的金属表面的数量是非常大的，这也就使得造成的金属损失也非常大。例如，石油化工厂中约 70% 的金属成分在大气条件下工作，大气腐蚀严重破坏了许多金属结构，常见的如钢制平台、电器、仪表等材料受到严重腐蚀。由此可见，石油化工生产的过程中，大气腐蚀是非常常见的，并且腐蚀的情况也非常严重。

由于大气当中都会含有水蒸气，并且这些水蒸气一旦含量过大或者出现降温的情况，就会凝结在金属表面，形成水膜，这种情况尤其是在金属表面的凹陷处或在固体颗粒积聚的地方更容易出现。这种水膜可以溶解电解质和空气中的其他杂质，从而使金属易于发生化学腐蚀。

由于工业大气的组成复杂，环境温度和湿度不同，这就导致设备和金属结构的腐蚀也不同。例如，生产设备中湿式空气冷却器周围的空气湿度很高，有害杂质的综合作用会导致设备表面严重腐蚀。涂在设备和金属框架表面上的酚醛涂料和醇酸涂料，由于遭到长时间风吹和太阳的照射，差不多用一年，这些土层的表面就会产生粉化、龟裂、脱落的情况，从而失去防护的效果。

（2）金属（钢与铁）在化工大气中的腐蚀

由于铁在自然环境中非常容易形成氧化铁，并且在许多环境中具有很高的活性，这就是为什么它也具有一定的耐腐蚀性。很多时候它会在空气中发生氧化反应，从而在表面上形成保护性氧化膜，这层氧化膜可以有效防止其在相对湿度为9%的空气中发生腐蚀。但是，只要存在0.01%的二氧化硫，那么这层膜就会被破坏，保护作用消失，腐蚀就会继续。通常，在化工大气下，黑色金属的腐蚀速率会随着时间不断增加，这是因为污染的腐蚀剂的积累会使环境腐蚀更加严重。

2. 储罐的腐蚀与防护

根据对油箱腐蚀的调查，先要保护汽油箱的内壁不受腐蚀。在20世纪90年代初，防腐涂料通常采用环氧树脂漆或聚氨酯漆等具有良好耐腐蚀性的涂料，这些涂料能够有效保护油箱。但是这些涂料的绝缘性往往都是很高的，运输过程中，油流与管道和罐壁之间的摩擦会产生静电，这会增加罐中的静电电压，并且容易产生静电火花，从而使油罐发生爆炸。因此，油箱内壁的防腐涂层不仅应具有良好的耐腐蚀性，更重要的还是应该具备非常好的抗静电性能。目前，环氧玻璃鳞片抗静电涂料在我国已被广泛使用，该涂层由底漆和面漆组成，就防腐而言，主要性能如下。

（1）底漆

底漆主要成分是有机硅富锌漆，在防腐蚀方面主要起到电化学保护和化学防护的作用。

①电化学保护。富含有机锌的涂层包含超过70%的超细金属锌微粒，并且这些微粒在涂层中是相互连接的。此外，金属锌又与金属基质紧密接触，因此，当存在水或者溶液等电解质时，就会产生大量的微电池。由于锌的电极电位是 -0.75 V，铁的电极电位是 -0.44 V，锌的电极电位低于铁，所以根据电化学原理，为了对阴极铁进行保护，锌粉就会被不断消耗掉。也就是说，当锌和铁发生接触时，在水或溶液等电解质的条件下，首先将锌氧化以生成氢氧化锌和氧化锌，然后进一步吸收空气中的二氧化碳以生成碳酸锌。也正是因为这种保护作用，使得富含有机锌的涂层可以对钢铁进行保护，甚至防止锈斑扩散。

②化学防护。金属锌的化学性能是相对比较活泼的，易于和其他物质发生反应，尤其是处在较为潮湿的空气或溶液中，就会迅速生成各种复盐和极其不

易溶解的化合物。例如，锌被氧化生成碱性物质，常见的产物有氢氧化锌、氧化锌和碳酸锌（也就是我们常说的白锈），这些物质的体积极易膨胀，从而堵塞涂膜中的缝隙、裂缝以及孔洞，使得氧气、空气和其他电解质很难进入，有效起到了物理隔离的作用，防止锌和铁被氧化，同时很大程度上改善了涂层的稳定性。同时，这些不溶性化合物也牢固地覆盖了涂层的表面，保护了涂层，防止了锌的持续溶解。富含锌的有机涂层具有极佳的防锈性能，并且不会污染油品。

（2）面漆

环氧树脂的耐腐蚀性是非常好的。固化的环氧树脂体系包含稳定的苯环、醚键和脂肪族羟基，因此，对某些溶剂、稀酸和碱具有良好的耐受性。

在鳞片树脂涂层中，玻璃鳞片不仅极其薄，而且相邻两层鳞片都是以平行重叠的方式排列的，每1 mm厚度的防腐层，就有数百个平行排列的玻璃鳞片，这种排列方式有效地防止了腐蚀介质的渗透，因此，防腐介质具有特别强的渗透能力。同时，由于树脂中玻璃鳞片的存在是间断的，这就在很大程度上降低了收缩力，使得其具有非常好的抗裂性。从本质上来看，鳞片树脂涂层的结构和传统防腐涂层相比是有很大区别的，因此，它具有非常好的耐腐蚀性和抗冲击性。

（3）用富锌与环氧系涂料

不管是从理论上还是实践上，作为防腐涂料的组合，都是比较合理的，具体表现如下。

①如果涂层在抗静电方面有一定的要求，那么漆膜就必须具有一定的导电率。就我国目前生产出的抗静电涂料而言，不管是底漆还是面漆，基本上用的都是不导电的树脂，所以，这也是为什么要求漆膜要具有一定的导电率。要想让漆膜有导电率，就必须在底漆中加入适当量的炭黑等导电材料。但是，这么做除了能够满足抗静电指标要求以外，还有很多缺点。例如，会导致底漆无法很好地与金属表面结合，同时还非常容易导致开裂或脱层。

②当使用富锌涂料作为底漆和面漆时，尽管耐蚀性良好，但随着时间的延长，富锌涂料的锌粉易于氧化成碱和盐，使得漆膜的导电性降低，不能达到国家发布的有关静电安全标准。

③当使用富含锌的底漆并且使用环氧树脂作为面漆时，可以有效克服使用其他材料作为底漆时黏合性差的现象。同时，使用环氧涂料作为面漆，能有效避免诸如氧化和降低电导率等富锌涂料的缺点。

（六）纯碱行业

纯碱生产过程中的介质大致可分为以下几种：精制氨盐水，主要是饱和盐水溶液；蒸馏冷凝液，主要是游离氨和二氧化碳的混合溶液；氨盐水、碳化取出液、母液Ⅰ、母液Ⅱ、氨母液Ⅰ、氨母液Ⅱ等溶液，它们主要是 $NaCl$、NH_4Cl、$(NH_4)_2CO_3$、NH_4HCO_3、$NaHCO_3$ 等盐类的混合溶液，其二氧化碳、氯离子含量大致相似，不同的是结合氨、游离氨、钠离子含量不一样。这些溶液有一个共同点，就是它们都是强电解质，更有助于电化学腐蚀。

由于碱厂中的大多数溶液是腐蚀性极强的多组分混合溶液，因此在实际生产中，由于介质、流速、浓度、温度和压力等条件的不同，再加上耐腐蚀材料的种类非常多，材料的腐蚀类型也各不相同。

均匀腐蚀是纯碱工业设备中最常见的腐蚀形式之一，并且是电化学腐蚀的基本形式。它在暴露于介质的表面上均匀进行，金属均匀变薄，质量逐渐减少，最后被破坏。石墨腐蚀是普通铸铁中的石墨以网状形式分布在铁素体中，铁素体选择性腐蚀发生在盐水、矿泉水、土壤或极稀的酸性溶液中。

磨损腐蚀是由腐蚀性流体和金属表面的相对运动引起的金属加速破坏，这是腐蚀和磨损、化学作用和机械作用共同或交替进行的结果，腐蚀的强度远比单个腐蚀过程严重。孔和缝隙腐蚀是一种局部电化学腐蚀形式，会在金属表面产生孔或缝隙。

铸铁作为纯碱工业的主体材料，已无法适应日益发展的纯碱工艺及规模化生产的需求。目前，合金铸铁、不锈钢、钛材、工程塑料以及各种防腐蚀衬里和电化学保护等防腐蚀技术已广泛应用于纯碱工业中并取得显著成果。

第二节　化工行业中的腐蚀类型

一、无机酸腐蚀

（一）金属在无机酸中的腐蚀特征与概念

工业生产中常见的无机酸有硫酸、硝酸、盐酸等。它们对金属的腐蚀是严重的，腐蚀规律也复杂。在无机酸腐蚀中，非氧化性酸腐蚀的特点是腐蚀的阴极过程纯粹为氢去极化过程；氧化性酸的特点是腐蚀的阴极过程为氧化剂的还原过程（如硝酸根还原成亚硝酸根）。但是，硬性地把酸划分成氧化性和非氧化性是不恰当的。例如，硝酸在浓度高时是典型的氧化性酸，可当硝酸的浓度不高时，它对包括铁在内的许多金属的腐蚀却和非氧化性酸一样，属于氢去极化腐蚀；稀硫酸是非氧化性酸，而浓硫酸表现出氧化性酸的特点。金属在无机酸中的腐蚀的主要影响因素如下。

1. 杂质元素

当金属中含有的杂质的电位比金属本身含有的电位更正时，如果杂质上的氢过电位低于基体金属上的过电位，那么就会在杂质的表面发生阴极反应，此时阴极区就是杂质，阳极区就是机体金属，阴极过程和阳极过程进行的区域也就不同，这就使得基体金属的腐蚀速度会在很大程度上受氢过电位的高低的影响，如果基体金属的腐蚀速度呈现出了逐渐减小的趋势，那么也就意味着杂质上的氢过电位比较高，反之，则证明杂质上的氢过电位比较低。

2. 阴极极化

在稀硫酸中，铁和锌的腐蚀是有一定的区别的。其中氢在锌上的过电位要比氢在铁上的过电位高很多，因此，氢在锌上沉淀出的阴极极化曲线的斜率要相对较大。由此可见，虽然锌的电极电位比铁的电极电位低，但是在稀硫酸或其他非氧化性酸溶液中，锌的腐蚀速率却要低于铁的腐蚀速率。

3. 铂盐效应

一些过渡元素如铁，它们的交换电流密度往往都是比较小的，因此在阳极反应的过程中，它们会拥有比较大的活化极化，同时还会有非常大的阳极极化曲线的斜率。因此，当向酸中添加相同量的铂盐时，锌的腐蚀将急剧加速，而铁的腐蚀增加相对要较少一些。

4. 硫化氢

如果在铁的溶液中存在硫化氢，那么反应就会被加速，阳极极化曲线的极化率就会降低，从而使得铁或碳钢的腐蚀加速。如果金属中含有硫化氢，那么还极易导致氢脆现象的出现，金属更容易开裂。硫化氢的来源有很多，如硫化锰或硫化铁等金属相的硫化物，也可以来自液体当中。为了尽量减轻硫化氢的影响，可以在钢铁中加入铜，铜和硫化氢反应之后就会形成稳定的硫化铜沉淀。

5. 酸的浓度

对于盐酸等非氧化性酸来说，随着浓度的不断增大，腐蚀速度也会相应地加快。在增加盐酸浓度的情况下，工业纯铁和碳钢的腐蚀速率也会随之增加，这是由于当盐酸的浓度增加时，氢离子浓度增加并且氢电极的电位被校正，增加了腐蚀的驱动力，因此，腐蚀速度也就随着盐酸浓度的增加而增加。

由于碳钢中碳的存在形式主要是 Fe_3C，并且还是分散的，由于 Fe_3C 上的析氢过电位较低，这就使得不含碳的工业纯铁要比含碳的钢有更强的耐腐蚀性。

如果碳含量较高，则局部阴极（Fe_3C）的面积就会变大，阴极极化率较小，腐蚀速率就会较高。因此，碳钢在盐酸中的腐蚀速率会随着碳含量的增加而增加。并且随着盐酸浓度的增加，各种金属和合金在盐酸中的腐蚀速率也会增加。

对于硝酸等氧化性酸来说，如果增加它的浓度，那么它的氧化性就会呈现出急剧增加的趋势。如果金属带有负电荷，那么在稀硝酸中就会发生氢去极化腐蚀的现象。但是，对于铁、铝、碳钢、不锈钢等具有钝化趋势的金属或合金来说，当增加硝酸浓度时，它们便会在短时间内发生钝化，从而在一定程度上降低了腐蚀速率。因此，稀硝酸表现出非氧化性酸的特点，当浓度增加到一定程度后，再增大浓度则腐蚀速度会大大降低。

6. 流速

一般情况下，随着流速的增加，金属的腐蚀也会随之增大。随着浓度的增加，流速也会相应地增大。由此可见，如果钢管的使用寿命降低，那么也就意味着输送硫酸时，采用的流动速度过高。

7. 溶解氧或氧化剂

在非氧化性酸中存在氧化剂时，当酸的浓度高时阴极为氢去极化，但当酸浓度低时，氧去极化占优势，腐蚀速度增加。对自钝化能力强的合金如不锈钢，溶解氧或氧化剂的存在将降低腐蚀速度。

8. 温度

随着温度的升高，氢过电位就会随之减小。一般地说，温度的微小升高（1 ℃）就会导致过电位约减小 2 mV，所以温度升高，氢去极化就会加剧，金属的腐蚀速度也会加快。

9. 表面状态

表面状态对氢过电位也有一定的影响。粗糙表面与光滑表面相比，粗糙表面因为实际面积大，电流密度小，所以氢过电位就小，这也就使得氢去极化的腐蚀变得越来越严重。

（二）金属在几种常见无机酸中的腐蚀

1. 金属在盐酸中的腐蚀机理

①腐蚀特点。盐酸是一种非氧化性酸，金属在盐酸中腐蚀的阳极过程是金属的溶解，阴极过程是氢离子的还原。随着溶液的 pH 值增加，氢的平衡电位移向负值，发生氢去极化腐蚀就变得困难。

②常用金属在盐酸中的腐蚀。对于可用电化学方法或化学方法钝化处理的金属材料来说，在盐酸中它们的钝态区很窄或完全不存在钝态区。因而，耐盐酸腐蚀的金属材料仅限于具有极强钝化性能的特殊金属及合金。

钛在盐酸中的腐蚀。钛在盐酸中具有中等的耐蚀性。一般认为，工业纯钛可用于室温、质量分数为 7.5%，60 ℃、质量分数为 3%，以及 100 ℃、质量分数为 0.5% 的盐酸中。盐酸中含有氯气、HNO_3、铬酸盐、Fe^{3+}、Cu^{2+}、Ti^{4+} 及少量贵金属离子以及空气等都能促进钛在盐酸中的钝化，因此，扩大了钛在盐酸中的应用范围。

耐蚀钛合金的研制是为了改善纯钛在强还原介质中的耐蚀性。Ti-Mo 合金对强还原性硫酸、盐酸具有优异的耐蚀性、Ti-（30 ～ 40）Mo 合金在沸腾的质量分数为 20% 的盐酸中的腐蚀率为 10 mm/a，而工业纯钛只能用于室温质量分数为 3% ～ 10% 的盐酸中。迄今为止，Ti-30Mo、Ti-32Mo 是在还原性酸中最耐蚀的钛合金，该合金不含稀贵金属，因而受到广泛重视。

钽能提高 Ti 在还原性介质中的耐蚀性，钽在沸腾的 20% 的盐酸中几乎不腐蚀；含钽超过 50% 的 Ti-Ta 合金在沸腾的 20% 的盐酸中腐蚀率低于 0.05 mm/a。镍基合金在盐酸中的腐蚀。Ni-Cu 型耐蚀合金。典型牌号有 Ni_70Cu_{28}（Monel）合金，它兼有镍的钝化性和铜的贵金属性。耐中等温度的稀盐酸。

Ni-Mo（w）及 Ni-Cr-Mo 型合金。它是高耐蚀的镍基合金。在盐酸等还原介质中有极好的耐蚀性，但当酸中有氧或氧化剂时，耐蚀性显著下降。$Ni_6Cr_{16}Mo_{16}W_4$ 合金室温耐所有浓度的盐酸及氢氟酸腐蚀，在王水中，也具有一定的耐蚀性。

2. 金属在硝酸中的腐蚀机理

（1）腐蚀特点

硝酸是一种氧化性的强酸。因此，在硝酸中能钝化的金属（合金）适用于硝酸介质。Ag、Ni、Pb、Cu 一般不耐硝酸腐蚀。

当硝酸浓度低于 30% 时，碳钢的腐蚀速度随酸浓度的增加而增加，腐蚀过程和盐酸中相同。这属于氢去极化腐蚀，这时碳钢的腐蚀电位亦较负。

当酸浓度超过 30% 时，腐蚀速度迅速下降。酸浓度达到 50% 时，腐蚀速度降到最小。这是由于碳钢在硝酸中发生了钝化的缘故。此时，碳钢的腐蚀电位迅速向正方向变化，发生了强烈的阳极极化。由于腐蚀电位已经比氢的平衡电位更正，所以不可能发生氢去极化腐蚀。这里的阴极过程是氧化剂即硝酸根的还原过程。

当酸浓度超过 85% 以后，处在钝化状态的碳钢腐蚀速度又有一些增加，这种现象称为过钝化。这是由于处在很正的电位下，碳钢表面形成了易溶的高价氧化物所致，此时亦出现晶间破坏的情况。所以，不能用铁和钢来制造与很高浓度的硝酸相接触的容器。

（2）常用金属在硝酸中的腐蚀

普通铸铁在硝酸中的腐蚀规律类似碳钢。高铬铸铁具有很好的耐硝酸腐蚀性能，常温下能耐 95% 以下的硝酸，在沸点以下可耐 70% 以下硝酸，但不耐沸腾的浓硝酸。高硅铸铁对浓硝酸具有很好的耐蚀性，可耐沸腾的浓硝酸。

不锈钢是硝酸系统中大量被采用的耐蚀材料。例如，在硝铵、硝酸生产中，大部分设备都用不锈钢制造。不锈钢在稀硝酸中很耐蚀，虽然稀硝酸的氧化性比较差些，但是由于不锈钢本身比碳钢要容易钝化，所以不锈钢和稀硝酸接触时，仍能发生钝化，腐蚀速度很小。而不锈钢在浓硝酸中，会因过钝化使腐蚀速度增大。

铝是电位非常负的金属。酸浓度在 30% 时，腐蚀速度最大，这也是由于氢离子浓度增加，氢去极化加剧的缘故。当酸浓度超过 30% 以后，铝在不同浓度硝酸中的腐蚀钝化使腐蚀速度降低，但是铝和不锈钢及碳钢不同，在非常浓的硝酸中，铝并不发生过钝化。当硝酸浓度在 80% 以上时，铝的耐蚀性比不锈钢好得多。所以，铝是制造浓硝酸设备的优良材料之一。

钛在沸点以下各浓度的硝酸中均具有优异的耐蚀性，钛在硝酸中的腐蚀产物 Ti^{4+} 作为氧化剂具有缓蚀作用。在发烟的硝酸中，当 NO_3 含量较高（质量分数大于 2%）、含水量不足时，钛与发烟硝酸会由于剧烈反应放热而引起爆炸。

钛一般不用于质量分数为 80% 以上的高温硝酸中。

3. 金属在硫酸中的腐蚀机理

（1）腐蚀特点

当硫酸浓度低于 50% 时，铁的腐蚀速度随酸浓度的增大而增大。稀硫酸是非氧化性酸，对铁的腐蚀如同在盐酸中一样，产生强烈的氢去极化腐蚀。当酸浓度超过 50% 以后，由于产生钝化，腐蚀速度迅速下降，在 70%～100% 时，腐蚀速度就很低了，所以用碳钢制造 70%～100% 浓度的硫酸设备是允许的。当酸浓度超过 100% 以后，过剩的三氧化硫出现，随着其含量增加，腐蚀速度又重新增大，相当于过剩的三氧化硫的含量为 18%～20% 时，出现第二个最大值。当三氧化硫的含量继续增大时，腐蚀速度再度下降。有人认为，第一次钝化（浓度为 50%）可能是浓硫酸的氧化作用而产生了氧化膜，这种膜在酸浓度超过 100% 的发烟硫酸中遭到破坏，所以腐蚀速度又重新增大。第二次腐蚀速度下降，可能是由于硫酸盐或硫化物保护膜形成的缘故。

（2）常用金属在硫酸中的腐蚀

铸铁在 85%～100% 的硫酸中非常稳定，工业上用于制作泵等输送硫酸的设备。但浓度高于 125% 的发烟硫酸中，由于发烟硫酸能引起铸铁中的硅和石墨的氧化而产生晶间腐蚀，所以并不建议在这种浓度下使用铸铁。

铝在稀硫酸中稳定，而在中等浓度和高浓度的硫酸中却不稳定，腐蚀速度仍然很大。但在发烟硫酸中，特别当三氧化硫含量高时，又很稳定。当铸铁中硅含量高于 14.5% 时，它对常温下 0～100% 的硫酸都有良好的耐蚀性，对于高温甚至沸腾的浓硫酸也具有很好的耐蚀性（腐蚀速率 <0.1 mm/a）。不过当硫酸浓度超过 100% 或使用环境中存在 SO_3 时，对高硅铸铁的腐蚀将变得较快。含铜 8%～10% 的铸铁在 80 ℃的各种浓度硫酸中都有较好的耐蚀性（腐蚀率不大于 0.3 mm/a）。加铜后耐蚀性的改善被认为是铜在晶界处析出而促进了铁素体晶粒阳极钝化的缘故。

硫酸对铁碳合金及不锈钢等常用的金属材料都会产生强烈的腐蚀。铅在稀硫酸及硫酸盐溶液中，具有特别高的耐蚀性能。这是由于在铅的表面生成了一层致密并结合牢固的硫酸铅保护膜所致。但铅在热的浓硫酸中，会发生反应生成硫酸铅。

这说明硫酸铅在较高的温度和浓度下的硫酸中非常易于溶解，一般很少在大型设备中单独用作结构材料，而多数作为衬里材料。铅中若加入 6%～13% 的锑，组成铅锑合金（称为硬铅），适用于制造强度要求高的制件（如耐酸泵、阀等），而其耐蚀性要比纯铅低一些。铅是一种贵重的有色金属材料。现在，硫酸工业中，已大量被非金属材料（如聚氯乙烯、玻璃钢）代替，节约了不少铅材。铅在亚硫酸、冷磷酸、铬酸及氢氟酸中，都很稳定。钛在质量分数为10%～98%的硫酸中不耐蚀，只能用于室温、质量分数为5%的溶氧硫酸中，当硫酸中存在少量的氧化剂和重金属离子（如Fe^{3+}、Ti^{4+}、铬酸根等）时能显著提高钛的耐蚀性。

4. 金属在磷酸中的腐蚀机理

磷酸的腐蚀性更像硫酸（和盐酸相比），通气以及有其他氧化剂存在时会使酸的腐蚀性增加。磷酸的温度和流动速度的增加，通常也增加了其腐蚀性。

一般来说，铁和钢不耐磷酸的腐蚀。退火的碳钢（0.02%碳）在试剂磷酸（温度为24～48℃，浓度为20%～85%）和工业磷酸中（温度为24～85℃，浓度为10%～65%），均可采用阴极保护，且保护效果较好，能有效地减缓腐蚀。当温度较低（<30℃）时，铁与钢对含有70%以上浓度的粗磷酸尚耐蚀。添加适量的砷，可以防止腐蚀。据研究，碳钢在磷酸中也能钝化，但在浓度低于100%的磷酸中，钝化膜不稳定，维钝电流密度也很大，所以碳钢只有在过磷酸中进行阳极保护才有效果。

高硅铸铁在任何温度和浓度的磷酸中均有较好的耐蚀性。

在75%以上的磷酸中，18-8型不锈钢可以使用，但当温度高时则不能使用，特别是磷酸中含有氯离子时，腐蚀和点蚀都很严重。

铜及其合金对于温度不超过60℃、浓度不大于85%的磷酸耐蚀性尚好。工业纯铜对于温度在沸点以下、浓度至100%的无空气纯液体磷酸，有较好的耐蚀性。在高温下，尤其是在高浓度的磷酸中，需要用贵金属银、铂以及硅酸盐制品等作为耐蚀材料。如对于200℃纯的89%液体磷酸，就曾用银来做蒸发器。

5. 金属在氢氟酸中的腐蚀机理

氢氟酸类似盐酸，但酸性相对要弱些，且氟化物盐通常比氯化物盐溶解性也小一些。对大多数金属来说，与氢氟酸的反应是迅速的。当氢氟酸暴露于空气或当有另外的氧化剂存在时，增加了酸的腐蚀性，温度的增加也使腐蚀性加剧。

碳钢在低浓度的氢氟酸中迅速腐蚀。中、低碳钢对6%冷氢氟酸是耐蚀的，当浓度超过80%时，碳钢也能耐中等温度下的氢氟酸腐蚀。在高浓度的氢氟酸中，钢有良好的耐蚀性，这是由于铁的氟化物盐形成了保护膜，而膜在高浓度的氢氟酸中不易溶解的缘故。这是很特殊的，因为浓的无水氢氟酸对于许多氟化物盐是一个极好的溶剂。例如，铅能抗65%以下浓度的氢氟酸，但不能抗更高的浓度，因为在高浓度时，铅氟化物膜在无水的氢氟酸中明显地溶解。

二、有机酸腐蚀

（一）金属在有机酸中的腐蚀特征与概念

酸酐和醛类因为在某些条件下，能水解成相应的酸，所以也被看成有机酸。一般来说，除非水解，否则它们是不具有腐蚀性的。下面仅讨论关于有机酸的腐蚀。

有机酸是弱酸，它们能轻微地离子化，产生少量氢离子，虽然它们的腐蚀性不像无机酸那样强，但除了酸中最弱酸外，对金属的腐蚀也可以是迅速的。如果有氧化剂（像氧）存在，则弱酸也能提供足够的去极化剂，使金属迅速腐蚀。

最强的有机酸是甲酸，离子化程度比其他有机酸更高，所以腐蚀性更大。乙酸次之，接着是丙酸、丁酸。显然，如上所述，有机酸的酸度随碳链的增长而减小。长链的脂肪酸如硬脂酸和油酸，除在高温下外，相对说来是不腐蚀的。升高温度会增加所有有机酸的活性，在高温时，甚至脂肪酸和环烷酸也变成强腐蚀性的介质。

（二）常见金属在有机酸中的腐蚀

1. 碳钢和铸铁在有机酸中的腐蚀

在任何温度和浓度下的甲酸中，腐蚀均很迅速。在任何浓度的乙酸中，甚至在室温时，腐蚀也相当迅速。室温的冰醋酸比更弱的有机酸腐蚀轻微，但其腐蚀速度仍为 0.75 ～ 1.25 mm/a。钢在室温纯丙酸中腐蚀速度约为 0.63 mm/a，而在其酸的水溶液中有更高的腐蚀速度。所以，在甲酸、乙酸的生产中，钢是不被使用的，在处理丙酸中亦被限制。但是，在分子质量更高的酸中，在室温时钢是可用的，而且在许多酸和它们相应的酸酐的储存中亦被采用。铸铁情况与碳钢类似，高硅铸铁对任何浓度和温度的有机酸溶液都极耐蚀。

2. 铝和铝合金在有机酸中的腐蚀

在室温、没有被污染的甲酸中，铝有良好的耐蚀性。铝在室温、任何浓度的乙酸中，有良好的耐蚀性。因此广泛被用于醋酸的储存和运输中。铝对处于沸点时的97%～99%的醋酸也是耐蚀的，但当浓度接近100%或含过剩醋酐时，腐蚀又是非常迅速的。对于纯醋酐，铝再度成为耐蚀的金属。

3. 铜和铜合金在有机酸中的腐蚀

铜及其合金在甲酸中的耐蚀性大小，完全取决于氧和其他氧化剂的存在与否。如果游离空气和其他氧化剂存在，则腐蚀率就高；如果酸中没有空气和其他氧化剂存在，则铜在任何浓度，在至常压沸点甚至更高的温度时，都可使用。铜和它的合金（除黄铜外）是处理甲酸中最广泛使用的耐蚀材料。浓度为50%～70%的甲酸，虽然属中等强度酸，但腐蚀率也很大，因为处于该浓度范围时，酸有最大的解离度。另外，腐蚀速度大也可能是因在试验时没有完全除气所致。

醋酸在任何浓度、常压沸点甚至更高温度时，在缺氧和其他氧化剂的情况下，铜及其合金（除黄铜外）有着良好的耐蚀性能。但当含有氧化剂时，醋酸的腐蚀性会增大。

铜和铜合金对丙酸的耐蚀性如同对甲酸、醋酸一样，只有当溶液中完全去掉空气和不含有其他氧化剂时才非常耐蚀。如果含气或有氧化剂存在也会产生腐蚀。

4. 不锈钢在有机酸中的腐蚀

在室温、任何浓度的甲酸中，304型不锈钢非常耐蚀，但在常压沸点时，仅对1%～2%的甲酸耐蚀。

316型不锈钢在室温、任何浓度的甲酸中很耐蚀，在沸点时，至5%浓度的甲酸中也耐蚀，但在更高温度、中等强度的酸中却能发生严重的腐蚀。

304型不锈钢在稀醋酸溶液中有良好的耐蚀性。处理冰醋酸的设备中也可用304型不锈钢。而在醋酸的加工设备中却广泛使用了316型不锈钢，因为它能耐任何浓度、至常压沸点或更高的温度下的醋酸的腐蚀。但在醋酸中有少量醋酐存在时，则引起316型不锈钢腐蚀率的上升。

304型不锈钢在室温丙酸中有良好的耐蚀性。而在沸点时，至50%浓度的丙酸水溶混合物中腐蚀的实验室试验液中也有良好的耐蚀性。但在处理热浓的丙酸液时，则优先选用316型不锈钢。

对于高分子质量的有机酸，在室温时以及低浓度高温度时，304型不锈钢能耐蚀，但有时也出现严重的腐蚀。而316型不锈钢几乎对所有的酸甚至在提高温度时均能耐蚀。

5. 钛及钛合金在有机酸中的腐蚀

钛有良好的耐甲酸腐蚀的性能，但在无水的甲酸中，钛却以很高的腐蚀率被腐蚀。对于醋酸，钛在任何浓度、至常压沸点时均耐蚀，而在无水的醋酸中腐蚀。Ti-0.3Mo-0.8Ni（Ti-Codel2）合金以及 Ti-Pd 合金在沸腾的还原性有机酸中的耐蚀性优于工业纯钛及 304 型、316 型不锈钢，Ti-Codel2 合金在质量分数为 45% 的沸腾甲酸中没有腐蚀，在质量分数为 80% ～ 95% 的沸腾甲酸中年腐蚀率仅为 0 ～ 0.5588 mm/a。

6. 其他合金在有机酸中的腐蚀

哈氏合金在处理甲酸中是良好的合金材料之一，且能在任何浓度和温度下使用。硅铁在大多数甲酸浓度、至常压沸点时有良好的耐蚀性，有时也用它们来制作处理酸的泵。哈氏 B 和 C 能耐任何浓度和温度时醋酸的腐蚀，特别是在被无机酸和其盐污染的醋酸中，不锈钢和铜合金都不能使用时，它仍可使用。哈氏 B 多用于还原性条件下，如醋酸加硫酸中。哈氏 C 通常用于氧化性的醋酸溶液中。哈氏 B 和 C 对丙酸溶液在有还原性或氧化性条件下均很耐蚀。另外，镍合金在低浓度的丙酸中耐蚀性很好，但在高浓度高温度时却不及 316 型不锈钢好，对于高分子质量的有机酸，哈氏 S 具有良好的耐蚀性。镍基合金，特别是蒙乃尔，当酸被污染不能使用 316 型不锈钢时仍具有很好的耐蚀性。

三、碱腐蚀

化学工业环境中接触到的严格意义上的碱以无机苛性碱、氨水为常见，纯碱、许多碱性盐及称之为强碱的有机醇钠等中虽有"碱"名，但实际归为盐类。

碱对金属的腐蚀以溶液相发生的情况为常见，而碱与金属的理想固 - 固相界面接触反应包括腐蚀反应是相当慢的。不少的固相状态的碱在潮湿或水雾的环境中导致有碱表面的浓溶液存在。

根据金属腐蚀理论可知，溶液的 pH 值增加，致使氢离子的浓度降低，金属腐蚀过程中氢离子去极化的阴极反应受到抑制，金属表面生成氧化性保护膜的倾向增大。故而，大多数金属在碱类溶液中的腐蚀，属于氧去极化腐蚀。

金属在碱溶液中腐蚀的影响因素主要有 pH 值、碱性物浓度及温度等。

铂、金等电极电势较正、化学稳定性较高的金属，其腐蚀速度很小，pH 值对它们的腐蚀速度影响很小，即使其 pH 值处于碱性范围内亦然。

　　铁、镍、镉、镁等金属，由于其氧化物溶于酸性水溶液而不溶于碱性水溶液，它们在低 pH 值时腐蚀得较快，而在高 pH 值时腐蚀得就较慢。但必须指出的是，铁若处在 pH 值很高的溶液中，则铁会溶解生成铁酸盐致使腐蚀加剧。

　　铝、锌、铅、铬和锡等这些两性金属，其氧化物属于两性氧化物（既溶于酸性水溶液中，又溶于碱性水溶液中）。这些金属在中间的 pH 值范围内具有最高的腐蚀稳定性。

　　当冷却水中有溶解氧存在时，如在敞开式循环冷却水系统中，把冷却水的 pH 值提高到大于 8.0 的碱性区域，如提高到其自然平衡 pH 值（8.0～9.5），对于控制碳钢的腐蚀十分有利，此时碳钢将易于钝化。

　　在常温下，钢铁在碱中是较为稳定的，因此在碱的生产中，最常用的材料是碳钢和铸铁。在 pH 值为 4～9 时，腐蚀速度几乎与 pH 值无关；在 pH 值为 9～14 时，钢铁的腐蚀速度较低，这主要是因为腐蚀产物（氢氧化铁膜）在碱中的溶解度很低，并能较牢固地覆盖在金属表面上，阻滞金属的腐蚀。

　　当 pH=14 时，腐蚀增加。这是由于氢氧化铁膜转变为可溶性的铁酸钠所致。如果碱液的温度再升高，则这一过程显著加速，腐蚀将更为强烈。

　　当氢氧化钠的浓度高于 30% 时，膜的保护性能随着浓度的升高而降低，若温度升高超过 80 ℃，则普通钢铁就会发生严重的腐蚀。同样，碳钢在氨水中也有类似的情况。碳钢在稀氨水中腐蚀很轻，但在热而浓的氨水中，腐蚀速度增大。当碳钢承受较大的应力时，它在碱液中还会产生应力腐蚀破裂，这种应力腐蚀破裂称为"碱脆"。

　　由此可见，储存和运输农用氨的碳钢压力容器，可能发生应力腐蚀破裂。因此对于这种容器，在制造后应设法消除应力，以最大程度地减少发生应力腐蚀破裂的可能性。

四、盐腐蚀

　　化学工业环境中接触到的盐的情况是很常见的，盐的种类与数目众多。同碱腐蚀类似的是，盐对金属的腐蚀仍以溶液相发生的情况为常见，而盐与金属的理想固 - 固相界面的腐蚀反应是相当慢的。

　　盐溶液对金属的腐蚀基本机理有：一是盐溶液作为电解质溶液提供电化学微电池腐蚀的一个基本要素；二是盐溶液中成盐离子自身的化学活性与所接触到的金属之间可能有的化学腐蚀反应。氧去极化仍然是盐溶液中的腐蚀要考虑的。

　　盐有多种类别形式，它们对金属的作用不尽相同。按盐溶于水时所显示出的酸碱性，可分成酸性、中性及碱性盐；按成盐离子的氧化 - 还原能力又可有氧化性、非氧化性盐的区分。

盐腐蚀的影响因素有：盐溶液的酸碱性，成盐离子的氧化－还原能力、配位能力以及盐与溶解氧的浓度、温度等。

（一）中性盐

在许多情况下，腐蚀速度和中性盐类浓度在其所表示的关系曲线中具有最大值。对于不同金属和不同的盐，最大值不同。盐浓度的增加，增大了溶液的导电性，因而腐蚀电流增大。此外，如 Cl^-、SO_4^{2-} 这些阴离子浓度的增高，正如我们所知的，可以降低膜的保护性能，因而可以同样提升腐蚀速度。可是当增大盐的浓度时，电解质溶液中氧的溶解度下降，这就导致阴极去极化的速度下降，腐蚀速度就相应减小。

钢铁在中性盐溶液中的腐蚀速度随浓度的增大而增大，当浓度达到某一数值（如 NaCl 为 3%）时，腐蚀速度最大（相当于海水的浓度），然后随浓度增加腐蚀速度下降。

（二）酸性盐

由于这类盐在水解后能生成酸，所以对铁的腐蚀既有氧的去极化作用，又有氢的去极化作用，其腐蚀速度与同一 pH 值的酸差不多。

（三）碱性盐

碱性盐水解后生成碱。当它的 pH 值大于 10 时，和稀碱液一样，腐蚀较小。这些盐中，磷酸钠、硅酸钠都能生成铁的盐膜，具有很好的保护性能。

（四）配体盐

NH_3 是常见的能与金属离子发生配位反应的配体。对于铵盐而言，NH_3 可来自溶液相中 NH_4^+ 的解离。NH_4Cl 当其浓度大于一定值（约 0.05 mol/L）时，它对铁的腐蚀大于相同 pH 值的酸。这是因为铵离子（NH_4^+）解离出来的 NH_3 能和铁离子生成配位化合物，增加了腐蚀反应倾向。硝酸铵在高浓度时的腐蚀性又大于氯化铵和硫酸铵，因为硝酸根离子也参加了阴极去极化作用。金属铜的腐蚀更需考虑配体 NH_3 的影响，因为 Cu^{2+} 更易与 NH_3 发生配位反应加剧铜腐蚀。盐中可作为配位体的离子尚有 X^-、$S_2O_3^{2-}$、$C_2O_4^{2-}$ 等。

（五）氧化性盐

氧化性盐是一类很强的去极化剂，其对金属的腐蚀很严重，如三氯化铁、二氯化铜、氯化汞、次氯酸钠等；能使钢铁钝化，如铬酸钾、亚硝酸钠、高锰酸钾，只要用量适当，钝化膜的生成可以阻滞金属的后续腐蚀，这些强钝化能力的氧化性盐通常是很好的缓蚀剂。

值得注意的是，与三价铁盐相比，氧化性盐是更强的氧化剂，但是三价铁盐却能引起更迅速的腐蚀。类似的情况还有，硝酸盐比亚硝酸盐具有更高的氧化态，但亚硝酸盐对金属的腐蚀更强一些。

（六）次生盐

考虑盐的腐蚀情况，还需注意次生盐的影响。如无水的液体或气体卤素，在一般的温度下，对多数金属是不腐蚀的。这是因为卤素与金属生成的腐蚀产物通常是金属卤化物，它可以在金属表面形成膜且提供一定的保护，其保护程度依赖于盐的物理性质。无机和有机的卤素化合物，在无水的条件下，基本上没有腐蚀性，而它们的水溶液却具有腐蚀性。

第三节　化工介质中的腐蚀

一、化工介质的类型

腐蚀实际上是指特定材料在特定的介质和环境条件综合作用的结果，因此介质和环境条件发生改变，任何材料均可能发生腐蚀。在化工生产中，其原料和产品种类繁多，腐蚀性差异巨大，同时，化工生产需要在一定的温度和压力下进行，这些因素均会影响到材料的耐腐蚀性，从而产生形式各异的腐蚀类型。

尽管化工介质种类繁多，但根据其属性和对材料的腐蚀机理可将化工介质分为酸、碱、盐溶液和有机化合物。

酸可分为无机酸和有机酸两大类，无机酸中又可分为氧化性酸和非氧化性酸。金属在酸溶液中发生的腐蚀均为电化学腐蚀，在非氧化性酸中腐蚀的阴极反应是氢离子的还原反应，由于酸不具有氧化性，不能使金属产生钝化，因此，要阻止材料的腐蚀只能从提高金属材料的热力学稳定性方面考虑。

金属在氧化性酸中，阴极反应除了发生氢离子的还原反应外，还存在氧化剂的还原，由于介质具有氧化性，对于那些容易钝化的金属，可通过材料表面的钝化膜形成达到耐腐蚀的效果。有机酸对金属的腐蚀主要是通过离解出的氢离子，所发生的电化学反应也是阴极的析氢反应，由于有机酸的离解度通常比无机酸弱，多数有机酸在常温下的腐蚀性较弱。有机酸对材料的腐蚀与分子链长度和温度有关，分子链长度越长，离解越困难，腐蚀性越低。温度越高，其腐蚀性倾向明显增大，并且还会表现出强烈的还原性，如沸腾的甲酸和乙酸，具有强烈的还原性，这时依靠表面形成钝化膜的不锈钢材料就无法抵抗这类介质的腐蚀。

碱通常使金属发生氧去极化腐蚀，具有吸氧腐蚀的特征，其阴极过程对腐蚀速率的影响重大，因此，大多数金属材料在碱性溶液中本身是耐蚀的，如普通碳钢在常温下的各种浓度的溶液中耐腐蚀性优良。但由于温度和氧浓度会严重影响到吸氧反应的阴极过程，因此在高温的浓碱溶液中，碳钢并不耐蚀。碳钢在碱性溶液中的另一种腐蚀形式是碱脆，由于碱的存在可使碳钢发生应力腐蚀破裂，这种腐蚀开裂的速度是非常快的。

盐溶液对材料的腐蚀取决于溶液的酸碱度和离子特性，对于酸性盐可使材料发生析氢腐蚀，碱性盐和中性溶液则可使材料发生吸氧腐蚀，氧化性盐对材料的腐蚀应区别对待，如 $NaNO_3$、K_2CrO_4、$KMnO_4$ 等具有氧化性，可使材料表面发生钝化，提高材料的耐蚀性，但 $FeCl_3$、NH_4NO_3 具有强氧化性，对金属材料具有强烈的腐蚀作用。

有机化合物由于在水溶液中的离子化倾向很小，一般不具有氧化性。大多数有机化合物如醇、醚、酮、各种烃类等对金属的腐蚀性很微弱，少数有机物如酸酐、醛类、酚、有机氯化物、有机硫化物等具有腐蚀性，且腐蚀性随温度升高而增强。

二、硫及硫化物的腐蚀

硫俗称硫黄，是一种重要的工业原料，可用于制造染料、农药、火柴、火药、橡胶、人造丝等。单质硫是一种弱氧化剂，无水的固态硫对钢铁材料的腐蚀性很小，因此，一般钢铁设备可用于温度较低、干燥、不充气的固态或液态硫的储存，如对不充气的液硫，钢铁设备的使用温度可达 200 ℃。但含水分的固态硫和含空气的液态硫对钢铁材料的腐蚀性较大，温度越高，腐蚀性也越大，如含 20% 水的硫，对钢铁材料的腐蚀速率可达 10 mm/a，而储存液态硫的钢铁设备常在液相线处发生显著的腐蚀，其原因就是在液相线处存在较多的空气。

硫的典型无机化合物主要有硫化氢、二氧化硫和三氧化硫，这些化合物均具有强烈的腐蚀性。

（一）硫化氢

硫化氢在正常情况下是一种无色、易燃的酸性气体，浓度低时带恶臭，气味如臭蛋。硫化氢在自然界中存在于原油、天然气、火山气体和温泉中，它也可以在细菌分解有机物的过程中产生，干的硫化氢对碳钢的腐蚀性很小，但它能腐蚀银。硫化氢是酸性的，溶于水中时电离出大量的氢离子，对金属材料具有强烈的腐蚀性。

（二）二氧化硫

二氧化硫是一种重要的工业原料，广泛应用于造纸行业。它作为废气广泛存在于燃煤电厂的烟气中，是酸雨形成的主要气体。气态和液态二氧化硫随其所含的水分不同，腐蚀性差异很大。干的二氧化硫不含水分，对金属材料的腐蚀性很低，与其接触的设备用普通碳钢制造就行。湿的二氧化硫形成亚硫酸，对金属材料有强烈的腐蚀性，普通碳钢材料无法承受湿二氧化硫的腐蚀。铬镍不锈钢、铝、铅、铜等金属材料对湿二氧化硫有很好的耐腐蚀性。

（三）三氧化硫

三氧化硫与水作用形成硫酸，硫酸是一种重要的工业原料，用途非常广泛，它也是腐蚀性最强烈的介质之一。它和所有的强酸一样，酸液中含有大量的氢离子，是有效的阴极去极化剂，多数工业应用的金属和合金的电极电位低于氢电极电位，当它遇到硫酸溶液时均会迅速被溶解。硫酸有稀硫酸、浓硫酸和发烟硫酸之分，一般把浓度在 90% ～ 99% 范围内的硫酸称为浓硫酸，把小于 78% 浓度的硫酸称为稀硫酸，而 SO_3 溶解在 $100\%H_2SO_4$ 中得到的硫酸称为发烟硫酸。

稀硫酸和浓硫酸的腐蚀性质有很大的差异，稀硫酸一般只具酸性，氧化性很弱，只表现出氢的去极化作用，在此浓度范围内，随浓度的增大，腐蚀性也增强；浓硫酸不仅有酸性，还具有强烈的氧化性，既表现出氢去极化作用，也有氧去极化作用，腐蚀的机理发生了改变。因此，一些耐稀硫酸腐蚀的材料，在浓硫酸中会很快被腐蚀掉，而一些不耐稀硫酸腐蚀，但表面易产生钝化膜的材料，具有很强的耐浓硫酸腐蚀的能力。

碳钢在硫酸溶液中的被腐蚀情况随浓度的变化表现出很大的差异，其腐蚀速率在浓度为 50% 时达到最大值，当浓度低于 50% 时，随浓度的增加，溶液中氢离子的浓度增加，腐蚀速率加剧；但浓度大于 50% 时，随浓度的增加腐蚀速率急剧降低，当浓度大于 70% 时，碳钢表面会产生一层致密的难溶于硫酸溶液的钝化膜，能阻止硫酸对材料的进一步腐蚀。铅是很耐硫酸腐蚀的材料，也是最适合用于生产、储存硫酸的古老材料，适用于 96% 以下的硫酸。铅耐硫酸腐蚀的机理是，铅与硫酸反应生成一种难溶、与铅基体材料结合力很强、溶解度很小的硫酸铅，这层腐蚀产物能阻止硫酸对铅的继续腐蚀。铜在稀硫酸溶液中不会被腐蚀，而在浓硫酸中，由于硫酸的强氧化性，硫酸根的还原使得铜遭受氧化而发生快速腐蚀。

三、氯及氯化物的腐蚀

氯通常采用电解食盐水溶液的方法得到，是一种重要的工业原料。氯的化学性质十分活泼，在常温下，干氯对大多数金属的腐蚀非常轻微，但当温度升高时腐蚀速率会加剧。潮湿的氯对金属具有强烈的腐蚀作用，这是由于在潮湿的环境下，氯与水发生反应生成盐酸和次氯酸之故。

（一）次氯酸

次氯酸是一种弱酸，具有强氧化性和漂白性质，它极不稳定，遇光分解为盐酸和氧气。次氯酸盐在中性或弱酸性时是不稳定的，其腐蚀性特别强，特别是在高温的情况下。因此，在室温和低浓度的次氯酸盐溶液中，大多数金属的腐蚀速率很低，但当温度升高时，次氯酸盐的腐蚀性迅速增加，许多金属会遭受腐蚀，甚至形成点蚀和缝隙腐蚀。

（二）盐酸

盐酸是一种典型的非氧化性酸，金属在盐酸中的腐蚀特点是，金属的腐蚀速率随温度的上升和浓度的增加而增大。对碳钢而言，随着盐酸浓度的增加，溶液中氢离子浓度也相应增加，氢的平衡电位往正的方向移动，在过电位不变时，腐蚀推动力增大，故腐蚀速率呈指数关系增大。不锈钢对盐酸的腐蚀非常敏感，这是由于盐酸溶液中的氯离子将破坏不锈钢表面的钝化膜，不锈钢失去其耐腐蚀的特性，介质中微量氯离子就有可能引起不锈钢的点蚀、缝隙腐蚀和应力腐蚀。铅是一种耐盐酸腐蚀较好的材料，这是由于铅在盐酸溶液中将在其表面形成一种氯化铅的保护膜，阻止腐蚀反应的进行。

（三）氯化钠

氯化钠不仅是日常生活中不可或缺的食用品，也是一种重要的工业原料。同时，由于其存在形式的广泛性，因此，其对材料的腐蚀应该引起足够的重视。

大多数金属材料在氯化钠溶液中的腐蚀速率远比在酸性溶液中小，但由于其对不锈钢材料溶液发生点蚀和应力腐蚀破裂，因此腐蚀所造成的危害性较大。此外，充气作用、高速运动、湍流、电偶作用、杂散电流作用、过低的 pH 值，都会使金属在氯化钠溶液中的腐蚀速率显著增大。海洋设备是承受氯化钠腐蚀的典型案例，海水中氯化钠的含量约为 3%，但在海洋环境下，存在大量的低温微生物，这些微生物附着、缠结在材料的表面，加速材料的腐蚀。此外，潮汐、流速和气候都会对海水腐蚀产生影响。与海水接触的船只、海洋平台、码头、跨海大桥等重大设备和设施，均需要采用性能优良的耐腐蚀涂料，同时还需同时采用阴极保护，以确保这些设施的使用寿命。

四、硝酸溶液的腐蚀

硝酸是一种强氧化性酸，既有强酸的腐蚀性，又有强氧化性，一般的金属材料在硝酸溶液中会被迅速腐蚀。硝酸的强氧化性可使那些表面能形成钝化膜的材料耐腐蚀性大为增加，如不锈钢、高硅铁、铝、镍铬合金、镍钼铬合金等。

不锈钢是硝酸行业用途最为广泛的材料，不锈钢极易在硝酸溶液中形成表面钝化膜，能耐一切浓度的硝酸腐蚀。同时，对于不锈钢设备，为提高其耐蚀性，常采用硝酸对其表面进行酸洗钝化处理。

由于硝酸的强氧化性，绝大多数的有机材料和碳材料均不能耐浓硝酸的腐蚀，少数材料可用于常温和低浓度的硝酸溶液中。硅酸盐材料能抵抗硝酸的强氧化性，因此，它能抵抗各种浓度和温度的硝酸溶液腐蚀，如耐酸陶瓷、搪瓷、天然岩石、瓷砖等均是硝酸工业中常用的衬里材料。

王水是由 1 体积的浓硝酸和 3 体积的浓盐酸混合而成的混酸，其腐蚀能力极强，一些不溶于硝酸的金属，如金、铂等都可以被王水溶解。

五、氢氧化钠和碱溶液的腐蚀

氢氧化钠俗称烧碱、火碱、苛性钠，常温下是一种白色晶体，其水溶液呈强碱性。氢氧化钠的用途十分广泛，许多工业部门都需要氢氧化钠。使用氢氧化钠最多的部门首先是化学药品的制造部门，其次是造纸、炼铝、炼钨、人造丝、人造棉和肥皂制造业。另外，在生产染料、塑料、药剂及有机中间体，旧橡胶的再生、金属钠的制造、水的电解以及无机盐生产中，制取硼砂、铬盐、锰酸盐、磷酸盐时，也要使用大量的烧碱。

在常温下，钢铁材料对低浓度的烧碱具有良好的耐蚀性，铁在碱液中发生钝化，形成钝化膜，当氢氧化钠的浓度超过 1 g/L，腐蚀过程终止。但是，随着浓度和温度的升高，腐蚀速率增大，如50%氢氧化钠溶液在65 ℃时的腐蚀速率约为0.2 mm/a，105 ℃时的腐蚀速率将达到1.5 mm/a。钢铁材料在碱洗溶液中会发生碱脆，碱脆具有应力腐蚀的特征。碳钢在氢氧化钠溶液中易于出现应力腐蚀的敏感区域。由氢氧化钠溶液产生的裂纹具有应力腐蚀裂纹的一般特征，其裂纹的方向与拉应力方向垂直，所出现的裂纹通常是沿晶裂纹。

氢氧化钾、氢氧化钡和氢氧化锂均属于强碱，其腐蚀性和氢氧化钠相同。氢氧化钙的碱性较弱，其腐蚀性也较弱，除铝和铝合金外，其他大部分金属材料均适用。

六、尿素溶液的腐蚀

尿素的别名是碳酰二胺、碳酰胺，它是由碳、氮、氧和氢组成的有机化合物，又称脲。尿素也是一种重要的化工产品，广泛用于制作三聚氰胺、脲醛树脂、水合肼、四环素、苯巴比妥、咖啡因、酞青蓝等多种产品。同时，尿素是一种高浓度氮肥，属中性速效肥料，可用于生产多种复合肥料。

尿素的制备方法是采用液氨和二氧化碳在高温高压下反应生成氨基甲酸铵（简称甲铵），氨基甲酸铵脱水转变成尿素。在尿素的生产过程中，尿素合成塔所处理的介质除主反应生成的尿素、氨基甲酸铵和水等以外，还含有副反应产物氰酸铵、氰酸、碳酸铵、缩二脲，以及未被反应的氨和二氧化碳，在高温高压下，这些介质将对材料发生严重的腐蚀。

在这些介质中，对设备材料腐蚀最为严重的是氨基甲酸铵液和尿素同分异构化产物氰酸铵、氰酸，因为氨基甲酸铵离解出的氨基甲酸根是一种强还原剂，能阻止钝化型金属形成表面钝化膜，而氰酸铵在有水存在时，氰酸铵离解成氰酸根，氰酸根具有强还原性，使钝化型金属表面不易形成钝化膜，对已形成的钝化膜也有强烈的破坏作用。由此可见，在尿素生产过程中，其介质不仅属酸性，而且具有强烈的还原性，所进行的反应又是在高温高压下进行的，因此，在尿素生产流程中遭受腐蚀最为严重的是处理这些介质的高压设备，如二氧化碳汽提流程中的四大高压设备（尿素合成塔、汽提塔、高压甲铵冷凝器和高压洗涤器），水溶液全循环流程中的尿素合成塔、高压混合器和高压甲铵泵。为防止这些设备的腐蚀，一方面选择更易形成钝化膜的双相不锈钢材料，另一方面在反应溶液中加氧化剂，促使不锈钢的钝化。

七、炼油和石化介质的腐蚀

石油又称原油，是由不同的化合物混合而成的，主要含有各种烷烃、环烷烃、芳香烃的烃类化合物，以及含硫、含氧、含氮的非烃类化合物。石油主要被用于制作燃料油和汽油，燃料油和汽油是目前世界上最重要的一次能源。石油也是许多化学工业产品如化肥、农药、塑料和橡胶等的原料。炼油装置包括常减压装置和催化装置，炼油得到的气相产物可以制作乙烯、甲醇等重要工业基础原料。

常减压装置是将原油分馏成汽油、柴油、蜡油、渣油等组分的加工装置，在该装置中原油需经加温加压，在温度和压力的作用下，原油中的氯化物、硫化物、有机酸和二氧化碳等将对设备造成严重的腐蚀。在氯化物中，氯化钠不易受热水解，但氯化镁和氯化钙很容易水解，生成具有强烈腐蚀性的氯化氢，造成常压塔和减压塔的顶部、冷凝冷却器、空冷器、塔顶管线的严重腐蚀。原油中的单质硫、硫醇等活性硫化物在温度的作用下，可对设备造成严重腐蚀，由于原油中的单质硫和硫化氢可以相互转化，硫化氢可被空气氧化成单质硫，单质硫与原油中的烃类物反应又可以生成硫化氢，这种变化使硫化氢分布于低温及高温各部位，使得炼油设备硫腐蚀变得复杂。原油中的有机酸主要包括环烷酸及少量低分子的脂肪酸，在220℃以下，环烷酸不发生腐蚀，随温度的上升，腐蚀逐渐增加，270～280℃时腐蚀速度最大。

催化装置主要以减压蜡油和部分重馏分油为原料油，在催化剂的作用下转换为高辛烷值的汽油和化工原料。在催化装置中，腐蚀主要有以下几种类型。

①高温气体的腐蚀。该种腐蚀类型主要发生在催化剂再生过程中，烟气中的氧化剂会直接氧化钢铁材料生成氧化物，当氧化物的厚度增加到一定程度时，就会从材料表面剥落，产生材料的腐蚀损失。另外，这些氧化物极易与钢铁中的增强相 Fe_3C 发生反应，使得材料表面硬度降低，严重的还会生成气泡。

②高温硫化物的腐蚀。催化原料中的硫化物在高温下，会生成硫化氢和活性硫等腐蚀介质，加速材料的腐蚀。

③高温环烷酸的腐蚀。环烷酸在低温时对钢铁材料的腐蚀很轻微，当温度大于220℃时，腐蚀逐渐加剧，当温度接近于环烷酸沸点270～280℃时，腐蚀最为剧烈。在高温下，环烷酸除了直接与铁发生化学作用产生腐蚀外，还能与硫的腐蚀产物 FeS 反应，生成可溶于油的环烷酸铁，从而加速腐蚀进程。

④亚硫酸或硫酸的腐蚀。在加工高硫的蜡油和渣油时，硫化物高温分解后，一部分会黏附在催化剂上进入再生装置，再生过程中，这些硫化物会被氧化形成 SO_2 或 SO_3 存在于烟气中，当烟气温度低于露点，烟气中就会含有亚硫酸或硫酸，从而引起材料的腐蚀。

乙烯生产是一个典型的化工过程，以石油烃裂解制取乙烯是乙烯生产的主要流程。在该工艺中，裂解炉为高温设备，冷箱为低温设备，乙烯压缩机将裂解气的压力提升，乙烯分馏塔则在低压下工作。在该工艺中，对设备腐蚀最为严重的是裂解气的超温结焦。裂解气的主要成分为烷烃、环烷烃、芳烃和烯烃，同时含有一定量的水蒸气、甲烷等，这些气体在乙烯炉管内是不稳定的，可发生缩聚反应和过度裂解，过度的裂解形成碳和氢，因此裂解炉运行一段时间后，在裂解炉管的内壁，特别是在接近出口的高温部位，不可避免地产生积炭，使炉管结焦。结焦的后果直接导致炉管内截面面积减小，局部热作用增大，出现过热点使裂解管的传热性能降低。同时，结焦也可导致炉管产生碳腐蚀，造成炉管的损伤。在乙烯生产中，由于裂解的温度远较催化的温度高，原料中在催化中还未被分解的硫化物和氮化物在此将得到进一步的分解，形成相应的腐蚀介质。

甲醇是一种用途广泛的基本有机化工产品，现代的工业化甲醇合成基本上采用的是气相合成法，合成气的原料组成主要有 CO、CO_2、H_2 及少量的 N_2 和 CH_4；由于合成气的主要原料来自煤或天然气，这些天然的矿物中均含有硫组分，因此，硫化氢的腐蚀是甲醇生产中重要的腐蚀形式。硫化氢通常在低温部位与二氧化碳以及有机酸共同形成 H_2S-CO_2- 有机酸 -H_2O 的腐蚀环境，在此环境中，硫化氢与碳钢的腐蚀通常为氢去极化的电化学腐蚀，对不锈钢可能会发生硫化氢的应力腐蚀。二氧化碳腐蚀是甲醇生产中的另一种重要的腐蚀形式，在采用热碳酸钾水溶液吸收合成气中的二氧化碳的过程中，被二氧化碳饱和了的热碳酸钾水溶液具有很强的腐蚀性，对碳钢材料的腐蚀性很大，因此，脱碳液再生塔的防腐蚀是甲醇生产中的一项重要内容。合成气中的氢在反应器内的高温高压作用下会渗入钢的内部，有可能会使设备表面产生氢腐蚀，形成氢鼓泡或氢致裂纹。

第十章　化工防腐蚀

随着经济的发展，人们对化工产品的需求不断增加，越来越多生产设备的运行超出了设计能力，因此防止工艺设备因受到腐蚀发生故障而造成损失已经成了各个化工企业迫在眉睫的问题。本章主要分为化工中的防腐蚀方法与施工技术、化工防腐蚀的可持续发展与全面控制、典型化工装置的腐蚀防护、腐蚀监测技术四部分。其主要内容包括表面清理、表面覆盖层、可持续发展战略与腐蚀防护技术、腐蚀的全面控制、氯碱生产装置、硫酸生产装置、腐蚀监测的意义、常用腐蚀监测等方面。

第一节　化工中的防腐蚀方法与施工技术

一、表面清理

为了保证覆盖层与基底金属的良好结合力，在施工前均应进行表面清理。表面清理主要包括采用电化学或机械方法清理水泥混凝土设备，以及金属表面的灰尘、油污、氧化皮、锈蚀等污染物。

（一）机械清理

机械清理是广泛采用的较为有效的表面清理技术，一般可分为两种方式。一种方式是由机械力或风力带动各种工具敲打、打磨金属表面来达到除锈的目的。另一种方式是利用压缩空气带动固体磨料，以摩擦的方式和冲击力清理金属表面，从而达到除锈的目的。

1. 手工除锈

通常用钢丝刷、锤、铲等工具除锈。近年来，我国为了提高除锈效率，减轻工人的劳动强度，陆续研发了多样化的电动、风动除锈工具，以及处理大型金属表面的遥控式自动除锈机等。

手工除锈方法劳动强度大、效率低，目前主要在其他方面不方便应用，以及覆盖层对金属表面要求较低时采用。

2. 气动除锈

气动除锈主要应用于对表面要求较高，或是局部破坏的搪玻璃设备，在现场修复时不但锈要除得干净，还要有很好的粗糙度，气动除锈装置即可满足上述要求。在现场用氧气瓶即可满足气动除锈装置动力要求，振动频率为70 Hz，装置重 1.9 kg，小巧灵活，便于携带。

3. 喷射除锈

喷射清理主要是指利用压缩空气带动磨料，使其高速喷射到金属表面上，依靠冲击与摩擦力除去锈层和污物。清理所用的磨料包括石英砂、硅质河砂、激冷铁砂、铸钢碎砂、金钢砂、铁丸或钢丸、铜矿砂等，因为多数磨料都叫砂，所以也习惯上把这种除锈方法称为喷砂除锈。

喷嘴、喷砂罐、空气压缩机等共同组成了喷砂装置。移动式的喷砂设备还便于现场施工，吸入式喷砂无须砂罐，砂粒被压缩空气的气流在喷嘴处吸入，然后由喷嘴喷出，但效率较低。

喷砂除锈中最大的问题是粉尘问题，因此必须采用一定的方法保护操作人员的身体健康，常用的方法包括以下几个方面。

①采用湿法喷砂，操作流程与干法喷砂相同，但要在砂中混入水。需要注意的是，水中要加入一定量的亚硝酸钠，以防止钢铁生锈。但是由于亚硝酸钠对环境有害，大量的水和湿砂都要处理，因此这种方法对场合的要求具有一定的限制，化工厂用得不多。

②采用密闭喷砂，即将喷砂的地点密闭起来，操作人员不与粉尘接触，这是一种较为有效的劳动保护方法，但对大型设备不适用。

③喷砂操作前，还应按喷砂设备安全操作规程的有关规定进行检查，操作中必须遵守安全规定。

④喷砂后应在规定的时间内吹净金属表面，并且采取一定的措施防止再生锈，一般情况下，喷砂后要在 2 h 内涂上底漆。

⑤喷砂除锈法不仅能够使金属表面产生一定的粗糙度，还具有清理迅速、干净的特点，是目前广为采用的表面清理方法。

除上述两种常用的机械清理方法外，还有抛丸清理法、高压水除锈、抛光、滚光、火焰清理等方法。

（二）化学、电化学清理

1. 化学除油

化学除油方法具有多样化的特征，最简单的是用有机溶剂清洗，常用的溶剂有汽油、煤油、三氯乙烯、四氯化碳、酒精等，其中以汽油用得较多。清理时可将工件浸在溶剂中，或用干净的棉纱（布）浸透溶剂后擦洗。由于溶剂多数对人体有害，所以应注意安全。

除用溶剂清洗外，还可用碱液清洗。目前，我国最常用的是利用氢氧化钠配成化学药剂在加热的条件下进行除油处理，对于小批量的电镀工件，油污不很严重时可用合成洗涤剂清洗。

（1）酸洗除锈

酸洗除锈是一种常用的化学清理方法，这种方法就是将金属在无机酸中浸泡一段时间以清除其表面的氧化物。常用的酸洗液有硫酸、盐酸或硫酸与盐酸的混合酸。为防止酸对基体金属的腐蚀，常在酸中按一定比例加人缓蚀剂。升高酸温可提高酸洗效率，酸洗操作必须注意安全，尤其是在高温条件下，更要加强安全与劳动保护措施。酸洗可采用浸泡法、淋洗法及循环清洗法等。酸洗后先用水洗净或是用碱液中和后，再用低压蒸汽吹干。

有些场合不宜喷砂，而又有条件采用酸洗膏时，便可采用酸洗膏除锈。酸洗膏主要是指利用填料、缓蚀剂和酸按照一定比例混合制成的膏状物，将其涂在被处理的金属表面上除锈，然后用水冲洗干净，再涂以钝化膏（重铬酸盐加填料等），使金属钝化以防再生锈。

（2）锈转化剂清理

锈转化剂清理法主要是指按一定比例混合，采用刷涂的方法涂于钢铁表面（表面带有一定水分也可施工），利用锈转化剂与锈层反应，在其表面形成一层黑色的转化层膜，这层膜具有一定的保护作用，可暴露在大气中 10～15 天而不再生锈。同时，转化膜与各种涂料及合成树脂均有良好的结合力，适用于各种防腐涂料工程及以合成树脂为黏结剂的防腐衬里工程，应用锈转化剂进行钢铁表面清理具有劳动强度低、无环境污染、工程费用省、施工周期短、工作效率高等特点，是一种高效、经济的清理方法。

2. 电化学除油

电化学除油主要是指在配好的碱溶液中放入金属，使其作为阴极或阳极，配以相应的辅助电极，通以直流电一段时间，以除去油污。电化学除油具有效果好、速度快的特点，适用于对表面处理有较高要求的场合。

（三）混凝土结构表面处理

在处理混凝土和水泥砂浆的表面时，要求表面平整，没有裂缝、毛刺等缺陷，油污、灰尘及其他脏物都要清理干净。

新的水泥表面一般要求水分不大于 5% ～ 6%，因此在防腐施工前要烘干脱水。旧的水泥表面则要清理干净腐蚀产物和损坏的部分，如利用碳酸钠中和带酸性残留物质，并用水冲洗干净，待干燥至水分含量不大于 5% ～ 6% 时，方可进行施工。

混凝土表面找平一般可用水泥砂浆，但水泥砂浆处理不当容易导致找平层脱壳、分层、起翘等现象，因此可以采用树脂胶泥找平，这种找平层的效果好得多，但要多费一些树脂。

二、表面覆盖层

（一）金属镀层

金属镀层大多是有孔且较薄的，主要包括热浸镀、喷镀、电镀、化学镀等。在应用时，应考虑其在介质中的电化学行为，才能起到应有的防护效果。金属镀层主要可以分为两类。

1. 阳极性覆盖层

与基体金属的电极电位相比，这种覆盖层的电极电位更负。因此，在使用时可以忽略覆盖层的完整性，牺牲阳极继续保护基体金属免遭腐蚀。覆盖层的厚度决定着阳极性覆盖层保护性的强弱，保护效果随着覆盖层变薄而减弱。

2. 阴极性覆盖层

与基体金属的电极电位相比，这种覆盖层的电极电位更正。在使用时，一旦覆盖层的完整性被破坏，不仅无法保护基体金属免遭腐蚀，反而会构成腐蚀电池，加快基体金属腐蚀。覆盖层的厚度和孔隙率决定着阴极性覆盖层的保护性能，覆盖层越厚，其保护性能越好。

（二）非金属覆盖层

利用有机或无机的非金属材料覆盖金属设备是化工防腐蚀最常用的方法之一。根据腐蚀环境的不同，可以覆盖不同种类、不同厚度的耐蚀非金属材料，以得到良好的防护效果。

1. 涂料覆盖层及其选择

采用涂料覆盖层具有许多优点，如成本和施工费用低、修理和重涂较为容易，且施工简便、适应性广，因此在防腐工程中，应用广泛，是一种不可缺少的防腐措施。涂层防腐不单用于设备的外表面，而且在设备内也得到了成功使用，如尿素造粒塔的内壁涂层防腐，油罐、氨水储罐内的涂层防腐等都收到了很好的使用效果。但涂层一般都比较薄，较难形成无孔的涂膜，因此在苛刻的条件下应用受到一定限制，如高温、强腐蚀介质等场合。目前主要用于设备、管道、建筑物的外壁和一些静止设备的内壁等方面的防护。

为了保证涂层具有长效防护效果，必须合理地选择涂料覆盖层，因此应遵循以下原则。

①涂层对环境的适应性。在生产过程中，腐蚀介质种类繁多，不同场合引起腐蚀的原因也不尽相同，因此在选择涂层时应充分考虑被保护物的使用条件与涂层的适用范围的相适性。

②被保护的基体材料与涂层的适应性。例如，酸性固化剂的涂料直接涂刷在钢铁与混凝土表面时，钢铁、混凝土就会受固化剂的腐蚀。在这种情况下，应涂一层相适应的底层。又如，有些底漆适用于钢铁，有些底漆适用于有色金属，使用时必须注意它们的适用范围等。

③施工条件的可能性。有些涂料需要一定的施工条件，如热固化环氧树脂涂料就必须加热固化，如条件不具备，就要采取措施或改用其他品种。

④涂层的配套。为了保证涂层的保护性能，底漆与面漆必须配套使用。具体的配套要求可查看产品说明书或有关资料。

⑤经济上的合理性。在满足防腐蚀要求和使用寿命的前提下，选择价廉的防腐涂料可提高经济效益。

2. 涂层的保护机理

一般认为涂层是由以下三个方面的作用对金属起保护作用的。

①隔离作用。金属表面涂覆涂料后，相对来说就把金属表面和环境隔开了，但涂料较薄，导致其隔离作用十分微弱，主要原因是涂料一般都有一定的孔隙，

介质可自由穿过而到达金属表面对金属构成腐蚀破坏。因此，可以选用孔隙少的成膜物质作为填料，来达到提高涂料抗渗能力的目的。

②缓蚀作用。为了提高涂层的防护作用，可以借助涂料的内部组分与金属反应，使其生成保护性的物质。

③电化学作用。可以在涂料中加入比基体金属电位更负的活性金属，如锌，不仅能够填满膜的空隙，使膜紧密，而且腐蚀产物较稳定，能够减缓介质对金属产生电化学腐蚀。

3. 涂覆方法

涂料的涂覆方法有多种，可根据具体情况选择不同的涂覆方法。最简单的是涂刷法，这种方法所用的设备工具简单，操作的熟练程度会直接影响施工质量，工效较低；对于无法涂刷的小直径管子，可采用注涂法；喷涂法效率较高，但设备比较复杂，需要喷枪和压缩空气；热喷涂可以提高漆膜质量，还可以节约稀释剂，但需要加热装置；静电喷涂是一种利用高电位的静电场的喷漆技术，大大降低了漆雾的飞散，比一般喷漆损耗小得多，改善了劳动条件，也提高了漆膜质量，但设备更为复杂，同时由于电压很高，必须采用妥善的安全措施；电泳涂装是一种较新型的涂装技术，它与电镀相似，适用于水溶性涂料。

三、玻璃钢衬里

（一）树脂的选用

针对环境介质的腐蚀性，正确选用耐腐蚀树脂是选材过程中首先要考虑的问题，目前，耐腐蚀玻璃钢衬里常用的材料包括聚酯树脂、呋喃、环氧、酚醛等。其中环氧树脂的性能显得较为优越，它黏附力高，固化收缩率小，固化过程中没有小分子副产物生成，其组成玻璃钢的线膨胀系数与基体钢材差不多，是一种比较理想的玻璃钢衬里用树脂。一些耐蚀性较好但黏附性能较差的树脂，用环氧树脂改性后，既可保持原有的耐蚀性，又提高了其黏附能力。如呋喃树脂黏附力差，不宜单独用作玻璃钢衬里，经环氧树脂改性后，效果较好。

（二）玻璃纤维的选用

用于耐腐蚀玻璃钢的玻璃纤维主要选择中碱（用于酸性介质）或无碱（用于碱性介质）无捻粗纱方格玻璃布，一般选用厚度为 0.2 ～ 0.4 mm。

（三）玻璃钢衬里层结构

1. 玻璃钢增强层

这一层是使衬里层构成一个整体的关键，具有增强作用。需要注意的是，必须保证足够的树脂含量，并使每一层玻璃织物都被树脂浸润，只有这样才能达到提高其抗渗性的目的。

2. 腻子层

这一层主要是指利用胶泥状的腻子填补基体表面不平的地方，从而提高玻璃纤维制品的铺覆性能。

3. 底层

这一层决定着整个衬里层与基体的黏结强度，主要是指防止钢铁返锈而涂覆的涂层。因此，对树脂的要求较高，必须选用热膨胀系数与基体相近、黏附力高的树脂。目前，环氧树脂是我国常用的胶黏剂，并且为了使其更接近碳钢的热膨胀系数，在树脂内加入了一定的填料。

4. 面层

这一层是直接与腐蚀介质接触的关键层，因此材料必须具备较强的抗渗能力，对环境有足够的耐磨能力。对同一种树脂玻璃钢衬里来说，衬层越厚，抗渗耐蚀的性能就越好。对主要用于抗气体腐蚀或用作静止的腐蚀性不大的液体来说，一般衬贴 3～4 层玻璃布就可以了。如果环境条件苛刻，并考虑到手糊玻璃钢抗渗性差的弱点，一般都要求衬层厚度在 3 mm 以上。但盲目增加玻璃钢衬层的厚度是没有必要的，因为一般玻璃钢衬层在 3～4 mm 已具有足够的抗渗能力，而设备的受力要求完全是由外壳来承受的。

（四）施工工艺

目前玻璃钢衬里多用手糊施工，其施工工艺有分层间断衬贴（间歇法）与多层连续衬贴（连续法）两种。其中间歇法是每贴一层布待干燥后，再贴下一层布，而连续法是连续将布一层接一层贴上去。显然，间歇法施工周期长但质量较易保证，而连续法大大缩短了施工周期，但质量不如间歇法。一般来说，当衬里层不太厚时宜采用间歇法，而对较厚的衬里层可采用连续法。

第二节　化工防腐蚀的可持续发展与全面控制

一、可持续发展战略与腐蚀防护技术

目前，全球资源和能源消耗增长很快，腐蚀造成了材料的失效，同时也造成了资源的大量损耗。化工行业因腐蚀消耗的钢铁最多，而且在许多腐蚀环境中，碳钢已经无法满足人们的需求，这就需要耐蚀性能更好的材料，如有色金属、不锈钢等。其中，有色金属的矿藏较少，将其运用于腐蚀保护方面则会加剧地球资源的枯竭。相关专家、学者曾对地球上锌、锡、铅等主要金属的使用年限做出了预计，仅仅能支撑人类20多年的消耗，尽管这一预测不一定准确，但贵金属矿藏面临枯竭已逐渐被人们接受。可持续发展战略开始对以前传统的腐蚀控制技术的发展模式提出了挑战，有效的防腐蚀技术既应通过选择合适的耐蚀材料及控制材料的腐蚀损耗，延长设备使用寿命，以减少直接和间接腐蚀损失，也应节约有限的原材料资源和减少由于材料的废弃而造成的环境二次污染；再也不能仅围绕工业的发展，"头痛医头，脚痛医脚"，处于被动局面，而应有战略眼光，结合可持续发展战略，预测工业及装置的发展趋势，将长期处于被动的局面转为主动的"腐蚀的全面控制"阶段。

（一）耐蚀材料的发展方向

环境保护和节约资源应成为开发用于腐蚀控制方面的耐蚀材料的核心。其发展趋势主要包括两个方面：一方面是从材料的再生利用入手，另一方面是向着材料的复合化、长效化方向发展。

近年来，复合材料应用的领域日益宽广，发展异常迅猛，并且逐渐向耐久、投资小、成形方便、廉价、适用的方向发展。其主要包括金属基、无机基、高分子基三类。其中高分子基复合材料应用最为广泛。

1. 金属基复合材料

金属基复合材料主要是指以金属为基体，含有纤维状或片状及颗粒状等增强成分的复合材料，其中纤维状增强材料主要包括氧化铝纤维、碳化硅纤维、硼纤维、碳纤维等，这类材料不仅能够提高基体金属的稳定性、耐磨性，还能有效增强其耐蚀性和耐高温性。

近年来，铝合金和纤维增强铝已经逐渐在各个领域得到了运用，成功地达到了节约能源的目的。可靠性评价技术、低成本生产技术和大型构造体的成形技术则成了目前需要解决的重要问题。

2. 无机基复合材料

无机基复合材料主要用于耐高温的部件，常用的包括 C/C 复合材料和高性能陶瓷复合材料两种，这类材料所采用的氮化物、陶瓷纤维增强碳化物等，能够有效提高材料的韧性。近年来，高性能低成本增强用纤维的生产技术、大型构件的批量生产技术等已经成了必须解决的问题之一。

3. 高分子基复合材料

纤维增强热固性树脂（FRP）是目前应用最广泛的高分子基复合材料，其中耐蚀 FRP 占 13%。近年来发展了玻纤增强热塑性树脂，如玻纤增强聚丙烯、尼龙、PPS、PVC、PP 等。在国外，增强材料也已摆脱了单一玻璃纤维，呈现出了多样化的特征，如陶瓷纤维、碳纤维、无纺织物等。

（二）开发新型化工装置

21 世纪的化学工业迫切需要构筑新的生产、经营系统，否则将无法解决与制造业脱节、交货期缩短化、环境污染、大规模连续化、商品使用寿命缩短化等问题，以及无法满足社会需求的多样化和可持续发展战略。因此，化工装置必须向智能化、全自动化方向发展。

1. 环保型化工设备

环保型化工设备是传统的大型化工装置需要改进的重点，主要是指最大程度减少环境污染的化工装置。由于化工废弃物大多是强腐蚀性、有毒有害介质，因此对设备材料有极高的要求。

2. 高效率化工装置

高效率化工装置具有无灾害、无人操作、安全可靠、连续生产、无事故等特征，因此不仅需要高性能、长效率的腐蚀防护技术和耐蚀材料做保证，还需要具备无人化运行技术、低温低压化工装置等。

3. 资源节约型化工装置

资源节约型化工装置主要是指能够节约能源和资源、提高资源利用率的装置。这一装置不仅需要开发能够保证节能设备、换热器、反应器正常运行的特殊材料，还需要开发地下换热器、常压工艺装置等节能技术。

除此之外，这些新材料的开发将面临各种问题。例如，追求高强度、高性能材料的腐蚀问题；再生材料的腐蚀问题；新耐蚀材料开发、研制时新的评价方法问题；新环境下的腐蚀问题等。

二、腐蚀的全面控制

随着科学技术的飞速发展，化工装置日益大型化，化工过程越来越多地要求在高温、高压、强腐蚀性介质和连续生产的条件下进行。因腐蚀破坏而造成的经济损失将更为严重。虽然，腐蚀是不可避免的，但腐蚀是可以被人类控制的。充分利用现有防腐蚀技术，能够极大地减少腐蚀损失。

腐蚀的全面控制是一项系统工程，这就要求必须对其各个环节进行严格的把控，从耐蚀材料的选用、电化学保护、添加缓蚀剂、覆盖层保护等含义，转变到从设计开始，贯穿于加工制造、储运安装、方案论证结构设计、操作运行、装置退役的全过程。因此，实行腐蚀控制管理与腐蚀控制技术是实现腐蚀全面控制的关键。对可能出现的腐蚀问题，相关施工单位应具备一定的应急处理措施和预防手段，并且能够全过程地对腐蚀进行监测、控制、管理、检验、评估、验收等工作，最大程度地减少由于腐蚀造成的损失。

（一）储运中的腐蚀控制

储存是指在不同气候条件（如海洋大气、工业大气等）下存放，运输则是指不同气候条件下的陆地、海洋运输。储运中的主要腐蚀因素包括灰尘、太阳辐射、空气湿度较高、带砂石的风暴、盐水喷溅等。

临时性防腐蚀措施是保证运输和库存期间进行腐蚀控制的重要途径。临时性防腐蚀措施应具备耐机械应力作用，从而防止运输和库存期间由于环境造成的腐蚀损伤。同时，临时性防腐蚀措施本身应尽可能不干扰操作条件，避免给部件带来任何损伤，以及危及其他防护措施，除非已清洗，否则应在投产时去除。除此之外，还要求临时性防腐蚀系统不含危害健康的物质。

临时性防腐蚀方法包括临时涂层、槽浴与充填、包装防护、库存防护四个方面，下面重点介绍前两者。

1.临时涂层

临时涂层的防护效果与防护层的厚度、缓蚀剂的功能及含量有关，主要包括蜡类涂层、油类涂层、脂类涂层、剥离涂层、干漆涂层等。一般情况下，室内库存设备在腐蚀因素不多的前提下，可以采用较薄的防护层；露天存放的设备防护层至少要有 100 pm 厚，为了避免防护层被雨水冲掉，应尽量避免利用油和脂作为防护层,而应采用不怕水的蜡。

可剥离保护层主要包括两种,即隔绝材料和剥离塑料。与硬防护层相比,可剥离保护层使用或安装之前需要剥掉,但两种防护层的效果基本相同。除此之外,利用塑料薄膜包裹构件也可以起到防护作用。

2. 槽浴与充填

槽浴与充填主要是指利用内部充填或外部浸浴使受保护的表面周围充满防腐蚀的气态介质。与临时涂层相比,这种气态或液态充填剂可完全保护内部空间,但遇到特殊情况时,则应将两种方法联合使用。

这种方法通常会采用油、酒精等中性液体进行填充,由于液体容积较大,则会增加运输的重量。从停产保护来看,对于那些同时难以实现的减振要求的部件更适用于槽浴与充填法。

目前,我国应用最广泛的是气体临时防护剂,它对一般设备长期库存足以起到防护作用。例如,设备的内部空腔,其支管用密封圈和盲板封住,过一段时间之后内部的腐蚀就停止了。但对于壁厚较小的设备和部件、测量仪器等对腐蚀很敏感的部件,还需用临时防腐蚀剂与外界空气隔绝。组成防护剂的因素主要包括三种,即专用缓蚀剂、强吸水性试剂和和惰性气体。

(二)安装中的腐蚀控制

安装时要严格按设计要求进行,安装不合理容易造成设备或构件应力集中,出现各种腐蚀开裂的隐患。

对于采用防护涂层、砖板衬里、橡胶衬里、玻璃钢衬里的非金属材料衬里设备,应在防腐施工后,尽量避免打孔、焊接,否则容易破坏防护层的完整性。对这类需要防腐衬里的设备,一定要先试压后衬里,不要期望衬里层能承受住所试压力,特别是有法兰封头的衬里设备,法兰一定要用螺栓锁紧,并经试压合格后再对法兰做防腐蚀处理。若没有锁紧,又没有经试压检查,使用时螺栓形变伸长过大,结果导致原来应由螺栓承受的拉力都落在衬里层中,衬里层被拉裂。某厂的分解锅、悬浮锅就出现过没有试压就进行衬里施工,结果投入使用,法兰处的衬里层就被拉裂而延误工期。

(三)检修中的腐蚀控制

当生产装置停车准备检修时,为了避免大修期间局部腐蚀的发生,应及时除去设备中的积液和腐蚀产物。负责检查的人员应对设备、构件的腐蚀部位,尤其是腐蚀较重的部位进行测量,如裂纹长度、腐蚀广度和深度,并拍照或录像,详细记录相关资料后存档。

结合设备档案所记载的资料，以及现场腐蚀破坏的实际情况，如原始厚度、材质、介质、温度、设备的使用时间、检修情况、防腐蚀措施等，对腐蚀原因进行细致的综合分析并制订解决方案。

在更换金属设备的局部构件时，要避免发生电偶腐蚀，新构件必须与原设备材质一致，需采用异种金属构件时要进行绝缘；对于非金属衬里设备的局部检修，要特别注意与原防腐层搭接牢固，并要考虑与原防腐层材料的黏结强度以及材料间的相容性问题；对于不锈钢材料，焊接时应采取能减少热量输入的有效措施，以避开敏化温度范围，从而消除热影响区的腐蚀隐患；焊接用的焊条也要与本体材质相同，以防止电偶腐蚀；检修完成时必须进行严格的检查、验收；要将全部检修资料和验收资料存档以备查阅。

第三节　典型化工装置的腐蚀防护

一、氯碱生产装置

氯碱工业是电解食盐水溶液以制取烧碱、氯气、氢气以及氯气综合利用再加工的装备型企业，它所处理的原料、中间产品及产品都具有强烈的腐蚀性，同时，在电解过程中由于输入大量的直流电，还会发生电解工业特有的杂散电流腐蚀。这些因素的综合作用常常使各种腐蚀问题交织在一起，从而使氯碱工业成为设备腐蚀较为严重的化工企业之一。

（一）介质的腐蚀特性

氯碱的生产工艺通常有隔膜法、水银法和离子膜法等，虽然生产方法有所不同，但所处理的原料介质和产品基本相同。从腐蚀的角度来看，隔膜法在生产过程中的腐蚀问题较为严重。氯碱的生产按流程可分为盐水、电解、氯处理和碱浓缩四大工艺系统。

①盐水系统。其主要以原盐氧化钠为原料，经过原盐溶解、精制与澄清、盐水过滤、pH调节等工序制成精制食盐溶液供隔膜电解槽进行电解。该系统中的腐蚀介质为氯化钠溶液。

②电解系统。其主要是电解精制的食盐水，产品为氯气、氢气和氢氧化钠稀溶液。该系统中的腐蚀介质主要为湿氯（实质为盐酸和次氯酸）、氢氧化钠溶液及杂散电流。

③氯处理系统。其指将湿氯脱水成为干氯的过程。该系统中的腐蚀介质主要为湿氯和硫酸（作为干燥剂，用于干燥氯气）。

④碱浓缩系统。其主要是将低浓度的电解液（含 18.8% 的 NaOH、16.4% 的 NaCl、0.5% 的 Na_2SO_4）浓缩为高浓度的电解液（约含 50% 的 NaOH），同时去除电解液中未电解的 NaCl 及杂质 Na_2SO_4 等，最终获得高质量的烧碱溶液或固碱。该系统主要包括蒸发、精制、固碱这三大操作单元，腐蚀介质主要为高浓度烧碱溶液。

总之，在隔膜法生产氯碱的工艺系统中，不同的腐蚀介质具有不同的腐蚀特性，它们都对设备产生较强的腐蚀作用。

1. 食盐水溶液

金属在盐水系统中的腐蚀实质是氧去极化腐蚀。在含氧的盐水溶液中，铁在氧去极化阴极的影响下不断溶解，公式如下。

$$\frac{1}{2}O_2 + H_2O + 2e \rightarrow 2OH^-$$

$$Fe - 2e \rightarrow Fe^{2+}$$

上述反应生成的氢氧化亚铁，沉淀后又进一步氧化成三价铁盐，即铁锈，所以钢铁材料不能直接用作盐水系统的装备。

在氧去极化过程中，氧分子向阴极表面的扩散是比较迟缓的步骤，此时，阴极的极化作用主要是氧的浓差极化。因此，在静止、缺氧的食盐水溶液中由于阴极极化作用显著而金属的腐蚀轻微；在流动、搅拌的食盐水溶液中由于氧的补给容易而离子化较快，则金属的腐蚀速度较大。

温度的升高一般会使腐蚀反应加快，但由于溶液的温度升高而氧的溶解度降低，因此，金属的腐蚀影响也就不明显。

金属在食盐水中腐蚀的影响因素有两方面：一是介质的不均匀性，如盐水的浓度不均匀，溶解氧差异以及盐水的温度差异等因素均能形成腐蚀电池而导致金属的腐蚀；二是金属的不均匀性，如金属杂质、合金的组织成分、偏析等冶金因素，金属在加工和热处理时产生应力，表面吸附了异种物质或生成氧化膜以及金属存在温度差异等。

2. 杂散电流

杂散电流的腐蚀是电解工业中一种特有的腐蚀形式，它是由于电解电流的泄漏而直接或间接引起的金属溶解或腐蚀效应，在氯碱装置中，它的存在可使盐水管路、电解液管路、盐水预热器、电解槽等设备发生腐蚀。

当电解槽处于运行过程中时，电流应从阳极流向阴极，但经常会出现电流泄漏的现象，即电流经过漏电途径，流出电解系统之外，泄漏的电流最终会返回到电解系统中，这种电流称为杂散电流。当杂散电流在金属构件的某一表面区域离开金属而进入介质时，对于金属构件的这一表面区域来说，杂散电流容易引起腐蚀破坏。

杂散电流在氯碱装置中，其形成的方式主要包括两种。一是电流本来应在介质中流动，在电流通过介质时，由于介质具有一定的电阻率，则会在介质中形成一定程度的电场。当这个电场中存在某一金属构件时，一部分电流则会通过金属构件的某个表面区域进入金属，而在金属构件的另一表面区域从金属流向介质。这也是导致金属这一部位腐蚀的主要原因之一。二是金属构件本身某些部位导电不良，使得本应在金属构件中流动的电流全部或部分地离开金属流向介质，再在构件的另一部位由介质流入金属。

3. 次氯酸盐

在含有水分的氯气中，氯与水反应生成腐蚀性很强的次氯酸和盐酸，其公式如下。

$$Cl_2 + H_2O \rightarrow HClO + HCl$$

次氯酸极不稳定，具有强氧化性和漂白性质，是一种弱酸。次氯酸盐类如次氯酸钠和次氯酸钙等，在中性或弱酸性时是不稳定的，其腐蚀性特别强，特别是在高温处于不稳定状态时更甚。所以，在室温、稀的次氯酸盐溶液中，大多数金属的腐蚀率是较低的。但在温度升高时，由于次氯酸盐离子的强腐蚀性，许多金属均会遭到腐蚀，往往还将引起孔蚀和缝隙腐蚀。

4. 硫酸

在氯碱装置中，氯处理系统通常是用浓硫酸作为干燥剂处理湿氯，使其干燥。硫酸本身具有一定的腐蚀性，所以也会对系统中的设备造成腐蚀。

（二）主要腐蚀形式

在氯碱生产装置中，在众多的腐蚀介质和腐蚀因素作用下，设备表现出了许多不同的腐蚀形式，主要有以下几种。

1. 水线腐蚀

在与中性饱和盐水接触的碳钢设备中，常发生水线腐蚀，如盐水碳钢储罐等。一般情况下，腐蚀最重的部位是盐水与空气接触的、弯曲形水面的器壁下方，故又称为弯月面腐蚀。在弯月面中只有很薄的一层盐水，由于长期接触空气，因此能够及时补充，且很容易被溶解氧饱和，故氧的浓度很高，形成富氧区。但是，由于受到氧的扩散速度的影响，在弯月面的较深部位的盐水，氧不易达到也不易补充，氧的浓度较低形成贫氧区。因此，在弯月面和它较深的部位就成了氧的浓差电池。弯月面成为阴极区，弯液面的较深部位为阳极区。铁锈在两个区域的中间部位形成，即为所谓的水线腐蚀。

2. 缝隙腐蚀

缝隙腐蚀发生在许多介质中，不过通常在含氯化物的介质中最严重。一般情况下，缝隙腐蚀有时需要半年或更长时间才会开始，是一个较长的孕育期。然而一旦发生腐蚀，它就以加速的情况不断进行。由于缝隙宽度必须足以使介质进入，因此缝隙腐蚀通常是在缝隙口的宽度约 0.2 mm 以下时发生。

凡耐蚀性属活化 - 钝化型的金属或合金，如不锈钢、钛、铝、碳钢等，十分容易遭受缝隙腐蚀。在氯碱装置中广泛使用的钛制设备和部件，如钛金属阳极电解槽、钛制湿氯冷却器、钛制盐水预热器、钛制含氯盐水泵等，在实际使用过程中会发生过钛的缝隙腐蚀。例如，钛制湿氯冷却器采用胀管法时，钛管与花板的间隙处发生缝隙腐蚀；金属阳极电解槽的阳极钛极板及阳极钛法兰与非金属橡胶垫片接触部位均发生缝隙腐蚀。

3. 杂散电流腐蚀

杂散电流形成于食盐电解的过程中，电解槽总系列与整流器构成了直流电路，在这个直流回路中，当两者存在电位差，或是当金属构件、管路、碱液、盐水等与地面接触时都会出现漏电现象。例如，有的通过盐水电解后具有导电性的电解液，若断电效果不好，槽内电流会经电解液漏出槽外；有的通过连续喷注的盐水喷嘴，或电解槽内液位偏高，槽内电流经盐水漏出槽外；有的通过集气管内表面凝聚水膜进入集气管的金属管壁中，从一台电解槽流向另一台电解槽，当杂散电流流到集气管的接头部位时，由于管路的垫片或焊缝阻碍，杂散电流会从管壁流到液膜中，在管接头的另一端再流入管壁。

这些漏电回路是可以同时存在的，它们共同构成了复杂的杂散电流回路。例如，溶液—管内壁—管外壁—大地—电解槽回路；整流器—设备—大地回路等。

在漏电形成的回路中，对地电位和漏电部位共同决定着杂散电流的方向。在电解系统中的管件、设备等对地电位则是由它在电解系统电路中的位置来确定的，即中间为零电位区，回路为负电位区以及正电位区。在负电位区的杂散电流是由大地经过设备、管件等导入电路系统中的；在正电位区的杂散电流是经过设备、管件等导入大地的，腐蚀部位多发生在物料的出口或接近地面的地方。因此，腐蚀部位多在物料的入口接近电路的地方，如盐水支管的顶部腐蚀，电解液管路的腐蚀多发生在漏斗流碱处的支管界面和焊接处。

综上所述可知，通常处于负电位区的腐蚀较严重，其腐蚀形貌通常为蚀孔呈圆形，多集中在一处，腐蚀速度较快，具有局部电化学特征。而处于正电位区的设备及管道腐蚀较轻。

4. 点蚀

在氯碱装置的设备中，点蚀也是较为常见的一种腐蚀形式。例如，在氯碱计量槽的下部，沉积含硫酸泥渣等杂物，硫酸泥渣能够吸收一定的水分，硫酸泥渣杂物和壳体含有微量水分时，容易在缺陷处积累高浓度 HCl 和 HClO 等电解质，从而在积存电解质的微孔处形成微电池。孔外的金属表面作为微电池的阴极会在孔内出现高浓度的 H^+、ClO^-、Fe^{2+}、Cl^- 等，或是微孔内金属铁离子不断溶于电解质时，则会不断地进行氧化还原反应。铁的溶解会使金属构件逐步形成更大的点蚀坑，直至造成计量槽的腐蚀穿孔。

5. 应力腐蚀破裂

在氯碱生产装置中应力腐蚀破裂现象十分普遍，装置因应力腐蚀裂纹而泄漏、断裂甚至整台设备报废的现象经常发生。例如，氨液分离器接管焊缝处经常泄漏、酸水槽的筒体脆化等。

（三）典型装置防腐方法分析

1. 金属阳极电解槽的防护

（1）腐蚀概况

①电解槽盖。这一部分的腐蚀主要包括钢外壳腐蚀穿孔、龟裂，以及衬胶鼓泡等方面。

②钛铜复合棒。这一部分的腐蚀通常发生在铜螺栓根部而影响导电，严重时铜质部分可以全部被腐蚀溶解掉。

③金属阳极极片。这一部分的腐蚀主要表现为氧超电压下降、钛钉活性涂层被腐蚀脱落。

④金属阳极电解槽。这一部分的腐蚀多发生在阳极极片的电解槽盖、钢底板、导电涂层等部分。

（2）腐蚀原因分析

导电活性涂层的脱落主要与涂层的配方、涂制工艺、电解槽直流电荷不稳定、槽温、阳极液 pH 值频繁变化等因素有关。同时，直流停电后没有有效的保护也是涂层严重腐蚀的重要原因，因为此时停电后引起逆向电流改变电极原来的极性，从而导致活性涂层被电化腐蚀。

①钛板的腐蚀。导致这一腐蚀现象出现的主要原因是在阳极片根部法兰胶垫与钛板之间的缝隙存在着不易流动的液体酸性介质，为钛与非金属之间形成缝隙腐蚀创造了条件。除此之外，钢底板与钛底板间的电极孔很难同心重合，从而造成阳极液泄漏及其底板腐蚀。

②钛铜复合板的腐蚀。导致这一腐蚀现象出现的主要原因是阳极液中的酸性介质，特别是含氯酸盐类，如次氯酸与铜螺栓反应生成铜盐，从而对阳极根部密封不严处造成化学腐蚀。

目前，国内氯碱厂家多采用的仍是钢衬橡胶槽盖，槽盖的腐蚀是衬胶的破损，进而受酸性介质的腐蚀使钢外壳变薄。

（3）防腐措施

对于导电涂层而言，平时要注意避免大幅度升、降电流，加强电解槽工艺管理，停电时可在电解槽首尾两端加以不大于理论分解电压的正向电动势，从而达到抑制逆向电流产生的目的。

钛铜复合板的防腐蚀应主要从防止阳极液从极片根部泄漏入手。因此，电解槽生产厂家应在生产电解槽时，注意胶垫与钛板之间压紧，避免缝隙腐蚀的发生。

材质是解决电解槽盖的腐蚀问题的根本途径。从生产实际来看，使用非金属硬质衬胶是一种较为经济的方法，然而衬胶的配方也是比较重要的。此外，采用钛板与钢制槽盖爆炸复合成型工艺制造钛钢复合槽盖，虽然成本与衬胶相比略高，但其使用寿命要远高于后者。

2. 盐水预热器的防护

碳钢盐水预热器的主要腐蚀是杂散电流腐蚀。对于碳钢盐水预热器的杂散电流腐蚀，到目前为止，采用电法综合防护技术是较为理想的措施，这种技术措施主要包括以下几个方面。

①采用绝缘装置。这一措施能够有效减少漏电，增大系统中漏电电路的电阻。具体做法，首先将绝缘瓷瓶安装在电解槽与地面基础接触部位，然后将钢衬胶管、聚乙烯管、氟塑料等非金属绝缘管道安装在盐水预热器出口至电槽入口之间的盐水总管上，从而达到阻止电流泄漏的目的。

②采用强漏电断电装置。将盐水断电器安装在盐水进入电槽的入口处，保证盐水以雾状进入电槽。

③采用排流接地装置。选择一根电极，将其插在盐水预热器出口至电槽入口之间的非金属管内，使之一端与盐水接触，另一端与大地相接，这样便能将盐水中的部分杂散电流导入大地。

④采用等电位保护装置。在采用排流接地装置的基础上，还可采用等电位保护装置。即在碳钢盐水预热器进口与出口的盐水管道上分别安装一对电极，防止杂散电流对碳钢盐水预热器的腐蚀。

3.其他设备的防护

一般情况下，氯碱生产装置的防腐基本上以材料为主，主要原因是由于其介质的强腐蚀性。常见的氯碱装置的容器设备包括盐水储罐、沉降器、化盐槽等，其防护措施是采用衬玻璃钢、衬瓷板、衬胶等非金属材料做衬里。除此之外，还可以用玻璃鳞片涂层内衬防腐。

工艺管路通常采用非金属材质，部分内衬非金属，如输送热、湿氯气的管道一般由玻璃纤维增强塑料制成。其他高分子材料如聚氯乙烯塑料、聚丙烯塑料等也常用于制造工艺管道。同时，氯碱装置中还有一部分管路采用内衬橡胶防腐。对于一些特定功能设备及部件如泵、阀、湿氯冷却器等，则采用钛材。

在碱浓缩单元中，碳钢和铸铁是最为常用的材料，但是由于在此介质环境中，碳钢和铸铁容易发生应力腐蚀破裂，所以近年来高纯高铬铁素体不锈钢得以广泛应用，如在碱液中常用的26Cr-1Mo（E-Brite26-1）和30Cr-2Mo不锈钢等。这些材料用于制造碱浓缩系统中的关键设备，如Ⅰ、Ⅱ、Ⅲ、Ⅳ碱液蒸发器等。

二、硫酸生产装置

（一）介质的腐蚀特性

硫酸具有独特的腐蚀行为，它属于一种含氧酸。硫酸的杂质浓度、温度、氧化剂等决定了其腐蚀性能。

1. 浓度

硫酸有稀硫酸、浓硫酸与发烟硫酸之分，稀硫酸与浓硫酸是硫酸的水溶液，生产上习惯把 90% ～ 99% 浓度范围的硫酸称为浓硫酸，把 <78% 浓度的硫酸称为稀硫酸，SO_3 溶解在 100% 硫酸中得到的硫酸称为发烟硫酸，硫酸的腐蚀在中等浓度时有一个凸峰。

硫酸浓度不同，对不同金属显示出的腐蚀特性差异很大。稀硫酸的氧化性很弱，属非氧化性酸类，对金属的腐蚀主要是氢去极化，在此浓度范围内随浓度增大对金属的腐蚀增强；浓硫酸则具有很强的氧化性，属于氧化性酸类，金属发生腐蚀时，主要是硫酸根做去极剂，对于具有钝化特性的金属，此浓度范围内室温下硫酸有可能使金属钝化。对于可钝化的金属（如碳钢）的腐蚀、在 20 ℃条件下，浓度大约在 50%，有一个极大值，当浓度 <50% 时，随酸的浓度增大，氢离子的浓度也增大，所以腐蚀速度加快；但浓度 >50% 时，随酸浓度增大腐蚀速度急剧降低，>70% 浓度时，碳钢表面生成一层致密的难溶于硫酸的钝化膜，能阻止硫酸对金属继续的腐蚀作用，使碳钢实际的腐蚀速度降低，这就是常温浓硫酸储槽和槽车常用碳钢制造的原因。但是，由于浓硫酸是一种强吸水剂，暴露在潮湿的空气中很容易吸水而使酸的浓度逐渐降低，硫酸的这种自身稀释现象是硫酸储罐制造中的一个"头痛"问题。对于金属铅，稀硫酸能与铅反应生成难溶、与铅基体结合力很强、溶解度很小的硫酸铅（$PbSO_4$），这层腐蚀产物能阻止硫酸对铅的继续腐蚀，因而铅的腐蚀速度很小，而且稀硫酸的浓度对铅的腐蚀速度影响不大。但浓硫酸能与铅生成可溶性的 $PbHSO_4$，使铅随硫酸浓度的增大腐蚀率迅速增大。对于标准电位较正的钢，在稀硫酸（无氧或氧化剂）中，由于铜的电位高于氢的电极电位，不会发生析氢腐蚀；而在浓硫酸中，由于强氧化性的硫酸根的还原，使铜氧化而遭腐蚀。

2. 酸中氧及氧化剂

浓硫酸中是否含溶解氧与其他氧化剂，对其腐蚀特性影响不大，因为浓硫酸本身具有很强的氧化性。而稀硫酸中是否含溶解氧或氧化剂，对酸的腐蚀特性影响很大。对于铜类的不显示钝化的金属，在不含氧或氧化剂稀硫酸中显示出优异的耐蚀性，但在含氧或氧化剂的稀硫酸中会遭到严重的腐蚀。与此相反，对于 Crl8Ni8 不锈钢等活化、钝化金属，在含氧或氧化剂稀硫酸中，氧及氧化剂的存在，有利于不锈钢进入钝化状态，但是氧或氧化剂的含量必须足够。

3. 酸中的杂质

工业生产的硫酸中，通常都不是单纯的硫酸，其中含有多种杂质，不同种类的杂质和含量对于硫酸腐蚀性能的影响是各不相同的。如果硫酸中含有Cl^-，则会破坏已形成的钝化膜。如果硫酸中含有二氧化硫和氟化物，则酸对材料的腐蚀性增强，氟化物会使耐硫酸腐蚀的陶瓷材料遭到严重腐蚀。

工业上硫酸的生产方法有接触法和硝化法，在硝化法中因采用的设备不同分为铅室法和塔室法。我国硫酸生产主要以硫铁矿、冶炼气或硫黄为原料，采用接触法（也有塔室法）水洗、酸洗（稀酸洗和浓酸洗）等净化流程。无论何种生产流程，涉及硫酸腐蚀的设备都有塔器、储槽、容器、冷却器、泵、管子及阀门等。在生产实际中，各种浓度的高、中温硫酸以及室温的中等浓度硫酸对金属材料的腐蚀都比较严重，在高速、高压条件下更为苛刻。

（二）浓硫酸冷却器的腐蚀与防护

生产中应用的浓硫酸冷却器有多种型式，现主要对铸铁排管酸冷却器、管壳式酸冷却器的腐蚀情况进行分析。

1. 铸铁排管酸冷却器

（1）腐蚀情况及分析

铸铁排管酸冷却器是过去生产中较为广泛采用的硫酸冷却器结构，排管内通浓硫酸、管外采用冷却水喷淋，由此达到降低管内浓硫酸温度的目的。排管材质多为 HT150 灰铸铁。冷却浓度为 98% 的硫酸时，排管允许最高使用温度 <80℃。使用中出现的主要问题是铸铁排管泄漏、使用寿命短。

冷却排管泄漏主要是排管的腐蚀造成的，腐蚀常发生在铸铁管存在缺陷的部位，另外，由于受铸铁排管酸冷却器结构决定，密封点很多，也是造成泄漏的重要原因。泄漏造成硫酸损失也污染环境，加剧邻近构筑物的腐蚀。有些厂因排管泄漏事故造成各种非正常停车，成了制酸系统停车的主要故障。

铸铁排管酸冷却器使用寿命短，一般有效使用年限为阳极保护管壳式浓硫酸冷却器的 1/2.5 ～ 3 倍。铸铁排管酸冷却器因采用灰铸铁制成，铸铁在室温或温度不高的浓硫酸中耐蚀性能比较好，但在高温条件下（>80℃）其腐蚀率大大提升。另外，冷却器的传热要求浓硫酸有一定的流速，使腐蚀条件更为苛刻。铸铁排管酸冷却器在实际生产中的使用寿命往往取决于酸的温度、铸铁管的质量、酸流速等因素，如果硫酸温度 >80℃、铸铁管铸造质量差、酸流速大，则其实际使用寿命会大大缩短。

（2）防腐方法

①降低浓硫酸温度。为解决高温浓硫酸的腐蚀，生产上常用方法是控制浓硫酸温度在 70 ~ 80 ℃。即从工艺角度，把一部分冷却过的浓硫酸返回到冷却器以前，和塔内流出的热酸混合，使进入冷却器的浓硫酸预冷到 70 ~ 80 ℃。

②弯头采用耐磨蚀的材料。排管酸冷却器弯头处酸流速较大，磨蚀严重，容易破坏，因此常用耐磨耐蚀的高硅铸铁制成弯头。

③保证排管铸造质量。铸铁在浓硫酸中比碳钢更容易钝化，在硫酸速度为 1.8 m/s 以下时腐蚀速度也不受影响，可以用于制作管道、泵、阀门等。但铸造质量不能保证，就会影响其使用寿命，因此，保证制作质量十分重要。相对来说，保证排管铸造质量比较困难。

④采用低铬合金耐蚀铸铁。低铬合金铸铁有良好的耐蚀、耐冲刷性能，又具有良好的韧性和机械加工性能及良好的耐温、耐压力变化特性，是一种理想的输送浓度 >65%、温度 <120 ℃的硫酸管道。某厂从日本引进的酸冷却器用低铬合金耐蚀铸铁制造，使用了四年，没有发生泄漏现象。国内根据日本住友化学工业工程公司材料配比试制了耐蚀铸铁管及管件，已在有关厂使用，取得了良好效果。

2. 管壳式酸冷却器

管壳式酸冷却器主要分为两种，即不带阳极保护和带阳极保护。下面主要分析带阳极保护的管壳式浓硫酸冷却器的腐蚀情况。

为了提高浓硫酸冷却器的冷却效率，延长冷却器的使用寿命，加拿大 1969 年将阳极保护应用于不锈钢浓硫酸冷却器并获得成功。在我国，浓硫酸冷却器的阳极保护技术从 1984 年至今已经得到了较广泛的应用，目前国内使用的管壳式浓硫酸冷却器有进口的、有国内设计制作的。

管壳式浓硫酸冷却器是在管内通水、管间通硫酸，用水作为冷却介质降低浓硫酸的温度。一般情况下，管壳材质为 304L 或 316L 不锈钢、管子和管板材质多为 316L 不锈钢。由于 304L 或 316L 不锈钢在高温浓硫酸中可以钝化，但不能自动钝化，因此未进行阳极保护时会遭受高温浓硫酸的腐蚀。采用电化学保护方法时必须通以足够大的阳极电流，从而使管壳、管板、管子的阳极表面致钝，进入钝化状态，则可以减轻酸冷却器（阳极）的腐蚀。进行阳极保护时，采用的阴极材质包括 Pt 合金、哈氏合金 B2 等。带阳极保护的管壳式浓硫酸冷却器一般使用情况较好，但有的厂由于以下各种原因而腐蚀破坏。

①列管穿孔、漏酸。有两个厂从加拿大引进的浓硫酸冷却器在使用中曾发

生列管漏酸的现象，其原因是管程冷却水进口温度超出原规定的 35 ℃；冷却水未经净化处理、管中淤泥沉积，或冷却水进入端有大量杂物（循环水冷却塔塑料填料碎片和管道法兰垫圈碎片）造成部分列管内部堵塞，水流不畅。这几种原因都可能使换热管的局部壁温升高、酸冷却器换热效果大大降低，导致酸的温度也偏高。据资料介绍，硫酸浓度为 93%、98% 时，管壳式酸冷却器允许最高酸温分别为 70 ℃、120 ℃。由 316L 不锈钢在浓硫酸中的阳极保护效果与硫酸浓度和温度的关系可知，硫酸浓度 98%、温度 100 ℃时，管壳式处于安全操作区。浓硫酸的温度和浓度对阳极保护电流、电位影响较大，酸温一定，保护电流随酸浓度降低而升高；酸浓度一定，保护电流随酸温升高而升高。如果硫酸温度超过 304L、316L 不锈钢的允许最高酸温度，或硫酸浓度降到一定值以下，必然会加速列管的腐蚀，以致穿孔。

②电位指示发生故障、参比电极电位无法监控。阳极保护系统中的参比电极密封结构复杂，导线易受酸腐蚀。如果参比电极受到污染或本身开始腐蚀，则参比电极的电位会发生漂移；如果参比电极电位指示出现故障、无法监控，则就不能真实反映被保护的阳极金属的实际电位，不知道被保护设备是否处于钝化状态，可能造成阳极保护失效，这是很危险的。

③阴极布置不合理。阴极布置太靠近酸进出口，使得阳极保护电流沿管子方向由近及远迅速递降，造成较远的局部地区遭受活化腐蚀。

④酸进口管布置不合理。某厂的管壳式酸冷却器为卧式，酸进口设在酸冷却器的下侧，使酸进口的管子难以布置，由于进口处硫酸的湍流、冲刷使酸冷却器第一排列管根本不存在钝化膜而受到严重磨损腐蚀。

⑤壳程酸泥沉积。长期使用酸冷却器，其壳程必有酸泥沉积，而管壳式结构很难清洗。这样会降低换热效率，硫酸无法降低到阳极保护所允许的规定温度，致使阳极保护失效。

针对上述腐蚀现象防治方法，可分别采用以下防腐措施。

①保证冷却水水质。管壳式酸冷却器能否高效运行是由冷却水水质决定的。在生产中应采用经净化处理的水做冷却水，并在冷却水管道上安装过滤器，防止循环水中的杂质、异物进入酸冷却器水管中造成堵塞，提高传热效果。

②增设参比电极电位的校正插座孔。酸冷却器上增设一个校正参比电极电位的插座孔，可以定期检测参比电极是否正常工作。同时操作人员认真遵守操作规程，严格监控阳极保护的三个基本参数以及与这三个参数密切相关的各项技术指标（如水与酸的温度、压力、流速以及酸的浓度等）。

③合理布置阴极。合理布置阴极可以尽可能使被保护的设备各处的保护电

流均匀，不致造成一些区域已处于钝化的状态，而另一些区域还处于活化区。

④合理布置酸进出口管。把酸进出口管布置在酸冷却器上侧，这样便于安装。在酸进口处设置挡板，防止硫酸对列管的磨损腐蚀。

国产阳极保护管壳式硫酸冷却器由于考虑了我国硫酸生产的实际情况，适当调整了工艺参数，设备的使用寿命得到延长。

第四节　腐蚀监测技术

一、腐蚀监测的意义

由于腐蚀常使工厂设备发生各种事故，如火灾爆炸、产品污染、停车停产、设备效率降低等，不仅会导致严重的经济损失，还危害了人们的生命安全。因此，为了能够更好地防止这类事故的发生，就要求能对工厂设备在连续运转的条件下，全面、系统地掌握腐蚀发展速度，监视设备内部腐蚀状态，从而及时发现并对设备的腐蚀进行控制。除此之外，在节约资源和能源、环境保护等方面腐蚀监测也具有十分重要的意义。

腐蚀监测可直接成为管理系统的一个组成部分，也可以只构成自动控制系统的一部分；能够为生产工艺或管理方面提供有效性的数据资料；能够为判断腐蚀破坏提供相应解决措施的工具。

二、常用腐蚀监测方法

（一）表面检查

表面检查要求必须停车和打开设备，用肉眼观察设备的受腐蚀表面，检查设备是否受到严重腐蚀破坏是其主要目的。检查内容包括确定腐蚀类型、破坏位置和方向分布，进而分析破坏原因，还要进一步确定是否需要做进一步考察研究，确定研究的范围，指出应采用哪些研究技术。

（二）挂片

挂片主要是指将与设备材料相同的试片固定在试片支架上，然后将装有试片的支架固定在设备内，经受一定时间的腐蚀后，对其进行表面检查和失重测定，确定挂片腐蚀量和腐蚀速度。

挂片试验的试验周期通常只能反映两次停车间的总腐蚀量，并且受维修计划和生产条件的限制，因此这一试验既无法检测出偶发的局部严重腐蚀状态，又无法反映出重要介质变化和腐蚀变化。尽管如此，作为一种经典的腐蚀监测方法，挂片试验仍是工厂设备腐蚀监测中用得最多的一种方法。

（三）电阻探针

这是电阻法在工业腐蚀监测中的具体应用，即将一个装有金属试片的探针插入运转的设备中，金属试片在腐蚀介质中受腐蚀减薄，会使电阻产生变化，相关工作人员定期对这种变化的电阻进行测量，从而掌握设备的腐蚀状况，计算腐蚀的速度。需要注意的是，实际测量的是不受腐蚀的参考试片与被测试片之间电阻比的变化量。除此之外，电阻探针还能测定介质的腐蚀性和介质中所含物质的作用，即对设备金属材料进行腐蚀监测。

同时，仪表或记录系统只会在金属试片的电阻增大达到仪器的灵敏度时，才会做出适当的响应，即腐蚀量必须积累到一定的标准。因此，测量的金属片必须与被监测设备的材质相同，同时当需要利用电阻探针测量某个很短时间间隔内的积累腐蚀量时，则可以通过减小试片的横截面积实现。

电阻探针能够在设备运转的条件下进行定量检测，具有适应性强、简单、灵敏的特点，已在许多工业部门获得了广泛应用。

（四）腐蚀电位监测

腐蚀电位监测的原理是，设备金属的腐蚀电位与它的腐蚀状态之间存在着某种特定的相互关系，因此这种方法也适用于电解质体系。例如，根据金属材料在某介质中的极化曲线，则可鉴别该材料的腐蚀状态。

腐蚀电位监测只需要一个高阻抗伏特计对设备金属材料进行测量，测量装置十分简单，是一种不扰乱生产体系和不改变金属表面状态的理想监视方法，操作和维护都很容易，并且是非破坏性的，可长期连续监测，但是这种方法不能得到定量的腐蚀速度，只能给出定性的指示。

（五）无损检测技术

1. 声技术

①超声检测，这是利用超声波在金属中的响应关系来检测设备的孔蚀、裂纹、金属厚度的方法。分为超声脉冲回波法（反射法）和共振法。超声脉冲回波法就是通过传感器把压电晶体发出的声脉冲向待测材料发射，声脉冲会受到材料前面和背面的反射，还会受到两个面之间缺陷的反射，其反射波被压电晶

体接受，经过信号放大后在示波器显示或由记录仪记录相关信号。材料厚度以及缺陷位置在信号图形的时间坐标轴上确定，缺陷的尺寸可由缺陷信号的波幅得到。超声检测已广泛用于检测设备的缺陷、腐蚀磨蚀，以及测量设备及管道的壁厚。使用该技术的优点是可以在设备的一侧进行检查，基本不受设备形状限制，检测速度快。对缺陷的检测能力较强，操作方便安全。但是对操作人员的技术和经验要求较高，检测结果往往带有受操作人员主观因素的影响，现场检测厚度的结果常常带有统计性质。

②声发射技术，受力状态下的材料在发生变形、断裂过程中伴随着声能的释放，如应力腐蚀破裂、腐蚀疲劳、空泡腐蚀、摩擦腐蚀、微振腐蚀等都将释放声能。声发射技术就是通过合适的转换器记录这些声能的信号来监测设备材料的腐蚀损伤的发生和发展过程，确定损伤位置。

这种技术测量的信号幅度与腐蚀速度的关系不大，但是，能说明腐蚀是否正在发生，说明用于腐蚀防护的措施是否发挥作用，可以比较准确地确定腐蚀裂纹开始的时间和受力条件下可能出现的破坏。

声发射技术监测使用的转换器既有非常简单的压电转换器，也有较为复杂的缺陷定位系统。如一个带有电子频率滤波器的压电转换器，配置带有灯光显示的放大器，就组成了简单的空泡发生监测器。又如，一套多路转换器配置微机数据处理系统的三角技术，就构成了复杂的缺陷定位系统。

使用声发射技术监测应当注意了解背景噪声，因为设备的形状和尺寸、材料种类和加工处理、设备运转的受力状态和材料破坏的类型都会影响声发射信号的特征，甚至液体泄漏可能产生的空化或气体释放也会产生脉冲信号。所以必须从大量的信号中正确地区分和识别出与应力腐蚀破裂相关的声发射信号。材料变形和破裂产生的声发射信号具有上升时间极短的特征，随着裂纹破坏过程的不断发展，会释放出不同强度的信号，声发射频率也不相同。

声发射技术监测可用于设备的在线实时检测和报警，不受设备形状、尺寸和位置的限制，可发现萌发状态的微小裂纹，并可实施远距离的检测。采用多个转换器可以对裂纹和泄漏位置进行定位。检测灵敏度和准确性优于超声法、电磁法和着色法。

例如，合成氨装置中换热器的裂纹监测，脱硫装置（操作温度400 ℃）反应塔的监测，制氢装置转化炉出口（操作温度700 ℃）开车阶段的监测，直径16 m的液氨储罐的监测，高度15 m的乙醛反应塔的腐蚀监测等。

2. 光技术－热象显示

任何材料在受力滑移、裂纹、变形或是在释放能量的过程中，都会引起材料表面温度的变化。热象显示方法就是利用物体释放的红外线、检测温度或等温图的改变，从中了解引起这种改变的材料缺陷和腐蚀等的原因。

热象显示技术有各种手段，采用热敏笔可以在设备上简单地标注温度变化，采用红外线照相机或摄像机可以拍摄显示出不同温度部位，采用专门的热象显示记录仪可以绘出设备的等温图，等等。

热象显示方法的优点是可以非接触地和在线地进行检测，只要设备存在自发的或者诱发的温度场就可检测。但是该技术适合检测腐蚀分布而不是腐蚀速度。如检查设备的泄漏情况，检查管道或阀门的堵塞，检查加热反应器内表面的温度分布，确定衬里的脱落状况。

例如，架空电缆被腐蚀后的直径减小，导致电阻增大，使该处电缆温度升高，采用红外线照相机就可以由此确定腐蚀位置；电解工业中的铜电极和石墨电极连接处由于腐蚀，造成接触不良，使发热导致温度升高，用红外线测温笔就可以显示出腐蚀位置。

参考文献

[1] 李宇春. 现代工业腐蚀与防护 [M]. 北京：化学工业出版社，2018.

[2] 李金桂，陈建敏，何玉怀. 材料失效系统控制 [M]. 北京：化学工业出版社，2018.

[3] 王一建，王余高，黄本元，等. 金属锈蚀原理与暂时防锈 [M]. 北京：化学工业出版社，2018.

[4] 李晓刚. 材料腐蚀与防护概论 [M]. 2 版. 北京：机械工业出版社，2017.

[5] 梁永纯，聂铭，马元泰，等. 电力设备金属材料腐蚀与防护技术 [M]. 北京：中国电力出版社，2017.

[6] 肖葵，李晓刚，董超芳，等. 金属材料霉菌腐蚀行为与机理 [M]. 北京：科学出版社，2017.

[7] 陶美娟. 材料质量检测与分析技术 [M]. 北京：中国质检出版社，2018.

[8] 王凤平，敬和民，辛春梅. 腐蚀电化学 [M]. 2 版. 北京：化学工业出版社，2017.

[9] 李晓刚. 材料环境腐蚀试验技术：野外曝露试验标准 [M]. 北京：中国标准出版社，2018.

[10] 智恒平. 化工安全与环保 [M]. 北京：化学工业出版社，2008.

[11] 王兆华，张鹏，林修州. 防腐蚀工程 [M]. 北京：化学工业出版社，2016.

[12] 马化雄. 海港工程构筑物腐蚀控制技术及应用 [M]. 北京：科学出版社，2018.

[13] 殷伟斌. 电力系统金属材料防腐与在线修复技术 [M]. 北京：机械工

业出版社，2018.

[14] 徐锋，朱丽华. 化工安全 [M]. 天津：天津大学出版社，2015.

[15] 陈兵. 过程装备腐蚀与防护 [M]. 北京：中国石化出版社，2015.

[16] 王凤平，李杰兰，丁言伟. 金属腐蚀与防护实验 [M]. 北京：化学工业出版社，2015.

[17] 林玉珍，杨德钧. 腐蚀和腐蚀控制原理 [M]. 2版. 北京：中国石化出版社，2014.

[18] 温路新，李大成，刘敏，等. 化工安全与环保 [M]. 北京：科学出版社，2014.

[19] 张耀，王芷芳. 材料腐蚀防护的几个问题探讨 [J]. 全面腐蚀控制，2007（5）：14-15.

[20] 张文毓. 电偶腐蚀与防护的研究进展 [J]. 全面腐蚀控制，2018，32（12）：51-56.

[21] 张宏，黄晓慧. 冶炼化工设备常用金属材料腐蚀原因与预防措施 [J]. 世界有色金属，2018（22）：140-141.

[22] 李清元. 探究金属材料的腐蚀与防护 [J]. 课程教育研究，2018（52）：141.

[23] 冯刚. 石油化工行业不锈钢的常见腐蚀分析与涂层防护 [J]. 涂层与防护，2018，39（8）：4-7.

[24] 魏连山. 化工机械的腐蚀防护措施 [J]. 价值工程，2018，37（34）：221-223.

[25] 王志华，王明静，李小池. 材料腐蚀与防护综合实验设计与实践 [J]. 实验技术与管理，2019，36（2）：93-95.

[26] 陈果. 化工材料的腐蚀与防护 [J]. 山东工业技术，2018（4）：33.

[27] 王纪云. 浅谈金属的腐蚀原理和保护措施 [J]. 中外企业家，2018（23）：131.

[28] 史显波，杨春光，严伟，等. 管线钢的微生物腐蚀 [J]. 中国腐蚀与防护学报，2019，39（1）：9-17.

[29] 郭亮. 化工建筑钢结构表面腐蚀的防护分析 [J]. 化工管理，2018（8）：207-208.